Beiträge aus der Elektrotechnik

Robert Wolf

Arbeitspunktspannungsanpassung für Leistungsverstärker in Rundfunksendern

Dresden 2016

Bibliografische Information der Deutschen Nationalbibliothek
Die Deutsche Nationalbibliothek verzeichnet diese Publikation in der
Deutschen Nationalbibliografie; detaillierte bibliografische Daten sind im
Internet über http://dnb.dnb.de abrufbar.

Bibliographic Information published by the Deutsche Nationalbibliothek
The Deutsche Nationalbibliothek lists this publication in the Deutsche
Nationalbibliografie; detailed bibliographic data are available on the
Internet at http://dnb.dnb.de.

Zugl.: Dresden, Techn. Univ., Diss., 2016

Die vorliegende Arbeit stimmt mit dem Original der Dissertation
„Arbeitspunktspannungsanpassung für Leistungsverstärker in
Rundfunksendern" von Robert Wolf überein.

© Jörg Vogt Verlag 2016
Alle Rechte vorbehalten. All rights reserved.

Gesetzt vom Autor

ISBN 978-3-95947-005-6

Jörg Vogt Verlag
Niederwaldstr. 36
01277 Dresden
Germany

Phone: +49-(0)351-31403921
Telefax: +49-(0)351-31403918
e-mail: info@vogtverlag.de
Internet : www.vogtverlag.de

TECHNISCHE UNIVERSITÄT DRESDEN

Arbeitspunktspannungsanpassung für Leistungsverstärker in Rundfunksendern

Robert Wolf

von der Fakultät Elektrotechnik und Informationstechnik
der Technischen Universität Dresden
zur Erlangung des akademischen Grades

Doktoringenieur

(Dr.-Ing.)

genehmigte Dissertation

Vorsitzender:	Prof. Dr.-Ing. habil. K. Röbenack
Gutachter:	Prof. Dr. sc. techn. habil. Dipl. Betriebswissenschaften Frank Ellinger
	Prof. Dr.-Ing. Georg Fischer

Tag der Einreichung: 7. April 2015
Tag der Verteidigung: 1. Oktober 2015

Danksagung

An dieser Stelle möchte ich als erstes meiner Familie danken, durch die die Anfertigung dieser Arbeit trotz der schwierigen Umstände erst möglich wurde.

Des Weiteren danke ich Prof. Frank Ellinger für die Möglichkeit diese Arbeit anfertigen zu können, aber natürlich auch den vielen Freunden und Kollegen die stets als Gesprächs- und Diskussionspartner zur Verfügung standen. Besonderer Dank gilt dabei:

> Prof. Udo Jörges, durch den ich Grundlagen und wissenschaftlich Darstellung vertiefen konnte,
> Hendrik Fehr, der mir mit Anregungen und fundiertem regelungstechnischem Wissen weiterhelfen konnte,
> Stefan Schumann, der als Gesprächspartner bei messtechnischen Problemen und bei Grundlagen unterstützen konnte,
> Uwe Meyer und Michael Wickert, die in der genutzten Halbleitertechnologie den Weg ebneten,

und natürlich auch all den Anderen, die mich unterstützen und die an dieser Stelle nicht alle namentlich erwähnt werden können.

Kurzfassung

Der mittlere Wirkungsgrad von linearen Leistungsverstärkern ist aufgrund der Modulation des Hochfrequenzsignals und der veränderlichen Sendeleistung deutlich geringer als der maximale Wirkungsgrad. Die dynamische Anpassung des Arbeitspunktes des Leistungsverstärkers ist eine Möglichkeit, der Verschlechterung des Wirkungsgrades effektiv entgegenzuwirken. Diese Arbeit befasst sich mit der Analyse, dem Entwurf und der Erprobung eines DVB-T-Transmitters mit hochdynamischer Arbeitspunktspannungsanpassung. Das System wird theoretisch analysiert, und der Entwurf sowie die Erprobung des Leistungsverstärkers und weiterer Komponenten werden beschrieben.

Die theoretische Untersuchung des Systemgewinns zeigt, dass die Verlustleistung etwa halbiert werden kann.

Für den Entwurf des Leistungsverstärkers wird ein strukturiertes Entwurfsverfahren entwickelt, und es werden zwei Optimierungsziele verfolgt. Einerseits wird die Großsignalbandbreite mit Hilfe eines Dual-Band-Impedanztransformationsnetzwerkes und andererseits der Wirkungsgrad durch Entwicklung eines differentiellen Spartransformators optimiert. Beide Entwürfe werden durch Messungen validiert. Der Leistungsverstärker mit Spartransformator zeigt dabei bessere Eigenschaften.

Für die Bereitstellung der Arbeitspunktspannung werden ein Tiefsetzsteller-basiertes und ein hybrides System betrachtet. Dies umfasst die theoretische Untersuchung und Optimierung des Systems und der verwendeten Gleitregimeregler. Die experimentelle Erprobung zeigt, dass das Tiefsetzsteller-basierte System mit einem Gewinn von 1.5 dem hybriden System überlegen ist. Dies entspricht eine Verringerung der Verluste um mehr als 33%.

Eine weitere Verbesserungsmöglichkeit des Systems durch Kombination des Tiefsetzsteller-basierten und des hybriden Systems wird aufgezeigt.

Abstract

The average efficiency of linear power amplifiers is significantly reduced compared to its maximum efficiency due to the modulation of the radio frequency signal and due to the variable transmit power. The dynamic operating point adjustment of the power amplifier is an effective method to reduce the drop in efficiency. This work deals with the analysis, the design and the experimental results of a DVB-T transmitter with highly dynamic operating point voltage adjustment. The system is theoretically analysed. Moreover, the design and the experimental results of the power amplifier and further components are described.

The theoretical investigations reveal that the losses can be reduced to approximatly one half.

A structured design method for power amplifiers is depicted and two optimization goals are pursued. On the one hand the large signal bandwidth is maximized by the use of a dual-band impedance transformation network, on the other hand the efficiency is optimized by the development of a differential autotransformer, which is also called single-coil transformer. Measurements validate the designs. Overall, the autotransformer power amplifier exhibits better performance.

A buck-based and a hybrid system are investigated for the operating point voltage generation. This includes theoretical studies as well as the optimization of the system and the used sliding mode controllers. By measurements, it is shown that the buck-based system is superior to the hybrid system. The buck-based system achieves a system gain of 1.5. This corresponds to a reduction of the losses by more than 33%.

A possible further improvement of the system is a combination of the buck-based system and the hybrid system. This is shown as an outlook.

Inhaltsverzeichnis

Abkürzungsverzeichnis   iv

Nomenklatur und ausgewählte Formelzeichen   vi

1 Einleitung   1

2 Systemkonzeption   5
    2.1 Grundprinzipien der Anpassverfahren 5
    2.2 Systemgewinn 7
       2.2.1 Eigenschaften der Signale 7
       2.2.2 Leistungsverstärkermodell 10
       2.2.3 Abschätzung der Verlustleistungseinsparung 12
    2.3 Systemarchitektur 21

3 Leistungsverstärker   25
    3.1 Strukturierter Entwurf von Leistungsverstärkern 26
       3.1.1 Berechnung der optimalen Last 26
       3.1.2 Wahl der Architektur 30
       3.1.3 Wahl des Arbeitspunktes 33
    3.2 Entwurf des Eingangsnetzwerkes 36
    3.3 Optimierung des ausgangsseitigen Impedanztransformationsnetzwerkes 40
       3.3.1 Optimierung der Großsignalbandbreite 41
       3.3.2 Optimierung des Wirkungsgrads der Impedanztransformation 47
    3.4 Verfahren zur Abschätzung des Einflusses des Leistungsverstärkers   54
    3.5 Schaltungsbeschreibung 58
    3.6 Experimentelle Ergebnisse 62

4 Sollwertgenerierung 69

4.1 Grundstrukturen der Hüllkurvendetektion 70
    4.1.1 Hüllkurvendetektoren mit analytischen Signalen 70
    4.1.2 Inkohärente Hüllkurvendetektoren 73
    4.1.3 Hüllkurvendetektion durch Dämpfungsregelung 76

4.2 Analyse und Modifikation des Diodendetektors 78
    4.2.1 Analyse des Diodendetektors 78
    4.2.2 Diodendetektor mit Spannungsverstärkung 82
    4.2.3 Differentieller Diodendetektor 84

4.3 Implementierungen der Detektoren 86
    4.3.1 Diodendetektor mit Spannungsverstärkung 87
    4.3.2 Differentieller Diodendetektor mit Spannungsverstärkung 89
    4.3.3 Differentieller Diodendetektor ohne Spannungsverstärkung 93
    4.3.4 Übersteuerungsdetektor 96
    4.3.5 Detektor mit direkter Quadrierung und mit analytischem Signal 98

4.4 Implementierung der Unterstützungsschaltungen 102
    4.4.1 Einstellbarer Vorverstärker 102
    4.4.2 Basisbandsignalverarbeitung und Tiefpassfilter 104

5 Tiefsetzsteller-basierte Systemarchitektur 108

5.1 Beschreibung der Regelstrecke 109
5.2 Lastmodell 114
5.3 Entwurf der Streckenparameter 116
5.4 Lineare Regler 118
5.5 Gleitregimeregelung 120
5.6 Approximiertes Gleitregime 124
5.7 Implementierung und Optimierung der Baugruppen 132
    5.7.1 Signalkonditionierung 133
    5.7.2 Gleitfunktionsberechnung 134
    5.7.3 Komparator 135
    5.7.4 Leistungsschalter 141
5.8 Experimentelle Ergebnisse 147

6 Hybride Systemarchitektur — 158
  6.1 Hybrides System mit schneller Stromregelung 160
  6.2 Hybrides System mit Konstantstromregelung 165
  6.3 Implementierung und Optimierung der Baugruppen 167
  6.4 Experimentelle Ergebnisse 172
  6.5 Verbesserungsmöglichkeit des hybriden Systems 178

7 Zusammenfassung und Ausblick — 181

Abbildungsverzeichnis — 184

Tabellenverzeichnis — 192

Literaturverzeichnis — 193

Abkürzungsverzeichnis

ACLR	Adjacent Channel Leakage Ratio
ACPR	Adjacent Channel Power Ratio
AP	Arbeitspunkt
BiCLDMOS	Bipolar CLDMOS
BiCMOS	Bipolar CMOS
CF	Crest Factor
CLDMOS	Complementary Laterally Diffused Metal-Oxide-Semiconductor
CMOS	Complementary Metal-Oxide-Semiconductor
COB	Chip-on-Board
D	Differential
DAC	Digital-to-Analog Converter
DPD	Digital Predistortion
DVB-T	Digital Video Broadcasting – Terrestrial
EDGE	Enhanced Data Rates for GSM
EER	Envelope Elimination and Restoration
EVM	Error Vector Magnitude
HBT	Heterojunction Bipolar Transistor
HF	Hochfrequenz
HVCMOS	High-Voltage CMOS
IDFT	Inverse Discrete Fourier Transform
IFFT	Inverse Fast Fourier Transform
InGaP	Indium-Gallium-Phosphid
IQ	In- and Quadrature Phase
LINC	Linear Amplification with Nonlinear Components
LTE	Long Term Evolution
LTI	Linear Time-Invariant
MIM	Metal-Insulator-Metal

m-WiMAX	mobile Worldwide Interoperability for Microwave Access
P	Proportional
PA	Power Amplifier
PAPR	Peak-to-Average Power Ratio
PCB	Printed Circuit Board
PD	Proportional-Differential
PID	Proportional-Integral-Differential
OFDM	Orthogonal Frequency-Division Multiplexing
SiGe	Silizium-Germanium
SMD	Surface-Mount Device
SNR	Signal-to-Noise Ratio
TN	Transformationsnetzwerk
QAM	Quadrature Amplitude Modulation
QPSK	Quatrature Phase-Shift Keying
VBIC	Vertical Bipolar Intercompany Model
VGA	Variable Gain Amplifier
WCDMA	Wideband Code-Division Multiple Access

Nomenklatur und ausgewählte Formelzeichen

x	reelles Zeitsignal
$\underline{x}$	komplexes Zeitsignal
x_{rms}	Effektivwert eines Zeitsignals
U, I	elektrische Größe im Zeitbereich
$U_{\text{AP}}, I_{\text{AP}}$	elektrische Größe im Arbeitspunkt
$\hat{U}, \hat{I}$	Amplitude einer Größe
$\bar{I}, \bar{s}, \bar{q}$	zeitlicher Mittelwert einer Größe
$\underline{U}, \underline{I}$	komplexe elektrische Größe im Bildbereich
$g_{\text{m}}, r_{\text{BE}}$	durch Linearisierung im Arbeitspunkt gewonnene Kleinsignalgröße sowohl im Zeit- als auch im Bildbereich
$z(\tau)$	Impulsantwort einer Impedanz im Zeitbereich
$\underline{v}$	komplexer Verstärkungsfaktor im Zeitbereich
$\underline{Z}, \underline{Y}$	komplexe Übertragungsfunktion im Bildbereich
$\mathbb{Y}$	Matrix komplexer Übertragungsfunktionen in Bildbereich
$\mathcal{E}\{x\}$	Erwartungswert
$\mathcal{H}\{x\}$	Hilberttransformation
$\mathbb{A}, \mathbb{S}$	Matrix von Skalaren
$\mathbb{L}(t)$	Matrix reeller Zeitsignale
y_{S}	Solltrajektorie
y	Ausgang eines regelungstechnischen Systems
$z_{\text{L}}, z_{\text{C}}$	Zustand eines regelungstechnischen Systems

1 Einleitung

Nachdem Heinrich Hertz die Grundlage für die drahtlose Kommunikation mit dem Nachweis der elektromagnetischen Wellen legte und Guglielmo Marconi als einer der ersten diese kommerziell nutzte, ist die Bedeutung der drahtlosen Kommunikation fortwährend gestiegen. Heutzutage ist die drahtlose Kommunikation ein fester Bestandteil des Alltagslebens geworden und es ist kaum noch vorstellbar ohne diese.

Derzeit ist zu beobachten, dass digitale Übertragungsstandards ihre analogen Vorgänger sowohl in der bidirektionalen Kommunikation als auch im Rundfunkbereich fast vollständig ablösen. Dies begründet sich in der höheren Robustheit, der besseren spektralen Effizienz und in der Art der zu übertragenden Daten.

Mit digitaler Übertragung ist es im Gegensatz zu einer analogen Umsetzung außerdem möglich, Gleichwellennetze aufzubauen, bei denen mehrere Sender auf derselben Frequenz synchron den gleichen Inhalt abstrahlen. Dies ist besonders für Rundfunksysteme interessant, da durch den Einsatz mehrerer Sender die abgeschatteten Gebiete deutlich verkleinert werden können. Ein weiterer Vorteil der Gleichwellennetze ist, dass für die gleiche Qualität der Abdeckung weniger Sendeleistung benötigt wird, da im Gegensatz zu einem einzelnen Sender, in dessen Nähe eine deutliche Überversorgung auftritt, die ausgesendete Leistung besser über das abzudeckende Gebiet verteilt wird. Der Trend des Einsatzes mehrerer kleiner Sender existiert nicht nur bei Rundfunksystemen, sondern auch bei mobiler drahtloser Kommunikation, da durch den Einsatz vieler Basisstationen mit kleiner Sendeleistung die verfügbare Bandbreite pro Nutzer erhöht werden kann.

In all diesen Klein- und Kleinstsendern werden Leistungsverstärker benötigt, um das Hochfrequenzsignal mit der notwendigen Leistung abzustrahlen. Diese Leistungsverstärker müssen für die meisten heutigen Übertragungsstandards eine hohe Linearität aufweisen, um die digital modulierten Signale nicht unzulässig zu verfälschen und um die hohe spektrale Effizienz zu erhalten. Um dies zu erreichen werden lineare Leistungsverstärker eingesetzt.

Der Wirkungsgrad linearer Leistungsverstärker ist stark von der Sendeleistung abhängig. Dieser fällt bei einer Aussteuerung unterhalb der maximalen Aussteuerung deutlich ab. Das Verhältnis zwischen maximaler Ausgangsleistung und mittlerer Sendeleistung wird als Back-Off bezeichnet. Beim idealen Klasse-A-Verstärker ist der Wirkungsgrad proportional zur Ausgangsleistung und beträgt maximal 50%. Dem entsprechend ist der maximale Wirkungsgrad bei 6 dB Back-Off nur noch 12.5%.

Aufgrund der Signaleigenschaften des zu sendenden Signals ist der Betrieb im Back-Off notwendig. Dafür gibt es mehrere Ursachen.

Die erste Ursache ist, dass die momentane Sendeleistung von bandbegrenzten, modulierten Signalen fluktuiert. Für eine verzerrungsfreie Verstärkung muss der Leistungsverstärker in der Lage sein, auch das Signal dann noch linear zu verstärken, wenn dessen Momentanleistung über dem Mittelwert liegt. Damit dies möglich ist, muss die mittlere Sendeleistung geringer als die maximale Ausgangsleistung gewählt und damit der Leistungsverstärker im Back-Off betrieben werden. Dieses Problem ist umso größer, je größer der Crest-Faktor der verwendeten Modulation ist. Für Systeme, die die OFDM-Modulation verwenden, besteht dieses Problem aufgrund des extrem hohen Crest-Faktors im Besonderen. In diesem Zusammenhang wird ein gewisses Maß an Verzerrung in Kauf genommen. Häufig ist dabei ein Back-Off von ungefähr 6 dB ausreichend um die Linearitätsanforderungen noch zu erfüllen.

Die zweite Ursache für den Back-Off-Betrieb sind schwankende Kanalbedingungen zum Beispiel durch sich verändernde Abstände zwischen Sender und Empfänger. Dadurch ist die Sendeleistung, die erforderlich ist, um das notwendige SNR am Empfänger sicherzustellen, ebenso veränderlich. Bei vielen aktuellen Kommunikationssystemen wird die Sendeleistung an die momentanen Kanalbedingungen angepasst. Für Systeme, die auf CDMA beruhen, ist dies zwingend notwendig. Aber auch für andere Systeme ist dies vorteilhaft, da dadurch sowohl Energie gespart als auch die gegenseitige Beeinflussung verschiedener Kommunikationsteilnehmer reduziert werden kann.

Diese Ursachen führen zu einem Betrieb des Leistungsverstärkers im Back-Off, weswegen dessen Wirkungsgrad häufig deutlich unter 10% abfällt, sodass es sinnvoll ist, Methoden zu entwickeln, um den Wirkungsgrad der Leistungsverstärker im Back-Off zu erhöhen.

Verschiedene Ansätze wurden dafür publiziert. Bei einem Khan-Leistungsverstärker, der auch als EER-Leistungsverstärker bezeichnet wird, wird ein schaltender Leistungsverstärker verwendet und die Amplitudenmodulation über die Versorgungsspannung des Verstärkers realisiert. Im Gegensatz dazu werden bei einem LINC-System zwei schaltende Leistungsverstärker verwendet und die Amplitudenmodulation wird über die Addition der phasenverschobenen Ausgangssignale erreicht. Diese beiden Systeme haben unter anderem den Nachteil, dass sie nicht breitbandig implementiert werden können, da schaltende Leistungsverstärker verwendet werden.

Um den Back-Off-Betrieb von linearen Verstärkern zu erhöhen, können diese zu einem Doherty-System verschaltet werden. Ein solches System ist allerdings aufgrund der notwendigen Netzwerke ebenfalls schmalbandig. Zusätzlich ist es schwierig, die notwendige Linearität mit einem solchen System zu erreichen.

Eine weitere Möglichkeit, um den Wirkungsgrad zu steigern, ist die Anpassung des Arbeitspunktes des Leistungsverstärkers an die momentane Sendeleistung. Dadurch kann wirkungsvoll die Verlustleistung im Leistungsverstärker reduziert werden. Gleichzeitig kann ein solches System breitbandig implementiert werden und es kann eine hohe Linearität erreicht werden.

Damit dieser Ansatz bei Rundfunksystemen wirksam ist, muss die Anpassung mit der vollständigen Dynamik der Hüllkurve des modulierten Signals erfolgen. Das Ziel dieser Arbeit[1] ist die Entwicklung eines solchen Systems, das den Arbeitspunkt eines Leistungsverstärkers für den DVB-T-Rundfunkstandard hochdynamisch anpasst.

---

[1] Diese Arbeit wurde im Rahmen des Projektes CoolBroadcastRepeater des Spitzenclusters CoolSilicon von dem Bundesministerium für Bildung und Forschung (BMBF) unterstützt.

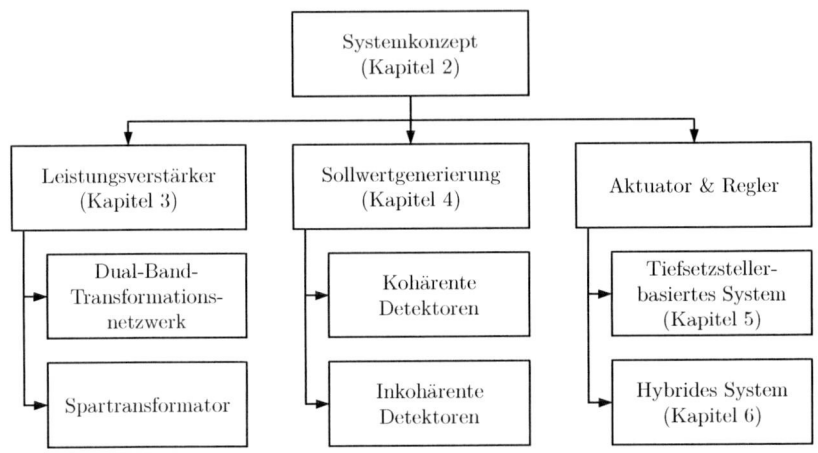

Abbildung 1.1: Aufbau der Arbeit

Die Arbeit beginnt im folgende Kapitel mit der Entwicklung des Systemkonzeptes und mit der Abschätzung der möglichen Reduktion der Verlustleistung des Leistungsverstärkers. Anschließend werden die für die Implementierung notwendigen Komponenten beschrieben. Dabei wird zuerst im Kapitel 3 auf den Leistungsverstärker eingegangen. Anschließend wird im Kapitel 4 die Gewinnung der Hüllkurveninformation aus einem Hochfrequenzsignal und die darauf aufbauende Sollwertgenerierung beschrieben. In den darauf folgenden beiden Kapiteln 5 und 6 werden zwei Ansätze für die Umsetzung der Arbeitspunktanpassung vorgestellt und diskutiert. Dabei werden die Systeme jeweils zuerst analysiert und basierend auf den Analyseergebnissen dimensioniert. Außerdem werden in den Kapiteln jeweils die für die Implementierung notwendigen Schaltungsblöcke sowie der Aufbau der Systeme beschrieben. Die Kapitel enden jeweils mit der Darstellung der experimentellen Ergebnisse. Im letzten Kapitel wird die Arbeit abschließend zusammengefasst, und es wird ein Ausblick auf Weiterentwicklungsmöglichkeiten gegeben. Der Aufbau der Arbeit ist noch einmal in Abbildung 1.1 illustriert.

2 Systemkonzeption

Ein Transmitter besteht prinzipiell aus den in Abbildung 2.1 dargestellten Blöcken. Das Leistungsverstärkermodul umfasst im einfachsten Fall nur einen Leistungsverstärker. Im Rahmen dieser Arbeit soll das Leistungsverstärkermodul um ein Anpasssystem erweitert werden, um den Wirkungsgrad dieser Baugruppe zu erhöhen.

Dazu wird in den nächsten Abschnitten zunächst erläutert, welche Eigenschaften die Anpasssysteme aufweisen müssen, um der Wirkungsgradreduktion entgegenzuwirken, die aus den verschiedenen Ursachen für den Back-Off-Betrieb resultiert. Anschließend wird der mögliche Systemgewinn dieser Anpasssysteme für OFDM-modulierte Rundfunksignale abgeschätzt. Im letzten Abschnitt dieses Kapitels werden verschiedene Konzepte für den Aufbau des Anpasssystems diskutiert.

2.1 Grundprinzipien der Anpassverfahren

Im Kapitel 1 wurde erläutert, weswegen der Back-Off-Betrieb von Leistungsverstärkern notwendig ist. Des Weiteren wurde gezeigt, dass die Dynamik der ursächlichen Signaleigenschaften sehr verschieden ist. Aus diesem Grund ist die

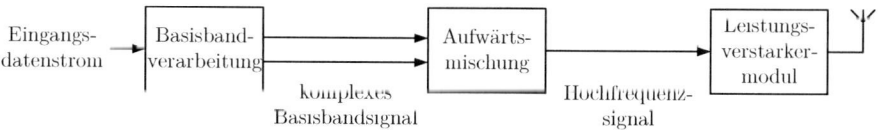

Abbildung 2.1: Blockschaltbild eines Transmitters

Anforderung an die Regelbandbreite des Anpasssystems verschieden, je nachdem welcher Ursache für den Back-Off-Betrieb entgegengewirkt werden soll.

Die Veränderung des Sendekanals und damit die Veränderung der benötigten Sendeleistung ist im Vergleich zu den anderen Ursachen für den Back-Off-Betrieb ein langsamer Prozess. Außerdem liegt die Information über den momentanen Sendekanal direkt nur am Empfänger vor. Dem Sender muss diese Information auf Protokollebene mitgeteilt werden. Erst danach kann die Basisbandverarbeitung des Senders darauf reagieren und die Sendeleistung an die Sendestrecke anpassen. Daraufhin wird die Sendeleistung bis zur nächsten Rückmeldung des Empfängers konstant gehalten, sodass die Kontrollsignale zur Beeinflussung der Sendeleistung in der Zwischenzeit statisch sind. Dieses Verfahren wird in dieser Arbeit als Envelope-Tracking bezeichnet.

Eine Abhängigkeit des Übertragungsverhaltens des Sendesystems von den Kontrollsignalen ist unkritisch, da es sich nicht in einer Nichtlinearität äußert, solange die Kontrollsignale quasistatisch sind. Die auf diesem Prinzip basierenden Anpasssysteme benötigen nur eine geringe Regelbandbreite und können deswegen sehr effizient implementiert werden. Allerdings können diese Systeme nicht den durch die Modulation des Signals notwendigen Back-Off-Betrieb verbessern und sie können nur für Systeme mit Rückkanal verwendet werden. Explizit ist der Einsatz dieses Verfahrens bei Rundfunksystemen nicht möglich.

Um den durch Modulation des Signals notwendigen Back-Off-Betrieb effizienter zu gestalten, ist ein Anpasssystem mit deutlich höherer Regelbandbreite notwendig. Dadurch ist das System in der Lage, der dynamischen Hüllkurve des Hochfrequenzsignals direkt zu folgen. Zur Unterscheidung wird dieses Verfahren im Folgenden als Envelope-Following bezeichnet. Die dafür notwendige Regelbandbreite liegt im Bereich der doppelten Signalbandbreite der Basisbandsignalkomponenten beziehungsweise der einfachen Signalbandbreite des Hochfrequenzsignals. Im Falle von DVB-T sind dies 8 MHz. Die hohe notwendige Regelbandbreite wirkt sich nachteilig auf den erreichbaren Wirkungsgrad des Anpasssystem aus, da für eine hohe Regelbandbreite eine hohe Schaltfrequenz notwendig ist und dadurch die Verluste im Anpasssystem steigen.

Da sich bei diesem Verfahren die Kontrollsignale schnell verändern, darf das Übertragungsverhalten des Sendesystems nicht von den Kontrollsignalen abhängen, damit die Linearität des Sendesystems nicht durch eine Mischung der Signale verschlechtert wird. Dies erschwert zusätzlich die Implementierung eines solchen Systems. Allerdings ist dieses Verfahren die einzige Möglichkeit, die Verluste von Leistungsverstärkern in Rundfunksystemen zu verringern.

Auch Kombinationen aus beiden Verfahren sind für Kommunikationssysteme denkbar und sinnvoll. Dafür sollten zwei Anpasssysteme mit verschiedener Regelbandbreite kaskadiert werden, um die Vorteile sowohl von Envelope-Tracking als auch von Envelope-Following zu kombinieren und um somit eine maximale Wirkungsgradsteigerung zu erzielen.

2.2 Systemgewinn

2.2.1 Eigenschaften der Signale

Für viele aktuelle Übertragungsstandards wird das OFDM-Modulationsverfahren eingesetzt. Für die Optimierung des Envelope-Following-Systems ist die genaue Kenntnis der Signaleigenschaften dieses Modulationsverfahrens notwendig.

Bei dem OFDM-Modulationsverfahren wird das komplexe Basisbandsignal $\underline{x}$ durch die Überlagerung von n_C Unterträgern gebildet, die unabhängig voneinander in Amplitude und Phase moduliert werden. Dadurch wird erreicht, dass das Spektrum rechteckförmig und damit die spektrale Effizienz sehr hoch ist. Darüber hinaus ist die Symboldauer hoch, wodurch das Modulationsverfahren gegenüber Mehrwegeausbreitung robust ist.

Für die effiziente Berechnung des Zeitsignals wird die inverse zeitdiskrete Fourier-Transformation verwendet. Dadurch wird inhärent die Orthogonalität der Unterträger, die für die Dekodierung notwendig ist, sichergestellt. In Abbildung 2.2 ist das vereinfachte Blockschaltbild des Basisbandes eines OFDM-Transmitters dargestellt.

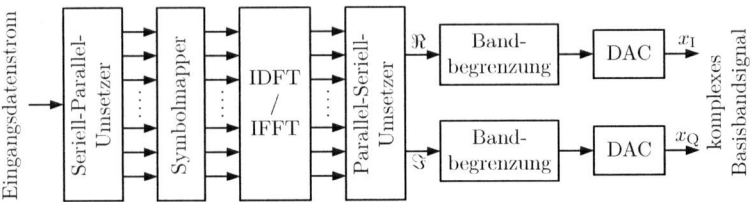

Abbildung 2.2: Blockschaltbild des OFDM-Modulators des Basisbandes

Tabelle 2.1: Crest-Faktoren der Modulation

Modulation	QPSK	QAM16	QAM64	QAM256	QAMn^2
CF_{mod}^2, $PAPR_{\text{mod}}$	1	$\frac{9}{5}$	$\frac{7}{3}$	$\frac{45}{17}$	$\frac{3(n-1)}{n+1}$
$CF_{\text{mod,dB}}$, $PAPR_{\text{mod,dB}}$	0 dB	2.6 dB	3.7 dB	4.2 dB	

Da das komplexe Basisbandsignal $\underline{x}$ und seine beiden Komponenten x_I und x_Q durch die Überlagerung von n_C Unterträgern gebildet werden, ist die maximale Elongation des Signals x_max n_C-mal größer als die maximale Elongation eines Unterträgers $x_{\text{C,max}}$. Der Effektivwert x_rms ist allerdings nur $\sqrt{n_\text{C}}$-mal größer als der Effektivwert eines Unterträgers $x_{\text{C,rms}}$. Dadurch vergrößert sich die Dynamik des Signal. Dies wird durch den Crest-Faktor CF

$$CF_\text{x} = \frac{x_\text{max}}{x_\text{rms}} = \frac{n_\text{C}\, x_{\text{C,max}}}{\sqrt{n_\text{C}}\, x_{\text{C,rms}}} \qquad (2.1)$$

beschrieben. Abhängig davon, welche Modulationsart für die Unterträger verwendet wird, steigt der Dynamikumfang des Signals weiter an. Der Crest-Faktor für die Modulation eines Unterträgers CF_mod gibt den Zusammenhang zwischen der maximale Elongation eines Unterträgers $x_{\text{C,max}}$ und dem Effektivwert $x_{\text{C,rms}}$ an

$$CF_\text{mod} = \frac{x_{\text{C,max}}}{x_{\text{C,rms}}}. \qquad (2.2)$$

Diese Werte sind für verschiedene Modulationsarten in Tabelle 2.1 angegeben. Mit Hilfe des Crest-Faktors der Modulation CF_mod kann der Crest-Faktor des

2.2 Systemgewinn

Gesamtsignal CF_x bestimmt werden

$$CF_x = \sqrt{n_C}\, CF_{\text{mod}}. \tag{2.3}$$

Für DVB-T sind zwei Modi spezifiziert, der 2k- und der 8k-Modus. Dabei kann QPSK, QAM16 und QAM64 eingesetzt werden. Dementsprechend liegt der Crest-Faktor zwischen 32 dB und 43 dB.

Dieser Sachverhalt kann sowohl mit dem Crest-Faktor als auch mit Hilfe des Peak-to-Average-Power-Ratio ausgedrückt werden. Dabei gilt allgemein

$$PAPR = CF^2. \tag{2.4}$$

Daraus folgt für das Peak-to-Average-Power-Ratio des Signals

$$PAPR_x = n_C\, PAPR_{\text{mod}}. \tag{2.5}$$

Wenn die Signale x_I und x_Q als stochastische Prozesse aufgefasst werden, werden diese durch ihre Verteilungsfunktionen und ihre Autokorrelationsfunktionen oder ihre Spektren beschrieben.

Das Spektrum ist ein Rechteckspektrum. Die Bandbreite ist die halbe Hochfrequenzsignalbandbreite und beträgt für DVB-T 4 MHz.

Die Prozesse x_I und x_Q können für eine große Unterträgeranzahl n_C als normalverteilt und erwartungswertfrei angenommen werden. Die Verteilungsdichtefunktion ist dementsprechend

$$f_{x_I, x_Q}(x) = \frac{1}{\sqrt{2\pi\sigma^2}} \exp\left(-\frac{x^2}{2\sigma^2}\right). \tag{2.6}$$

Die Bedeutung des Parameters σ wird dabei im weiteren Verlauf der Beschreibung spezifiziert.

Die Leistung des Signals P_x ist definiert als

$$P_x = |\underline{x}|^2 = x_I^2 + x_Q^2. \tag{2.7}$$

Da die Signale x_I und x_Q normalverteilt und erwartungswertfrei sind, ist die Signalleistung dieser Definition folgend Chi-Quadrat-verteilt. Die sich für diesen Fall, in dem zwei normalverteilte, erwartungswertfreie Zufallsgrößen die Grundlage für die Chi-Quadrat-Verteilung bilden, ergebende Verteilung ist als Exponentialverteilung bekannt. Deren Dichtefunktion ist

$$f_{P_\mathrm{x}}(x) = \begin{cases} \frac{1}{2\sigma^2} \exp\left(-\frac{x}{2\sigma^2}\right) & x \geq 0 \\ 0 & x < 0. \end{cases} \tag{2.8}$$

Für die Berechnung der Signalleistung werden die Signale quadriert respektive mit sich selbst multipliziert. Dies entspricht im Frequenzbereich einer Faltung des Signals mit sich selbst. Da das Spektrum des Ausgangssignals rechteckförmig ist, ergibt sich aus diesem Grund für die Signalleistung ein dreiecksförmiges Spektrum, welches sich über die doppelte Bandbreite erstreckt.

Das Hüllkurvensignal x_H wird durch

$$x_\mathrm{H} = \sqrt{x_\mathrm{I}^2 + x_\mathrm{Q}^2} = \sqrt{P_\mathrm{x}} \tag{2.9}$$

berechnet. Da die Signalleistung P_x exponentialverteilt ist, ergibt sich durch die Wahrscheinlichkeitsdichtetransformation, dass das Hüllkurvensignal Rayleighverteilt ist. Die Dichtefunktion ist

$$f_{x_\mathrm{H}}(x) = \begin{cases} \frac{x}{\sigma^2} \exp\left(-\frac{x^2}{2\sigma^2}\right) & x \geq 0 \\ 0 & x < 0. \end{cases} \tag{2.10}$$

Die dargelegten Eigenschaften werden im weiteren Verlauf dazu verwendet, um in Verbindung mit einem einfachen Modell des Leistungsverstärkers die Verlustleistungseinsparung abzuschätzen.

2.2.2 Leistungsverstärkermodell

Der Load-Line-Theorie zufolge ist die Ausgangsleistung eines Transistors durch die Stromkompression und durch die Spannungskompression begrenzt. Die

2.2 Systemgewinn

Stromkompression tritt auf, sobald der Transistor während eines Teils der Signalperiode nicht mehr leitend ist. Die Spannungskompression wird dadurch verursacht, dass der Transistor während eines Teils der Signalperiode im Falle eines Bipolartransitors vom aktiven Vorwärtsbetrieb in den Sättigungsbetrieb beziehungsweise für den Fall eines Feldeffekttransistors vom Abschnürbereich in den Triodenbereich wechselt. Die maximale unkomprimierte Ausgangsleistung wird erreicht, wenn beide Effekte für die gleiche Aussteuerung auftreten und wenn das Stromsignal und das Spannungssignal in Phase sind. Für die Abschätzung der Verlustleistungseinsparung wird dieses einfache Verstärkermodell benutzt.

Als Referenz wird der Klasse-A-Verstärker mit induktiver Speisung gewählt. Der Arbeitspunktstrom I_{AP} wird so dimensioniert, dass er der maximalen Stromamplitude $\hat{I}_{\max}$ entspricht

$$I_{\mathrm{AP}} = \hat{I}_{\max}. \tag{2.11}$$

Die Arbeitspunktspannung U_{AP} ist durch die maximale Spannungsamplitude $\hat{U}_{\max}$ und die Sättigungsspannung U_{sat} gegeben

$$U_{\mathrm{AP}} = \hat{U}_{\max} + U_{\mathrm{sat}}. \tag{2.12}$$

Für dieses einfache Modell wird die Sättigungsspannung als konstant angenommen.

Der Zusammenhang zwischen der Stromamplitude und der Spannungsamplitude ist durch die Last R_{L} gegeben

$$\hat{U} = R_{\mathrm{L}}\hat{I}. \tag{2.13}$$

Dementsprechend ist die Leistungsaufnahme konstant und beträgt

$$P_{\mathrm{DC,A}} = I_{\mathrm{AP}} U_{\mathrm{AP}} = \frac{1}{R_{\mathrm{L}}} \hat{U}_{\max}(\hat{U}_{\max} + U_{\mathrm{sat}}). \tag{2.14}$$

Die abgegebene Leistung P_{L} ist

$$P_{\mathrm{L}} = \frac{1}{2}\hat{I}\hat{U} = \frac{1}{2R_{\mathrm{L}}}\hat{U}^2. \tag{2.15}$$

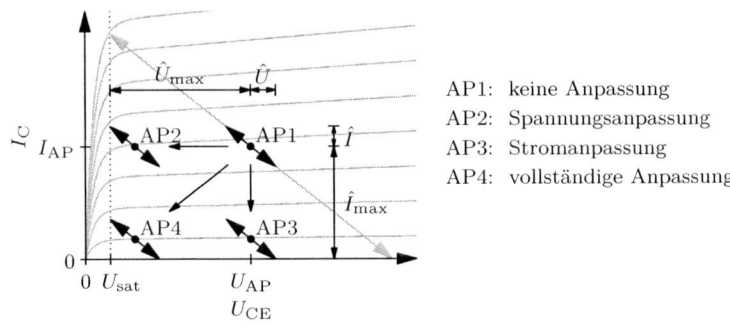

Abbildung 2.3: Möglichkeiten der Arbeitspunktanpassung für eine Aussteuerung $\hat{U}$ und $\hat{I}$ kleiner als der maximalen Aussteuerung $\hat{U}_{\max}$ und $\hat{I}_{\max}$

Damit ergibt sich der Wirkungsgrad

$$\eta_A = \frac{1}{2} \frac{\left(\frac{\hat{U}}{\hat{U}_{\max}}\right)^2}{\left(1 + \frac{U_{\text{sat}}}{\hat{U}_{\max}}\right)}. \tag{2.16}$$

Mit Hilfe dieses Leistungsverstärkermodells und der Eigenschaften der Signale ist es möglich, die Verlustleistungseinsparung abzuschätzen. Dies wurde in [44] veröffentlicht.

2.2.3 Abschätzung der Verlustleistungseinsparung

Bei der Arbeitspunktanpassung eines Leistungsverstärkers ist es möglich, die Arbeitspunktspannung, den Arbeitspunktstrom oder beide Größen an die Aussteuerung anzupassen. Dabei wird die Anpassung so vorgenommen, dass der Verstärker an der Aussteuerungsgrenze arbeitet. Die Abbildung 2.3 veranschaulicht diesen Sachverhalt mit Hilfe des Ausgangskennlinienfeldes eines Transistors.

Bei der Arbeitspunktspannungsanpassung wird die Arbeitspunktspannung an

2.2 Systemgewinn

die Spannungsaussteuerung angepasst, sodass gilt

$$U_{\mathrm{AP}} = \hat{U} + U_{\mathrm{sat}}. \tag{2.17}$$

Die Leistungsaufnahme ist damit nicht mehr konstant und beträgt

$$P_{\mathrm{DC,U}} = \frac{1}{R_{\mathrm{L}}} \hat{U}_{\mathrm{max}} \left(\hat{U} + U_{\mathrm{sat}} \right). \tag{2.18}$$

Da die abgegebene Leistung identisch bleibt, ist der Wirkungsgrad

$$\eta_{\mathrm{U}} = \frac{1}{2} \frac{\left(\frac{\hat{U}}{\hat{U}_{\mathrm{max}}}\right)}{\left(1 + \frac{U_{\mathrm{sat}}}{\hat{U}}\right)}. \tag{2.19}$$

Wird der Arbeitspunktstrom angepasst, berechnet sich der Arbeitspunktstrom durch

$$I_{\mathrm{AP}} = \hat{I}, \tag{2.20}$$

wodurch die Leistungsaufnahme durch

$$P_{\mathrm{DC,I}} = \frac{1}{R_{\mathrm{L}}} \hat{U} \left(\hat{U}_{\mathrm{max}} + U_{\mathrm{sat}} \right) \tag{2.21}$$

und der Wirkungsgrad durch

$$\eta_{\mathrm{I}} = \frac{1}{2} \frac{\left(\frac{\hat{U}}{\hat{U}_{\mathrm{max}}}\right)}{\left(1 + \frac{U_{\mathrm{sat}}}{\hat{U}_{\mathrm{max}}}\right)} \tag{2.22}$$

gegeben ist.

Werden beide Verfahren kombiniert, betragen die Größen

$$P_{\mathrm{DC,UI}} = \frac{1}{R_{\mathrm{L}}} \hat{U} \left(\hat{U} + U_{\mathrm{sat}} \right) \tag{2.23}$$

und

$$\eta_{\mathrm{UI}} = \frac{1}{2} \frac{1}{\left(1 + \frac{U_{\mathrm{sat}}}{\hat{U}}\right)}. \tag{2.24}$$

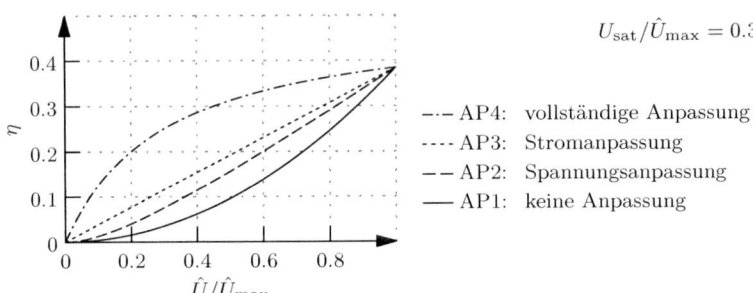

Abbildung 2.4: Wirkungsgrad der Arbeitspunktanpassverfahren für unmodulierte Signale

In Abbildung 2.4 ist der erreichbare Wirkungsgrad der Anpassverfahren vergleichend dargestellt. Man erkennt, dass der maximale Wirkungsgrad nicht gesteigert werden kann, allerdings wird der Wirkungsgrad bei geringerer Aussteuerung bei allen drei Verfahren angehoben.

Die Betrachtung bezieht sich bis zu diesem Zeitpunkt auf unmodulierte Signale. Daraus kann aufgrund des nichtlinearen Zusammenhangs nicht direkt auf den Wirkungsgrad für modulierte Signale geschlossen werden.

Um den Wirkungsgrad für modulierte Signale zu berechnen, muss ausgehend von der Wahrscheinlichkeitsdichtefunktion der Hüllkurve die Wahrscheinlichkeitsdichtefunktion der Ausgangsleistung und der Leistungsaufnahme berechnet werden. Ist die Wahrscheinlichkeitsdichtefunktion einer Zufallsgröße x bekannt und wird aus dieser Zufallsgröße über die Funktion $g(x)$ die Zufallsgröße y berechnet, so gibt die Wahrscheinlichkeitsdichtetransformation an, wie die Wahrscheinlichkeitsdichtefunktion der abgeleiteten Zufallsgröße berechnet wird. Ausgehend von

$$y = g(x) \tag{2.25}$$

muss die Umkehrfunktion

$$x = h(y) \tag{2.26}$$

2.2 Systemgewinn

berechnet werden. Die Wahrscheinlichkeitsdichtefunktion der Zufallsgröße y ergibt sich dann durch

$$\begin{aligned}f_y(y) &= f_x(x) \cdot \frac{\mathrm{d}h(y)}{\mathrm{d}y} \\ &= f_x\left(h\left(y\right)\right) \cdot \frac{\mathrm{d}h\left(y\right)}{\mathrm{d}y}.\end{aligned} \quad (2.27)$$

Dies wird auf die Wahrscheinlichkeitsdichtefunktion der Hüllkurve, die in (2.10) bereits angegeben wurde, angewendet. Dabei ist das Signal x_H gleichbedeutend mit $\hat{U}$. Unter Verwendung der Beziehung (2.15) ergibt sich die Wahrscheinlichkeitsdichtefunktion für die Ausgangsleistung

$$f_{P_\mathrm{L}}(P_\mathrm{L}) = \begin{cases} \frac{R_\mathrm{L}}{\sigma^2} \exp\left(-\frac{R_\mathrm{L} P_\mathrm{L}}{\sigma^2}\right) & P_\mathrm{L} \geq 0 \\ 0 & P_\mathrm{L} < 0. \end{cases} \quad (2.28)$$

Auf die gleiche Weise ergibt sich die Wahrscheinlichkeitsdichtefunktion für die Leistungsaufnahme bei den verschiedenen Möglichkeiten der Arbeitspunktanpassung unter Verwendung der Beziehungen (2.18), (2.21) und (2.23)

$$f_{P_\mathrm{DC,U}}(P_\mathrm{DC}) \\ = \begin{cases} R_\mathrm{L} \frac{P_\mathrm{DC} R_\mathrm{L} - \hat{U}_\mathrm{max} U_\mathrm{sat}}{\sigma^2 \hat{U}_\mathrm{max}^2} \exp\left(-\frac{(P_\mathrm{DC} R_\mathrm{L} - \hat{U}_\mathrm{max} U_\mathrm{sat})^2}{2\sigma^2 \hat{U}_\mathrm{max}^2}\right) & P_\mathrm{DC} \geq 0 \\ 0 & P_\mathrm{DC} < 0 \end{cases}, \quad (2.29)$$

$$f_{P_\mathrm{DC,I}}(P_\mathrm{DC}) \\ = \begin{cases} R_\mathrm{L} \frac{P_\mathrm{DC} R_\mathrm{L}}{\sigma^2 (\hat{U}_\mathrm{max} + U_\mathrm{sat})^2} \exp\left(-\frac{(P_\mathrm{DC} R_\mathrm{L})^2}{2\sigma^2 (\hat{U}_\mathrm{max} + U_\mathrm{sat})^2}\right) & P_\mathrm{DC} \geq 0 \\ 0 & P_\mathrm{DC} < 0 \end{cases}, \quad (2.30)$$

$$f_{P_\mathrm{DC,UI}}(P_\mathrm{DC}) \\ = \begin{cases} R_\mathrm{L} \frac{\sqrt{4 P_\mathrm{DC} R_\mathrm{L} + U_\mathrm{sat}^2} - U_\mathrm{sat}}{2\sigma^2 \sqrt{4 P_\mathrm{DC} R_\mathrm{L} + U_\mathrm{sat}^2}} \exp\left(-\frac{\left(\sqrt{4 P_\mathrm{DC} R_\mathrm{L} + U_\mathrm{sat}^2} - U_\mathrm{sat}\right)^2}{8\sigma^2}\right) & P_\mathrm{DC} \geq 0 \\ 0 & P_\mathrm{DC} < 0 \end{cases}. \\ (2.31)$$

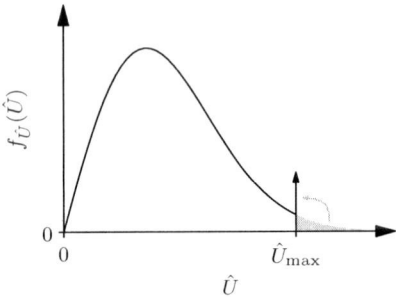

Abbildung 2.5: Wahrscheinlichkeitsdichtefunktion der Amplitude mit Hard-Clipping am Beispiel der Spannungsamplitude

Da die so berechneten Wahrscheinlichkeitsdichtefunktionen auf der Rayleigh-Verteilung basieren, ist die maximale Aussteuerung nicht begrenzt. Dies ist für das eingeführte Modell unzulässig, da dort von einer maximalen Aussteuerung von $\hat{U}_\mathrm{max}$ ausgegangen wurde und da die Modellgleichungen nur bis zu dieser maximalen Aussteuerung gültig sind. Aus diesem Grund muss die Aussteuerung auf einen Maximalwert begrenzt werden. Dies entspricht dem Hard-Clipping-Modell. Dementsprechend müssen die Wahrscheinlichkeitsdichtefunktionen derart modifiziert werden, dass die Wahrscheinlichkeit für das Auftreten einer Aussteuerung, die größer ist als der Maximalwert, Null beträgt und die Wahrscheinlichkeit für das Auftreten des Maximalwerts muss entsprechend angepasst werden. Um dies in den Wahrscheinlichkeitsdichtefunktionen zu berücksichtigen, ist die Dirac-Distribution in Verbindung mit der Verteilungsfunktion der Zufallsgröße notwendig. Dieser Sachverhalt ist in Abbildung 2.5 veranschaulicht.

Die Verteilungsfunktionen zu den Wahrscheinlichkeitsdichtefunktionen sind

$$F_{P_\mathrm{L}}(P_\mathrm{L}) = \begin{cases} 1 - \exp\left(-\frac{R_\mathrm{L} P_\mathrm{L}}{\sigma^2}\right) & P_\mathrm{L} \geq 0 \\ 0 & P_\mathrm{L} < 0. \end{cases} \qquad (2.32)$$

2.2 Systemgewinn

$$F_{P_{\mathrm{DC}},\mathrm{U}}(P_{\mathrm{DC}}) = \begin{cases} \exp\left(-\frac{U_{\mathrm{sat}}^2}{2\sigma^2}\right) - \exp\left(-\frac{(P_{\mathrm{DC}}R_{\mathrm{L}} - \hat{U}_{\mathrm{max}}U_{\mathrm{sat}})^2}{2\sigma^2\hat{U}_{\mathrm{max}}^2}\right) & P_{\mathrm{DC}} \geq 0 \\ 0 & P_{\mathrm{DC}} < 0 \end{cases}, \quad (2.33)$$

$$F_{P_{\mathrm{DC}},\mathrm{I}}(P_{\mathrm{DC}}) = \begin{cases} 1 - \exp\left(-\frac{(P_{\mathrm{DC}}R_{\mathrm{L}})^2}{2\sigma^2(\hat{U}_{\mathrm{max}}+U_{\mathrm{sat}})^2}\right) & P_{\mathrm{DC}} \geq 0 \\ 0 & P_{\mathrm{DC}} < 0 \end{cases}, \quad (2.34)$$

$$F_{P_{\mathrm{DC}},\mathrm{UI}}(P_{\mathrm{DC}})$$
$$= \begin{cases} \exp\left(-\frac{U_{\mathrm{sat}}^2}{2\sigma^2}\right) - \exp\left(-\frac{\left(\sqrt{4P_{\mathrm{DC}}R_{\mathrm{L}}+U_{\mathrm{sat}}^2}-U_{\mathrm{sat}}\right)^2}{8\sigma^2}\right) & P_{\mathrm{DC}} \geq 0 \\ 0 & P_{\mathrm{DC}} < 0 \end{cases}. \quad (2.35)$$

Die Wahrscheinlichkeitsdichtefunktion für das begrenzte Signal kann dann durch

$$f_{x,\mathrm{clip}}(x) = \begin{cases} f_x(x) & x < x_{\mathrm{max}} \\ (1 - F_x(x_{\mathrm{max}})) \cdot \delta(x - x_{\mathrm{max}}) & x \geq x_{\mathrm{max}} \end{cases} \quad (2.36)$$

ausgedrückt werden. Am Beispiel der begrenzten Ausgangsleistung lautet die Wahrscheinlichkeitsdichtefunktion

$$f_{P_{\mathrm{L}},\mathrm{clip}}(P_{\mathrm{L}}) = \begin{cases} 0 & P_{\mathrm{L}} < 0 \\ \frac{R_{\mathrm{L}}}{\sigma^2}\exp\left(-\frac{R_{\mathrm{L}}P_{\mathrm{L}}}{\sigma^2}\right) & 0 \leq P_{\mathrm{L}} < P_{\mathrm{L},\mathrm{max}} \\ \exp\left(-\frac{R_{\mathrm{L}}P_{\mathrm{L},\mathrm{max}}}{\sigma^2}\right) \cdot \delta(P_{\mathrm{L}} - P_{\mathrm{L},\mathrm{max}}) & P_{\mathrm{L}} \geq P_{\mathrm{L},\mathrm{max}} \end{cases} \quad (2.37)$$

Die weiteren Wahrscheinlichkeitsdichtefunktion können auf die gleiche Weise berechnet werden.

Zur Berechnung des Wirkungsgrades werden die Erwartungswerte der Leistungen benötigt. Der Erwartungswert einer Zufallsgröße x ist definiert durch

$$\mathcal{E}\{x\} = \int\limits_{-\infty}^{\infty} x f_x(x) \mathrm{d}x. \quad (2.38)$$

Da die hier verwendeten Größen nicht kleiner sind als Null und auf einen Maximalwert begrenzt wurden, ist die Berechnungsvorschrift

$$\mathcal{E}\{x\} = \int_0^{x_{\text{clip}}} x f_x(x) \mathrm{d}x + x_{\text{clip}} \int_{x_{\text{clip}}}^\infty f_x(x) \mathrm{d}x$$

$$= \int_0^{x_{\text{clip}}} x f_x(x) \mathrm{d}x + x_{\text{clip}} \left(1 - F_x(x_{\text{clip}})\right). \tag{2.39}$$

Damit können die Erwartungswerte für die Ausgangsleistung und für die Leistungsaufnahme berechnet werden. Diese betragen

$$\mathcal{E}\{P_\text{L}\} = \frac{\sigma^2}{R_\text{L}} \cdot \left(1 - \exp\left(-\frac{\hat{U}_{\max}^2}{2\sigma^2}\right)\right), \tag{2.40}$$

$$\mathcal{E}\{P_{\text{DC,U}}\} = \sqrt{\frac{\pi}{2}} \cdot \frac{\sigma \hat{U}_{\max}}{R_\text{L}} \cdot \left(2 - \text{erfc}\left(\frac{U_{\text{sat}}}{\sqrt{2}\sigma}\right) - \text{erfc}\left(\frac{\hat{U}_{\max}}{\sqrt{2}\sigma}\right)\right), \tag{2.41}$$

$$\mathcal{E}\{P_{\text{DC,I}}\} = \sqrt{\frac{\pi}{2}} \cdot \frac{\sigma\left(\hat{U}_{\max} + U_{\text{sat}}\right)}{R_\text{L}} \cdot \text{erf}\left(\frac{U_{\text{sat}}}{\sqrt{2}\sigma}\right), \tag{2.42}$$

$$\mathcal{E}\{P_{\text{DC,UI}}\} = \sqrt{\frac{\pi}{2}} \cdot \frac{\sigma U_{\text{sat}}}{R_\text{L}} \cdot \text{erf}\left(\frac{\hat{U}_{\max}}{\sqrt{2}\sigma}\right) + 2\mathcal{E}\{P_\text{L}\}. \tag{2.43}$$

Dabei bezeichnet $\text{erf}(x)$ die Gaußsche Fehlerfunktion und $\text{erfc}(x)$ die komplementäre Gaußsche Fehlerfunktion.

Die Wirkungsgrade der Anpasssysteme für modulierte Signale ergeben sich schließlich durch den Quotienten der entsprechenden Erwartungswerte. An dieser Stelle soll darauf hingewiesen werden, dass dieser Ausdruck nicht dem Erwartungswert des Wirkungsgrades entspricht, allerdings nur auf diese Weise aussagekräftig ist

$$\eta_{\text{mod}} = \frac{\mathcal{E}\{P_\text{L}\}}{\mathcal{E}\{P_{\text{DC}}\}} \neq \mathcal{E}\{\eta\}. \tag{2.44}$$

Die Bedeutung des verbleibenden Parameters σ erschließt sich entweder über den Erwartungswert der Ausgangsleistung, die sich ergeben würde, wenn der

2.2 Systemgewinn

Leistungsverstärker nicht begrenzen würde, oder über das Moment zweiter Ordnung der Verteilung der Spannungsamplitude. Der Erwartungswert der unbegrenzten Ausgangsleistung ist

$$\mathcal{E}\{P_\mathrm{L}\} = \bar{P}_\mathrm{L} = \frac{\sigma^2}{R_\mathrm{L}}. \tag{2.45}$$

Die maximale Ausgangsleistung beträgt

$$P_\mathrm{L,max} = \frac{\hat{U}_\mathrm{max}^2}{2R_\mathrm{L}}. \tag{2.46}$$

Das Verhältnis dieser Leistungen ist ein Maß für die Aussteuerung des Leistungsverstärkers und wird im Folgenden als Peak-to-Average-Power-Ratio des Leistungsverstärkers $PAPR_\mathrm{PA}$ bezeichnet

$$PAPR_\mathrm{PA} = \frac{P_\mathrm{L,max}}{\bar{P}_\mathrm{L}} = \frac{\hat{U}_\mathrm{max}^2}{2\sigma^2}. \tag{2.47}$$

Demzufolge ergibt sich der Parameter σ

$$\sigma = \sqrt{\frac{\hat{U}_\mathrm{max}^2}{2PAPR_\mathrm{PA}}}. \tag{2.48}$$

Das Peak-to-Average-Power-Ratio des Leistungsverstärkers steht in Relation zu der Wahrscheinlichkeit, dass das Signal begrenzt. Dazu wird die Verteilungsfunktion der Ausgangsleistung verwendet

$$p_\mathrm{clip} = 1 - F_{P_\mathrm{L}}(P_\mathrm{L,max}) = \exp\left(-\frac{P_\mathrm{L,max} R_\mathrm{L}}{2\sigma^2}\right)$$
$$= \exp\left(-\frac{1}{2} PAPR_\mathrm{PA}\right). \tag{2.49}$$

Das Ergebnis dieser Betrachtungen ist in Abbildung 2.6 dargestellt. Man erkennt, dass der Wirkungsgrad für modulierte Signale für den technisch relevanten Bereich geringfügig höher ist, als der für unmodulierte Signale. Dies begründet sich durch die nichtlinearen Zusammenhänge und durch die Begrenzung durch das Hard-Clipping-Modell.

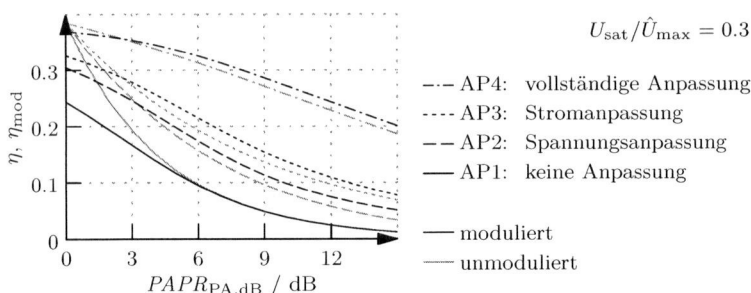

Abbildung 2.6: Wirkungsgrad der Anpassverfahren für OFDM-modulierte Signale

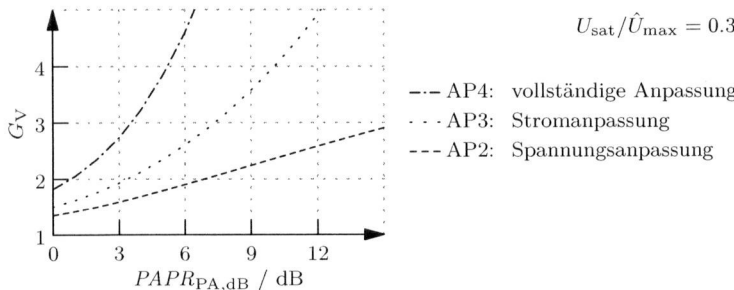

Abbildung 2.7: Systemgewinn der Anpassverfahren

Ein sinnvolles Maß für den Systemgewinn ist die relative Verlustleistungsreduktion

$$G_\mathrm{V} = \frac{P_\mathrm{V1}}{P_\mathrm{V2}} = \frac{P_\mathrm{DC1} - P_\mathrm{L}}{P_\mathrm{DC2} - P_\mathrm{L}} = \frac{\frac{1}{\eta_1} - 1}{\frac{1}{\eta_2} - 1}. \tag{2.50}$$

Dieses Maß ist im Gegensatz zum Verhältnis der Wirkungsgrade sowohl für sehr effiziente als auch für weniger effiziente Systeme aussagekräftig. Die Darstellung der Ergebnisse mit Hilfe dieses Maßes ist in Abbildung 2.7 zu sehen. Man erkennt, dass für einen typischen Back-Off-Betrieb von 6 dB die Verlustleistung durch Arbeitspunktspannungsanpassung um den Faktor 1.9 im Vergleich zum Klasse-A-Verstärker ohne Anpasssystem reduziert werden kann. Für die Arbeitspunktstromanpassung beträgt der Faktor 2.6 und für die vollständige Anpassung 4.6.

2.3 Systemarchitektur

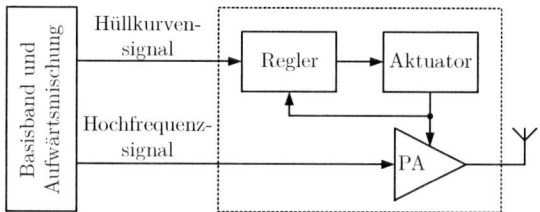

Abbildung 2.8: Blockschaltbild eines Anpasssystems mit separatem Eingang für das Hüllkurvensignal

Im Folgenden liegt der Fokus der Arbeit auf der Arbeitspunktspannungsanpassung. Dies begründet sich dadurch, dass die Anpassung des Arbeitspunktes hoch dynamisch erfolgen soll und die Arbeitspunktspannungsanpassung einen deutlich geringeren Einfluss auf die Linearität des Leistungsverstärkers aufweist als die Arbeitspunktstromanpassung, wie dies bereits in Abschnitt 2.1 erläutert wurde. Des Weiteren zeigte sich in [7] und in [8], dass es möglich ist, den Leistungsverstärker derart zu entwerfen, dass durch seine Expansion eine inhärente Anpassung der Stromaufnahme möglich ist, und dass der Nutzen eines zusätzlichen Eingriffs in keinem Verhältnis zu dem dafür notwendigen Aufwand steht.

2.3 Systemarchitektur

Um ein Envelope-Following-System zu implementieren, sind verschiedene Systemarchitekturen denkbar, die sich maßgeblich darin unterscheiden, an welcher Stelle der Sollwert für das Anpasssystem generiert wird.

Die erste Möglichkeit besteht darin, dass das Hüllkurvensignal durch das Basisband bereitgestellt wird, wie es in Abbildung 2.8 dargestellt ist. Eine solche Implementierung gewährt sehr große Freiheiten beim Einstellen der Systemparameter und ermöglicht dadurch, verschiedenen parasitären Effekten entgegenzuwirken. Allerdings müssen die beiden Signalpfade des System synchron sein. Dies ist nicht trivial, da das Hüllkurvensignal direkt durch das Basisband

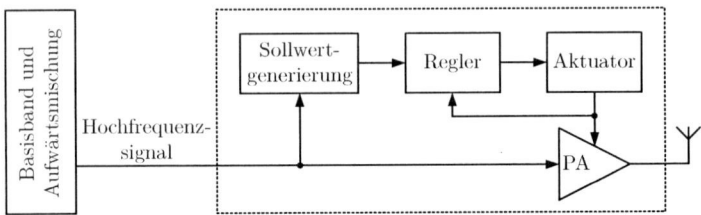

Abbildung 2.9: Blockschaltbild eines Anpasssystems mit Erzeugung des Hüllkurvensignals aus dem Hochfrequenzeingangssignal des Leistungsverstärkers

bereitgestellt wird, während das Hochfrequenzsignal vorerst noch aufwärtsgemischt wird. Eine Kalibrierung bezüglich der Verstärkung der beiden Pfade und der Verzögerung ist unabdingbar.

Der Basisbandsignalprozessor muss bei diesem Ansatz ein zusätzliches Signal erzeugen. Dies ist nachteilig, da erstens das Hüllkurvensignal eine höhere Bandbreite aufweist als die IQ-Basisbandsignale, und da zweitens die Basisbandsignalprozessoren häufig auf die Ausgabe zweier Analogsignale ausgelegt sind.

Die zweite Möglichkeit besteht in der Erzeugung des Sollwertes für das Anpasssystem aus dem Hochfrequenzeingangssignal des Leistungsverstärkers. Dies ist in Abbildung 2.9 illustriert. Das Basisband muss in diesem Fall kein zusätzliches Signal erzeugen. Damit können bestehende Systeme ohne weitere Änderungen nachgerüstet werden und die Synchronizität der Signalpfade ist gewährleistet. Die Verstärkung der beiden Signalpfade muss allerdings kalibriert werden, was analog einfach umsetzbar ist.

Wird der Sollwert aus dem Ausgangssignal des Hochfrequenzverstärkers erzeugt, wie es in Abbildung 2.10 veranschaulicht ist, vereinfacht sich die Verstärkungskalibrierung, da die Verstärkung des Leistungsverstärkers bei diesem Ansatz nicht eingeht, allerdings muss der Frequenzgang des ausgangsseitigen Impedanztransformationsnetzwerkes des Leistungsverstärkers berücksichtigt werden. Nachteilig ist bei diesem Ansatz, dass sich erstens die ausgangsseitigen Komponenten des Leistungsverstärkers in der Regelschleife befinden, wodurch

2.3 Systemarchitektur

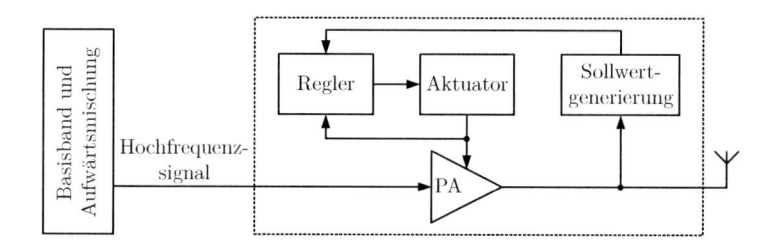

Abbildung 2.10: Blockschaltbild eines Anpasssystems mit Erzeugung des Hüllkurvensignals aus dem Hochfrequenzausgangssignal des Leistungsverstärkers

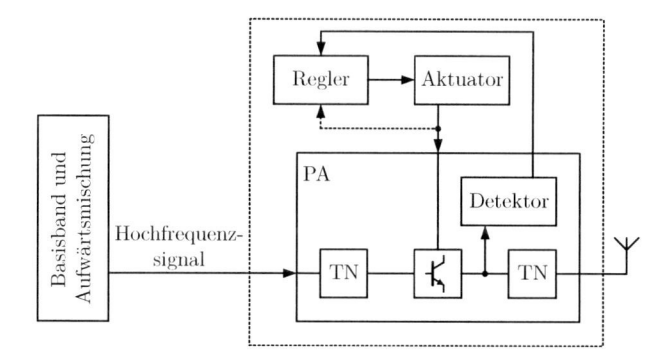

Abbildung 2.11: Blockschaltbild eines Anpasssystems mit Erzeugung des Sollwertsignals aus der Spannung am Ausgangsknoten des Transistorfeldes des Leistungsverstärkers

deren Signallaufzeit die Verzögerungszeit des Anpasssystems erhöht und zweitens dass durch diesen Ansatz eine zusätzliche Rückwirkung in dem System entsteht, wodurch die Stabilität des Systems schwieriger zu gewährleisten ist.

Um diesen Nachteilen entgegenzuwirken, kann die Sollwertgenerierung in den Leistungsverstärker verlegt werden. Dies ist in Abbildung 2.11 dargestellt. Der Frequenzgang und die Signallaufzeit der ausgangsseitigen Komponenten des Leistungsverstärkers haben damit keinen Einfluss mehr. Ein deutlich größerer Vorteil dieses Ansatzes ist es, dass bei dem Einsatz eines geeigneten Detektors es möglich ist, die Rückführung der Regelgröße zu vereinfachen, sodass die Verstärkungskalibrierung der Signalpfade nicht mehr notwendig ist. Dies ist dadurch möglich, da bei diesem Ansatz die minimale Spannung über dem Transistorfeld des Leistungsverstärkers, die während der Aussteuerung auftritt, direkt detektiert werden kann. Der detektierte Spannungswert enthält damit sowohl die Information über die Aussteuerung als auch über die Versorgungsspannung. Der Sollwert für die Regelung entspricht dadurch direkt der Sättigungsspannung des Leistungsverstärkers.

Die Nachteile dieses Ansatzes sind, dass dieses System schwierig in Form einer Zweichiplösung implementiert werden kann, wodurch der Chipflächenbedarf bei der Entwicklung höher ist, und dass die Umsetzung eines dafür geeigneten Detektors in der verfügbaren Technologie sehr schwierig ist. Der Grund dafür ist, dass es notwendig ist, die negative Aussteuerung des Hochfrequenzsignals an einem internen Knoten des Leistungsverstärkers mit hoher Spannungsaussteuerung zu detektieren. Die dafür einsetzbaren Bauelemente weisen in der gegebenen Technologie nicht die dafür notwendige Spannungsfestigkeit auf oder sind nicht für Hochfrequenzsignale geeignet.

Nach der Abwägung aller Vor- und Nachteile wurde die Umsetzung gewählt, bei der der Sollwert des Anpasssystems aus dem Eingangssignal des Leistungsverstärkers erzeugt wird, welches in Abbildung 2.9 dargestellt ist. Die Umsetzung der dafür notwendigen Komponenten wird in den folgenden Abschnitten beschrieben. Dabei wird zunächst der Leistungsverstärker und anschließend die Sollwertgenerierung beschrieben. Der Aktuator und der Regler werden zusammen betrachtet. Dabei werden zwei verschiedener Ansätze verfolgt. Der erste Ansatz ist das Tiefsetzsteller-basierte System und der zweite das hybride System.

3 Leistungsverstärker

Der Leistungsverstärker bildet eine Komponente des in Abbildung 2.9 gezeigten Systems. Die Aufgabe des Leistungsverstärkers ist die effiziente und lineare Verstärkung des HF-Eingangssignals. Die Entwurfsziele waren eine Entwurfsfrequenz von 700 MHz und eine Ausgangsleistung größer als 24 dBm. Des Weiteren soll der Verstärker vollständig integriert sein, möglichst wenig Chipfläche benötigen und uneingeschränkt stabil sein. Zusätzlich muss der Verstärker für dieses System für die Arbeitspunktspannungsanpassung geeignet sein. Dies bedeutet, dass sein Übertragungsverhalten unabhängig von der Arbeitspunktspannung sein muss, wie dies in Abschnitt 2.1 bereits erläutert wurde.

Es wurden zwei Leistungsverstärker entworfen, die im Folgenden mit $PAv1$ und mit $PAwT$ bezeichnet werden. Beide Verstärker sind pseudodifferentiell ausgeführt und nutzen eine Kaskode für die Hauptstufe und einen Treiberverstärker mit resistiver Anpassung. Der Unterschied zwischen den Verstärkern besteht in der Anzahl der genutzten Transistoren für die Hauptstufe, in der Implementierung des Treibers und in der Topologie des ausgangsseitigen Impedanztransformationsnetzwerkes. Die Gründe, die zu dieser Topologie und zu der gewählten Dimensionierung geführt haben, werden in den nächsten Abschnitten erläutert.

Dabei wird zunächst ein strukturiertes Entwurfsverfahren für den Leistungsverstärker vorgestellt. Anschießend wird das Eingangsnetzwerk des Leistungsverstärkers entworfen und danach das Ausgangsnetzwerk optimiert. Dieses Kapitel endet mit den experimentellen Ergebnissen der entworfenen Leistungsverstärker.

3.1 Strukturierter Entwurf von Leistungsverstärkern

3.1.1 Berechnung der optimalen Last

Wie im Abschnitt 2.2.2 bereits kurz beschrieben wurde, gibt es zwei Effekte, die zur Kompression eines Verstärkers führen. Die Stromkompression wird dadurch verursacht, dass der Transistor während einer Periode vorübergehend nicht mehr leitend ist. Spannungskompression tritt auf, sobald bei der Aussteuerung die Sättigungsspannung erreicht wird.

Da beide Effekte die lineare unkomprimierte Ausgangsleistung begrenzen, ist die Ausgangsleistung maximal, wenn die beiden Kompressionseffekte bei der gleichen Aussteuerung auftreten. Des Weiteren müssen die Spannung und der Strom phasengleich sein, damit die Quelle keine Blindleistung und damit nur Wirkleistung generiert.

Das Element, dessen abgegebene Leistung maximiert werden soll, ist die Transferstromquelle des internen Transistors. In Abbildung 3.1 ist exemplarisch für die Komplexität aktueller Transistormodelle das VBIC-Modell dargestellt. Der interne Transistor befindet sich zwischen den Knoten Ci, Bi und Ei. Die Spannung und der Strom, auf die sich die Load-Line-Theorie bezieht, sind die Spannung über und der Strom durch die Stromquelle I_{CC}. Damit ist die Umsetzung der Load-Line-Theorie problematisch, da auf diese in direkter Weise kein Einfluss genommen werden kann. Erst an den Klemmen C und E kann die Spannungs-Strom-Relation im Sinne der Lastimpedanz festgelegt werden. Um dieses Problem zu umgehen, werden häufig Load-Pull-Simulationen verwendet, bei denen für verschiedene Resistanzen und Reaktanzen einer Last die Ausgangsleistung durch Großsignalsimulationen bestimmt wird. Dieser Ansatz ist sehr rechenzeitintensiv, da aufgrund der zwei Parameter der Last in Verbindung mit der Generatorspannung ein dreidimensionaler Parameterraum mit Großsignalsimulationen untersucht werden muss. Die erhaltenen Ergebnisse haben nur Gültigkeit, solange alle Randbedingungen wie zum Beispiel Arbeitspunkt, Gegenkoppelnetzwerk, Transistoranzahl und Eingangsanpassnetzwerk

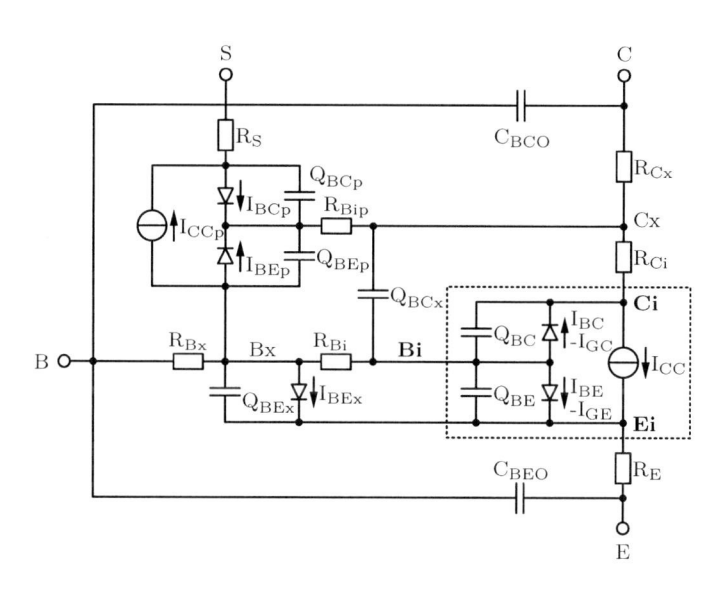

3.1 Strukturierter Entwurf von Leistungsverstärkern

Abbildung 3.1: VBIC-Transistormodell

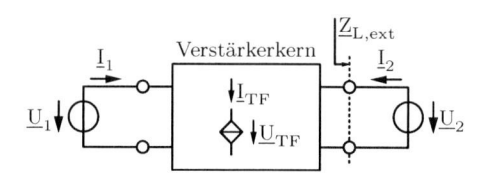

Abbildung 3.2: Schaltung zur Bestimmung der Y-Parameter

nicht verändert werden. Ansonsten muss die komplette Untersuchung wiederholt werden. Aus diesem Grund ist ein analytisches Verfahren vorteilhaft.

Ausgangspunkt des analytischen Verfahrens ist der Verstärkerkern in der Beschaltung zur Bestimmung der Y-Parameter. Dies ist in Abbildung 3.2 dargestellt. Damit kann mit Hilfe von zwei AC-Simulationen der Zusammenhang zwischen den Klemmenströmen $\underline{I}_1$ und $\underline{I}_2$ und den Klemmenspannungen $\underline{U}_1$

und $\underline{U}_2$ ermittelt werden

$$\begin{pmatrix} \underline{I}_1 \\ \underline{I}_2 \end{pmatrix} = \begin{bmatrix} \underline{Y}_{11} & \underline{Y}_{12} \\ \underline{Y}_{21} & \underline{Y}_{22} \end{bmatrix} \begin{pmatrix} \underline{U}_1 \\ \underline{U}_2 \end{pmatrix}. \tag{3.1}$$

Es werden noch vier zusätzliche Übertragungsfunktionen benötigt. Diese geben den Zusammenhang zwischen den Klemmenspannungen und dem Strom $\underline{I}_{\mathrm{TF}}$ durch sowie der Spannung $\underline{U}_{\mathrm{TF}}$ über der internen Transferstromquelle an und können durch dieselben Simulationen ermittelt werden. Daraus ergibt sich

$$\underline{U}_{\mathrm{TF}} = \begin{bmatrix} \underline{V}_{\mathrm{TF1}} & \underline{V}_{\mathrm{TF2}} \end{bmatrix} \begin{pmatrix} \underline{U}_1 \\ \underline{U}_2 \end{pmatrix} \tag{3.2}$$

$$\underline{I}_{\mathrm{TF}} = \begin{bmatrix} \underline{Y}_{\mathrm{TF1}} & \underline{Y}_{\mathrm{TF2}} \end{bmatrix} \begin{pmatrix} \underline{U}_1 \\ \underline{U}_2 \end{pmatrix}. \tag{3.3}$$

Die Lastimpedanz für die interne Transferstromquelle ist

$$\underline{Z}_{\mathrm{L,TF}} = \frac{\underline{U}_{\mathrm{TF}}}{-\underline{I}_{\mathrm{TF}}}. \tag{3.4}$$

Diese soll entsprechend der Load-Line-Theorie rein reell sein

$$\underline{Z}_{\mathrm{L,TF}} \stackrel{!}{=} R_{\mathrm{L,TF}}. \tag{3.5}$$

Unter Verwendung der zusätzlichen Übertragungsfunktionen ergibt sich

$$\underline{U}_1 = \underbrace{\frac{\underline{V}_{\mathrm{TF2}} + R_{\mathrm{L,TF}} \underline{Y}_{\mathrm{TF2}}}{\underline{V}_{\mathrm{TF1}} + R_{\mathrm{L,TF}} \underline{Y}_{\mathrm{TF1}}}}_{\underline{V}_{12,\mathrm{RL}}} \underline{U}_2. \tag{3.6}$$

An der Ausgangsklemme ist die Spannungs-Strom-Relation durch die Last festgelegt

$$\underline{Z}_{\mathrm{L,ext}} = \frac{\underline{U}_2}{-\underline{I}_2}. \tag{3.7}$$

Werden in diese Relation (3.1) und (3.6) eingesetzt, ergibt sich für die externe Lastimpedanz

$$\underline{Z}_{\mathrm{L,ext}} = -\frac{\underline{V}_{\mathrm{TF2}} + R_{\mathrm{L,TF}} \underline{Y}_{\mathrm{TF2}}}{\underline{V}_{\mathrm{TF1}} + R_{\mathrm{L,TF}} \underline{Y}_{\mathrm{TF1}}} \underline{Y}_{21} - \underline{Y}_{22}. \tag{3.8}$$

3.1 Strukturierter Entwurf von Leistungsverstärkern

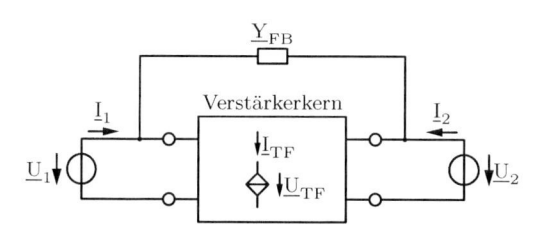

Abbildung 3.3: Schaltung mit Parallel-Spannungsgegenkopplung mit Hilfe einer Admittanz $\underline{Y}_{FB}$

Durch Anwendung dieser Dimensionierungsvorschrift wird sichergestellt, dass die Last an der internen Transferstromquelle rein reell ist und einen definierten Wert aufweist. Einige Veränderungen, wie zum Beispiel am Gegenkoppelnetzwerk, an der Transistoranzahl und am Eingangsanpassnetzwerk, können berücksichtigt werden, ohne dass die AC-Simulationen erneut ausgeführt werden müssen.

Der verbleibende Parameter $R_{L,TF}$ ergibt sich theoretisch direkt aus dem Arbeitspunkt

$$R_{L,TF} = \frac{U_{AP} - U_{sat}}{I_{AP}}. \tag{3.9}$$

Auch wenn eine weitere Optimierung durchgeführt wird, so wird mit Anwendung dieses Verfahrens der Parameterraum reduziert. Dieses Verfahren wurde auch auf die Dimensionierung von Leistungsverstärkern mit gestapelten Transistoren erweitert. Dies ist in [6] und [32] beschrieben.

Eine wichtige Eigenschaft eines Verstärkers ist die uneingeschränkte Stabilität. Oft wird eine Parallel-Spannungsgegenkopplung eingesetzt, um die Stabilität sicherzustellen. Wird eine Admittanz $\underline{Y}_{FB}$, wie es in Abbildung 3.3 dargestellt ist, für diese Gegenkopplung eingesetzt, verändern sich ausschließlich die Y-Parameter des Verstärkerkerns zu

$$\underline{\mathbb{Y}}_{FB} = \begin{bmatrix} \underline{Y}_{11} + \underline{Y}_{FB} & \underline{Y}_{12} - \underline{Y}_{FB} \\ \underline{Y}_{21} - \underline{Y}_{FB} & \underline{Y}_{22} + \underline{Y}_{FB} \end{bmatrix}. \tag{3.10}$$

Die zusätzlichen Übertragungsfunktionen bleiben unverändert. Dadurch ist es möglich, für verschiedene Impedanzen direkt die Stabilität zu bewerten. Des Weiteren ist es möglich, das Verhältnis zwischen generierter Leistung durch die Transferstromquelle und abgegebener Leistung an die Last unter der Bedingung der optimalen Last an der Transferstromquelle zu berechnen. Unter Verwendung der Gleichungen (3.2) und (3.6) ergibt sich

$$\underline{U}_{\mathrm{TF}} = \underbrace{\left(\underline{V}_{\mathrm{TF1}} \underline{V}_{12,\mathrm{RL}} + \underline{V}_{\mathrm{TF2}}\right)}_{\underline{V}_{\mathrm{TF2,RL}}} \underline{U}_2 \qquad (3.11)$$

Die abgegebene Leistung der Transferstromquelle ist

$$P_{\mathrm{TF}} = -\underline{U}_{\mathrm{TF}} \underline{I}_{\mathrm{TF}}^* = \frac{|\underline{U}_{\mathrm{TF}}|^2}{R_{\mathrm{L,TF}}}. \qquad (3.12)$$

Die abgegebene Leistung der Schaltung am Tor 2 ist

$$P_2 = -\underline{U}_2 \underline{I}_2^* = \Re\left(\underline{Y}_{\mathrm{L,ext}}\right) |\underline{U}_2|^2. \qquad (3.13)$$

Das Leistungsverhältnis beträgt folglich

$$\eta_{P_2,P_{\mathrm{TF}}} = \frac{P_2}{P_{\mathrm{TF}}} = \frac{\Re\left(\underline{Y}_{\mathrm{L,ext}}\right) R_{\mathrm{L,TF}}}{\left|\underline{V}_{\mathrm{TF2,RL}}\right|^2}. \qquad (3.14)$$

Diese Betrachtungen haben Einfluss auf die Wahl der Verstärkerarchitektur.

3.1.2 Wahl der Architektur

Die Untersuchung der Stabilität, die sich aus (3.10) ergibt, und das Leistungsverhältnis, das anhand von (3.14) berechnet werden kann, sind für einen Einzeltransistorverstärker und für einen Kaskode-Verstärker mit einem für einen Leistungsverstärker geeigneten Arbeitspunkt in Abbildung 3.4 dargestellt. Man erkennt, dass für einen effizienten und uneingeschränkt stabilen Einzeltransistorverstärker eine induktive Parallel-Spannungsgegenkopplung notwendig ist. Dies ist für eine integrierte Implementierung aufgrund der Größe der Spulen nachteilig. Bei der Verwendung einer Kaskode besteht dieses Problem nicht und

3.1 Strukturierter Entwurf von Leistungsverstärkern

(a) k-Faktor des Einzeltransistorverstärkers

(b) k-Faktor der Kaskode

(c) Leistungsverhältnis des Einzeltransistorverstärkers

(d) Leistungsverhältnis der Kaskode

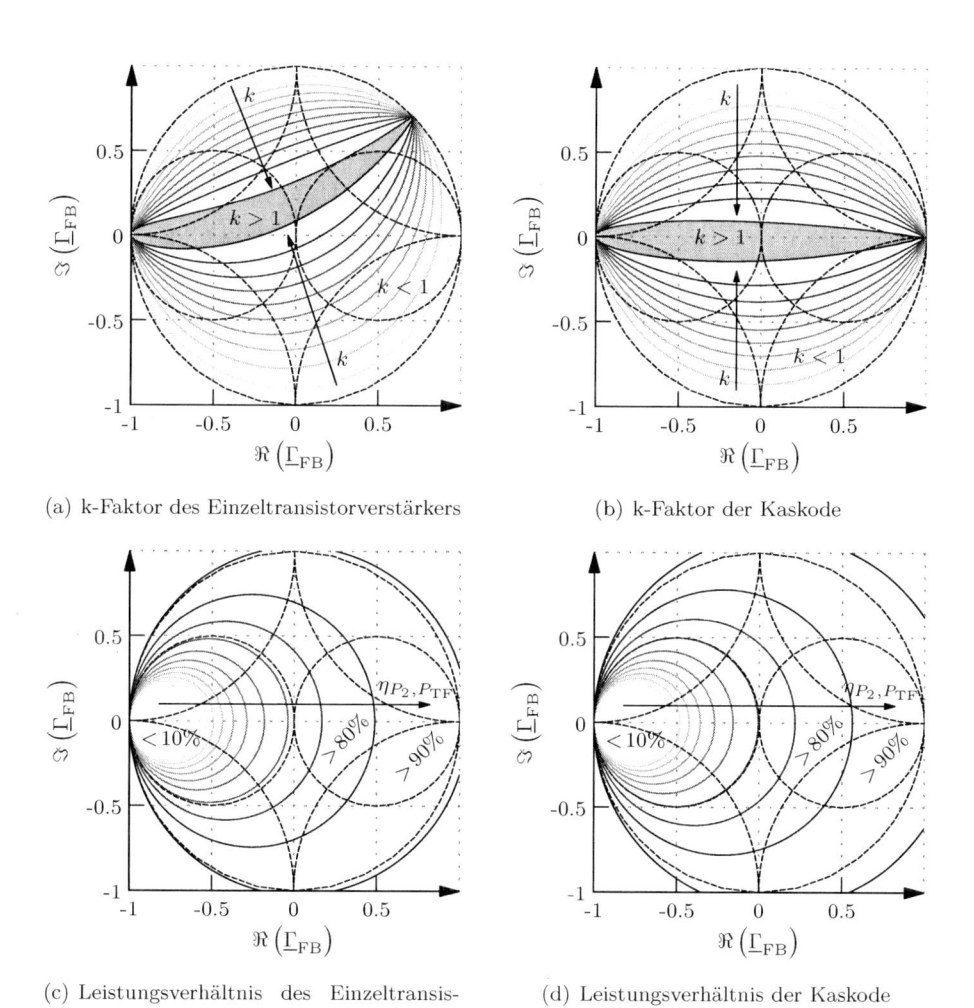

Abbildung 3.4: Konturdiagramme des k-Faktors und des Leistungsverhältnises $\eta_{P_2,P_{TF}}$ nach (3.14) in Abhängigkeit von dem Reflexionsfaktor der Parallel-Spannungsgegenkopplung wie in Abbildung 3.3 für einen Einzeltransistorverstärker und einen Kaskode-Verstärker; Höhenlinien in Schritten von 0.1 von hell 0 bis dunkel 1; 96 × 16 npnVs-Transistoren mit $U_{CE} = 2.5\,\text{V}$, $I_C = 130\,\text{mA}$ und $f = 700\,\text{MHz}$

die Schaltung ist auch ohne Parallel-Spannungsgegenkopplung uneingeschränkt stabil.

Die Vermeidung einer Parallel-Spannungsgegenkopplung hat zusätzlich den Vorteil, dass der empfindliche Eingang des Verstärkers bestmöglich von der modulierten Versorgungsspannung isoliert ist. Dadurch wird die Linearität des Leistungsverstärkers möglichst wenig beeinträchtigt.

Das Gebiet der Impedanzen der Parallel-Spannungsgegenkopplung, die zu uneingeschränkter Stabilität führen, kann durch die Serienschaltung geeigneter Impedanzen mit dem Eingang des Verstärkers vergrößert werden. Die Lage und Form des Gebietes bleiben dabei unverändert, weswegen dies an dieser Stelle nicht weiter betrachtet wird.

Auch wenn die Abbildung für die Entwurfsfrequenz des Verstärkers angefertigt wurde, so trifft die qualitative Aussage auch für andere Frequenzen in gleicher Weise zu.

Ein weiterer Vorteil, der sich durch die Verwendung einer Kaskode ergibt, ist die Unterdrückung der Abhängigkeit des Übertragungsverhaltens von der Versorgungsspannung. Der Grund dafür ist, dass die Versorgungsspannungsänderung nur unmittelbaren Einfluss auf den Transistor der Kaskode hat, der sich in Basis-Schaltung befindet. Das Übertragungsverhalten wird allerdings maßgeblich durch die Transfercharakteristik des Transistor in Emitter-Schaltung bestimmt. Dies sorgt für die gewünschte Entkopplung.

Wird der Kaskode-Verstärker differentiell ausgeführt, können Störsignale, die über die modulierte Versorgungsspannung direkt auf das Ausgangssignal einkoppeln, vom Ausgangssignal nachträglich getrennt werden, da sich Einflüsse der Versorgungsspannung in einem Gleichtaktsignal äußern, während das HF-Signal ein Gegentaktsignal darstellt. Die Separation kann dann zum Beispiel durch einen Balun erfolgen.

Den vielen Vorteilen des Kaskode-Verstärkers stehen wenige Nachteile gegenüber. Der erste Nachteil ist die höhere Sättigungsspannung des Kaskode-Verstärkers im Vergleich zum Einzeltransistorverstärker. Diesem Nachteil wird

Tabelle 3.1: Kennwerte der verfügbaren Bipolar-Transistoren

Bezeichner	npnVp	npnVs	npnVh
Durchbruchsspannung bei offener Basis	2.4 V	4 V	7 V
Durchbruchsspannung bei offenem Emitter	7.7 V	15 V	19.5 V
maximale Transitfrequenz	80 GHz	50 GHz	30 GHz

durch die geeignete Wahl der Transistoren sowie durch die Dimensionierung des Transistorfeldes entgegen gewirkt. Ein weiterer Nachteil ist die Notwendigkeit der Erzeugung einer zusätzlichen Biasspannung und die dafür notwendige zusätzliche Leistungsaufnahme. Allerdings erhöht sich gleichzeitig die Eingangsimpedanz des Transistorfeldes, wodurch die Leistungsaufnahme eines etwaigen Vorverstärkers geringer gewählt werden kann und somit die Leistungsaufnahme des gesamten Verstärkers geringer werden kann.

Zusammenfassend kann gesagt werden, dass für dieses System ein differentieller Kaskode-Verstärker die beste Wahl ist.

3.1.3 Wahl des Arbeitspunktes

Die verwendete BiCMOS-Technologie verfügt über CMOS-Transistoren mit einer Durchbruchsspannung von 2.5 V und über verschiedene npn-Transistoren, die sich maßgeblich in der Durchbruchsspannung, der Sättigungsspannung und der Transitfrequenz unterscheiden. Durch die geringe Durchbruchsspannung der MOS-Transistoren sind diese ungeeignet für einen Leistungsverstärker. Tabelle 3.1 gibt eine Übersicht über die Kennwerte der Bipolar-Transistoren. Während der Transistor npnVs aufgrund des guten Kompromisses zwischen Sättigungsspannung und Spannungsfestigkeit am Besten für die Basis-Schaltung der Kaskode der Hauptstufe des Leistungsverstärkers geeignet ist, stellt der Transistor npnVp aufgrund seiner sehr niedrigen Sättigungsspannung die beste Wahl für die Emitter-Schaltung der Kaskode dar.

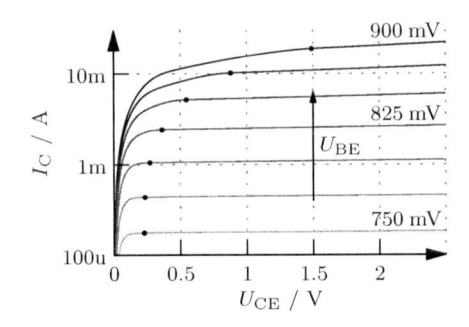

Abbildung 3.5: Ausgangskennlinienfeld des Transistors npnVs mit 16 Emittern

Die Grundlage für die Wahl des Arbeitspunkts bildet häufig das Ausgangskennlinienfeld des Transistors. In Abbildung 3.5 ist dieses für den Transistor npnVs dargestellt. Allerdings ist das Ausgangskennlinienfeld nicht direkt aussagekräftig, da die bei Großsignalsimulationen beobachtbare wirksame Sättigungsspannung deutlich größer ausfällt, als das Ausgangskennlinienfeld vermuten lässt.

Es gibt mehrere Effekte, an denen der Übergang zum Sättigungsbetrieb eines Bipolar-Transistors definiert werden kann. Eine Möglichkeit ist die Änderung des Ausgangswiderstandes aufgrund des Leitfähigwerdens der Basis-Kollektor-Diode. Eine Andere ist der Kapazitätsanstieg derselben Diode. Beide Elemente liegen bei einer Kleinsignalbetrachtung einer Basis-Schaltung in erster Näherung parallel zur Last, sodass sich dadurch die Lastimpedanz und damit die Verstärkung reduzieren.

Als Grenze für die Entscheidung über den Übergang in den Sättigungsbereich wird hier gewählt, dass sich der Betrag der Lastimpedanz um den Faktor $10^{\frac{1}{20}}$ reduziert hat. Dies entspricht einer Verstärkungsreduktion von 1 dB. Dabei muss erstens berücksichtigt werden, dass die Kapazitäten im Arbeitspunkt durch Induktivitäten kompensiert werden. Zweitens muss beachtet werden, dass bei einer geringeren Basis-Emitter-Spannung durch einen Einzeltransistor ein geringerer Arbeitspunktstrom fließt. Aus diesem Grund müssen mehr Transistoren parallel geschaltet werden, damit wieder der Arbeitspunktstrom des kompletten Transistorfeldes dem Wert entspricht, der sich aus der Leistungsbetrachtung ergeben hat. Für die Anzahl der Transistoren m_T und für die Lastadmittanz ergibt sich somit

$$m_T = \frac{I_{C,PA}}{I_{C,T}} \tag{3.15}$$

$$\underline{Y}_{L,U_{CE}} = \frac{1}{R_{L,TF}} + m_T \left(g_{BC,T,U_{CE}} + j\omega \left(C_{jBC,T,U_{CE}} - C_{jBC,T,U_{CC}} \right) \right). \tag{3.16}$$

Die Sättigungsspannung ist dementsprechend dann erreicht, wenn die Gleichung

$$\left| \frac{\underline{Y}_{L,U_{sat}}}{\underline{Y}_{L,U_{CC}}} \right| = 10^{\frac{1}{20}} \tag{3.17}$$

erfüllt ist. Die sich so ergebenden Werte für Sättigungsspannung sind durch Punkte im Ausgangskennlinienfeld in Abbildung 3.5 eingezeichnet. Die auf diese Art bestimmte Sättigungsspannung deckt sich mit der transienten Simulation und ist größer, als anhand des Ausgangskennlinienfeldes zu vermuten wäre. In diesem Zusammenhang muss beachtet werden, dass bei Aussteuerung bis zur Sättigungsspannung der Kollektorstrom in dem Moment in dem die Kollektor-Emitter-Spannung die Sättigungsspannung erreicht dem Doppeltem Arbeitspunktstrom entspricht.

Für den Verstärker *PAv1* beträgt die Basis-Emitter-Spannung im Arbeitspunkt 785 mV. Die zugehörige Sättigungsspannung der Basis-Schaltung beträgt etwa 280mV. Die Basis-Emitter-Arbeitspunktspannung des Verstärker *PAwT* musste aufgrund des alternativen Ausgangsnetzwerkes höher gewählt werden und beträgt 825 mV, wodurch die wirksame Sättigungsspannung auf 550 mV steigt.

Wird die gleiche Untersuchung für den Transistor npnVp durchgeführt, der für die Emitter-Schaltung der Kaskode eingesetzt wird, muss berücksichtigt werden, dass die Last dieses Transistors ungefähr $1/g_m$ entspricht. Die sich so ergebenden Resultate sind in Abbildung 3.6 dargestellt. Man erkennt, dass die Sättigungsspannung mit weniger als 200 mV deutlich niedriger ist, wodurch die Kaskodespannung vergleichsweise gering gewählt werden kann. Für den Verstärker *PAv1* sind 1.05 V und für den Verstärker *PAwT* sind 1.1 V ausreichend. So ergeben sich Sättigungsspannungen von 500 mV beziehungsweise 800 mV.

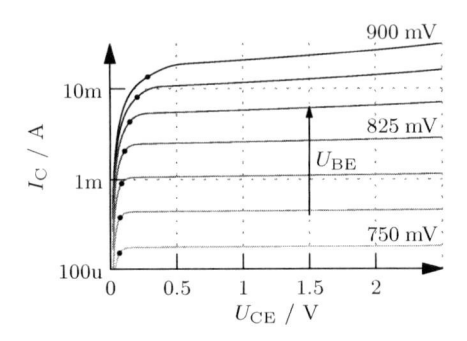

Abbildung 3.6: Ausgangskennlinienfeld des Transistors npnVp mit 16 Emittern

3.2 Entwurf des Eingangsnetzwerkes

Für Leistungsverstärker wird häufig eine Kombination aus resistivem und reaktivem Anpassnetzwerk genutzt. Aufgrund der relativ niedrigen Betriebsfrequenz benötigen Spulen mit der notwendigen Induktivität sehr viel Chipfläche. Aus diesem Grund ist es vorteilhaft, diese für das Eingangsanpassnetzwerk zu vermeiden.

Eine Möglichkeit, den Eingang ohne Spulen anzupassen, ist die Verwendung eines aktiven Treiberverstärkers. Dieser muss eingangsseitig hinreichend hochimpedant sein, damit ein rein resistives Anpassnetzwerk verwendet werden kann. Des Weiteren muss er in der Lage sein, die niedrige Eingangsimpedanz der Hauptstufe treiben zu können. Eine Schaltung, die diese Anforderung erfüllt, ist die Kollektor-Schaltung.

Die Dimensionierung des Arbeitspunktstroms erfolgt dabei über die Eingangsimpedanz der Hauptstufe und die notwendige Spannungsamplitude an der Basis der Hauptstufe. Dementsprechend gilt

$$I_{C,AP,Treiber} = \frac{\hat{U}_{e,Kaskode}}{|\underline{Z}_{e,Kaskode}|}. \tag{3.18}$$

Der Eingang der Kaskode verhält sich hauptsächlich kapazitiv.

3.2 Entwurf des Eingangsnetzwerkes

(a) Totem-Pole-Schaltung

(b) gestapelte Kollektor-Schaltung

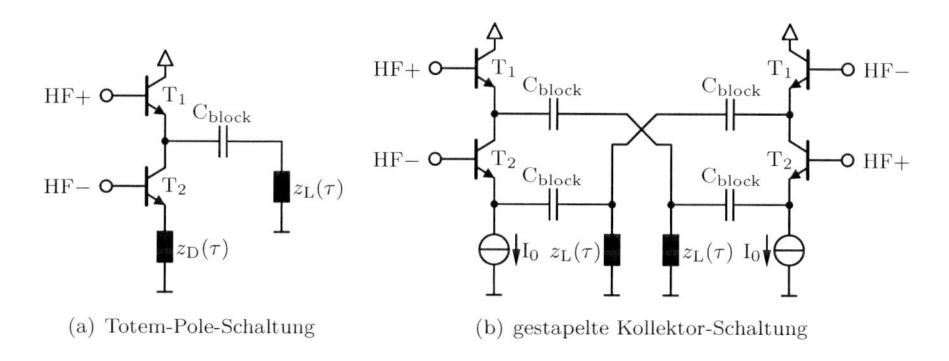

Abbildung 3.7: Treiberschaltungen mit zwei zum Ausgangsstrom beitragenden, gestapelten Transistoren

Eine Spannungsamplitude von 50 mV ist dabei ausreichend, um die Kaskode auszusteuern. Bei dem Verstärker $PAv1$ beträgt die Eingangskapazität der Kaskode 60 pF. Dies verlangt bei der Entwurfsfrequenz nach einem Arbeitspunktstrom von 13 mA pro Phase. Der Treiberverstärker für diesen Leistungsverstärker wurde in dieser Weise implementiert.

Um die Leistungsaufnahme dieser Stufe zu reduzieren, kann ausgenutzt werden, dass man Transistoren derart verschalten kann, dass sie für das HF-Signal parallel und den Gleichstrompfad in Serie geschaltet sind. Durch die Parallelschaltung für das HF-Signal beträgt die maximale Ausgangsstromamplitude ein Vielfaches der Stromamplitude des Einzeltransistors. Durch die Serienschaltung für den Gleichstrompfad wird das Verhältnis von Strom- und Spannungsbedarf der Schaltung günstiger. In Abbildung 3.7 sind exemplarisch die Schaltpläne zum Treiben einer Lastimpedanz $z_L(\tau)$ für eine Totem-Pole-Schaltung und eine gestapelte Kollektor-Schaltung mit zwei zum Ausgangssignal beitragenden Transistoren dargestellt.

Bei der Totem-Pole-Schaltung mit zwei Transistoren kann durch eine Kleinsignalanalyse gezeigt werden, dass die Dummy-Last $z_D(\tau)$ den doppelten Wert der Lastimpedanz $z_L(\tau)$ aufweisen muss, damit beide Transistoren gleichermaßen zum Ausgangsstrom beitragen. Dies gilt sowohl für resistive Lasten [28, 35] als auch für reaktive Lasten. Es konnte allerdings festgestellt werden, dass die Großsignalparameter der Schaltung sich verbessern, wenn dieser Faktor geringfügig kleiner gewählt wird.

Da derartige Treiberschaltungen zum Treiben sehr niederimpedanter Lasten eingesetzt werden, ist der Zusammenhang zwischen dem Arbeitspunktstrom und der Stromtreiberfähigkeit von Interesse. Bei der konventionellen Kollektor-Schaltung ist der maximale Ausgangsstrom direkt durch den Arbeitspunktstrom limitiert. Da bei der Totem-Pole-Schaltung zwei Transistoren zum Ausgangsstrom beitragen, steigt der maximale Ausgangsstrom auf den doppelten Arbeitspunktstrom, ohne dass im Vergleich zur konventionellen Kollektor-Schaltung die minimale Versorgungsspannung vergrößert wird, da sowohl bei der Totem-Pole-Schaltung als auch bei der konventionellen Kollektor-Schaltung zwei Transistoren für den Gleichstrompfad in Serie geschaltet sind. Aus diesem Grund wird diesen beiden Schaltungen eine Transistoranzahl n_T von 2 zugeordnet. Der Ausgangswiderstand der Totem-Pole-Schaltung ist identisch zur konventionellen Kollektor-Schaltung.

Der Vorteil der gestapelten Kollektor-Schaltung ist, dass keine Dummy-Last notwendig ist. Dadurch können auch Lasten mit schwierig nachzubildenden Frequenzgängen, wie zum Beispiel Filter, getrieben werden. Bei der gestapelten Kollektor-Schaltung mit zwei zum Ausgangssignal beitragenden Transistoren entspricht der maximale Ausgangsstrom dem dreifachen des Arbeitspunktstroms, da bei dem unteren Transistor sowohl der Emitter- als auch der Kollektorstrom zum Ausgangssignal beitragen. Der minimale Versorgungsspannungsbedarf steigt allerdings auf den von drei Transistoren, weswegen dieser Schaltung die Transistoranzahl n_T von 3 zugeordnet wird. Der Ausgangswiderstand der Schaltung verkleinert sich um den Faktor drei im Vergleich zur konventionellen Kollektor-Schaltung.

Das Prinzip der Stapelung der Transistoren ist theoretisch auf eine beliebige Anzahl von Transistoren erweiterbar. In Tabelle 3.2 sind die betrachteten Parameter noch einmal für die Totem-Pole-Schaltung und für die gestapelte Kollektor-Schaltung für jeweils zwei, drei und n_T Transistoren aufgelistet. Die

3.2 Entwurf des Eingangsnetzwerkes

Tabelle 3.2: Eigenschaften der Treiber mit gestapelten Transistoren

Bezeichnung	CC	TP	dCC	dTP	n_TCC	n_TTP
n_T	2	2	3	3	n_T	n_T
$\hat{I}_\text{max}/I_\text{AP}$	1	2	3	4	$(2n_\text{T}-3)$	$(2n_\text{T}-2)$
$(1/r_\text{a})/g_\text{m}$	1	1	3	3	$(2n_\text{T}-3)$	$(2n_\text{T}-3)$
$U_\text{CC}/U_\text{CE,AP}$	2	2	3	3	n_T	n_T
$\dfrac{P_\text{DC}}{U_\text{CE,AP}\hat{I}_\text{max}}$	2	1	1	$\frac{3}{4}$	$\frac{1}{2}+\frac{1}{\frac{4}{3}n_\text{T}-2}$	$\frac{1}{2}+\frac{1}{2n_\text{T}-2}$

CC: konventionelle Kollektor-Schaltung TP: konventionelle Totem-Pole-Schaltung
dCC: gestapelte CC mit 3 Transistoren   dTP: gestapelte TP mit 3 Transistoren
nCC: gestapelte CC mit n_T Transistoren nTP: gestapelte TP mit n_T Transistoren

gestapelte Kollektor-Schaltung für eine Transistoranzahl von 2 entspricht dabei der konventionellen Kollektor-Schaltung. Die Tabelle veranschaulicht, dass mit fortwährender Stapelung sowohl die notwendige Versorgungsspannung als auch die Stromtreiberfähigkeit steigen. Die normierte Leistungsaufnahme zeigt, dass durch die Stapelung der Transistoren die Leistungsaufnahme bei gegebener maximaler Ausgangsstromamplitude von 2 für die Kollektor-Schaltung auf ein theoretisches Minimum von $\frac{1}{2}$ reduziert werden kann.

Ein Problem bei der Anwendung dieser Topologien stellen die notwendigen Koppelkondensatoren dar, die im Vergleich zu der angeschlossenen Last bei der Betriebsfrequenz deutlich niederimpedanter sein müssen. Dazu müssten in diesem Fall Kondensatoren mit einer Kapazität von über 100 pF pro Phase integriert werden. Bei der verfügbaren Kapazitätsdichte von $1\frac{\text{fF}}{\mu\text{m}^2}$ wäre dazu eine Fläche von mehr als 300 µm × 300 µm notwendig. Dies ist praktisch nicht umsetzbar. Aus diesem Grund kommen nur Topologien in Frage, bei denen die Koppelkondensatoren vermieden werden können. Dies ist bei der konventionellen Kollektor-Schaltung und bei der Totem-Pole-Schaltung möglich, allerdings muss aufgrund der bestehenden Gleichspannungskopplung zwischen den Stufen besonderer Wert auf die Arbeitspunkteinstellung gelegt werden. Da die Totem-Pole-Schaltung in allen Aspekten der konventionellen Kollektor-Schaltung überlegen ist [28], wurde diese im Leistungsverstärker *PAwT* einge-

(a) LCL-Netzwerk (b) LLC-Netzwerk

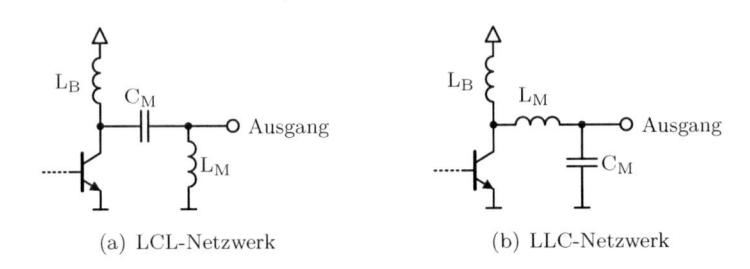

Abbildung 3.8: Konventionelle Topologien für ausgangsseitige Impedanztransformationsnetzwerke für Leistungsverstärker

setzt.

Die gestapelte Kollektor-Schaltung wurde aufgrund der genannten Vorteile zum Treiben eines Filters genutzt, der in Abschnitt 4.3.5 beschrieben wird.

3.3 Optimierung des ausgangsseitigen Impedanztransformationsnetzwerkes

Das ausgangsseitige Impedanztransformationsnetzwerk eines Leistungsverstärkers beeinflusst maßgeblich sowohl die Großsignal- als auch die Kleinsignaleigenschaften des Leistungsverstärkers. Die üblichen Netzwerktopologien, die eine Lastimpedanz kleiner als die Systemimpedanz erzeugen können, sind in Abbildung 3.8 dargestellt. Mit Hilfe der Spule L_B wird der notwendige Imaginärteil der optimalen Lastadmittanz generiert. Durch die Elemente L_M und C_M wird die Systemimpedanz bei der Betriebsfrequenz auf den Realteil der optimalen Lastadmittanz transformiert. Wird nur gefordert, dass bei der Betriebsfrequenz die optimale Last erzeugt wird, so bieten diese Netzwerke einen Freiheitsgrad, der für eine weitere Optimierung genutzt werden kann.

Im Folgenden wird gezeigt, wie dieser Freiheitsgrad genutzt wurde, um die Großsignalbandbreite des Leistungsverstärkers zu maximieren. Dieses Vorgehen

3.3 Optimierung des ausgangsseitigen Impedanztransformationsnetzwerkes

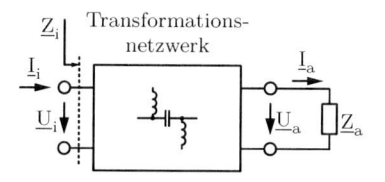

Abbildung 3.9: Symboldefinition zur Berechnung des Frequenzganges

wurde in [23] veröffentlicht. In dem darauf folgenden Abschnitt wird dann der Wirkungsgrad des Netzwerkes optimiert.

3.3.1 Optimierung der Großsignalbandbreite

Bei der klassischen Auslegung der Impedanztransformationsnetzwerke wird der Imaginärteil der Lastadmittanz durch die Spule L_B und der Realteil durch die Spule L_M und den Kondensator C_M erzeugt. Damit ergibt sich die optimale Last allerdings nur für die Entwurfsfrequenz. So ist es nicht direkt möglich, die Großsignalbandbreite des Leistungsverstärkers abzuschätzen. Dazu muss der Frequenzgang des Impedanztransformationsnetzwerkes berechnet werden. Dafür werden die Spannungs- und Stromdefinitionen verwendet, die in Abbildung 3.9 dargestellt sind. Werden die Netzwerke mit der Impedanz $\underline{Z}_a$ abge-

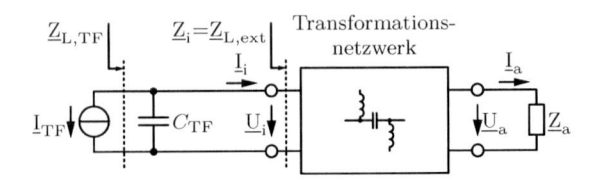

Abbildung 3.10: Symboldefinition zur Berechnung des Frequenzganges der unkomprimierten Ausgangsleistung mit dem vereinfachtem Leistungsverstärkermodell

schlossen, so ergibt sich für die Eingangsimpedanz der beiden Netzwerke

$$\underline{Z}_{i,\text{LCL}} = \cfrac{1}{\cfrac{1}{R_B + j\omega L_B} + \cfrac{1}{\cfrac{1}{j\omega C_M} + \cfrac{1}{\cfrac{1}{R_M + j\omega L_M} + \cfrac{1}{\underline{Z}_a}}}}, \quad (3.19)$$

$$\underline{Z}_{i,\text{LLC}} = \cfrac{1}{\cfrac{1}{R_B + j\omega L_B} + \cfrac{1}{R_M + j\omega L_M + \cfrac{1}{j\omega C_M + \cfrac{1}{\underline{Z}_a}}}}. \quad (3.20)$$

Die Spannungsübertragungsfunktionen betragen für diesen Fall

$$\underline{V}_{ai,\text{LCL}} = \frac{\underline{U}_a}{\underline{U}_i} = \frac{j\omega C_M}{j\omega C_M + \frac{1}{\underline{Z}_a} + \frac{1}{R_M + j\omega L_M}}, \quad (3.21)$$

$$\underline{V}_{ai,\text{LLC}} = \frac{1}{1 + (R_M + j\omega L_M)(j\omega C_M + \frac{1}{\underline{Z}_a})}. \quad (3.22)$$

Für den ersten Schritt der Analyse wird der Leistungsverstärker durch eine Stromquelle mit Parallelkondensator modelliert, wie es in Abbildung 3.10 zu sehen ist. Die Lastimpedanz der internen Transferstromquelle $\underline{Z}_{L,\text{TF}}$ berechnet

3.3 Optimierung des ausgangsseitigen Impedanztransformationsnetzwerkes 43

sich dementsprechend durch

$$\underline{Z}_{\mathrm{L,TF}} = \frac{1}{j\omega C_{\mathrm{TF}} + \frac{1}{\underline{Z}_{\mathrm{i}}}}. \qquad (3.23)$$

Die an die Last $\underline{Z}_{\mathrm{a}}$ maximal abgegebene Leistung ist entweder durch die Spannungs- oder durch die Stromaussteuerung limitiert. Für jeden der beiden Fälle berechnet sich diese Leistung durch

$$P_{\mathrm{a,max,U}} = \Re\left(\frac{1}{\underline{Z}_{\mathrm{a}}}\right) \frac{1}{2} \left|\hat{U}_{\mathrm{max}} \underline{V}_{\mathrm{ai}}\right|^2, \qquad (3.24)$$

$$P_{\mathrm{a,max,I}} = \Re\left(\frac{1}{\underline{Z}_{\mathrm{a}}}\right) \frac{1}{2} \left|\hat{I}_{\mathrm{max}} \underline{Z}_{\mathrm{L,TF}} \underline{V}_{\mathrm{ai}}\right|^2. \qquad (3.25)$$

Die erreichbare abgegebene Leistung ist dann das Minimum dieser beiden Werte

$$P_{\mathrm{a,max}} = \min\left(P_{\mathrm{a,max,U}}, P_{\mathrm{a,max,I}}\right). \qquad (3.26)$$

Die maximale Leistung, die durch die Transferstromquelle erzeugt werden kann, beträgt

$$P_{\mathrm{TF,max}} = \frac{1}{2} \hat{U}_{\mathrm{max}} \hat{I}_{\mathrm{max}}. \qquad (3.27)$$

Diese wird bei der optimalen Lastimpedanz erreicht.

In Abbildung 3.11 sind die Verläufe für beide Netzwerke für eine Impedanztransformation von 50 Ω auf 13 Ω dargestellt. Die Darstellung beinhaltet sowohl die Verläufe für ein verlustloses Impedanztransformationsnetzwerk sowie für ein Impedanztransformationsnetzwerk, dessen Spulen eine Güte von 10 aufweisen. Die Verläufe für die verlustlosen Netzwerke sind dual zueinander, da die Netzwerke durch eine Hochpass-Tiefpass-Transformation ineinander überführt werden können. Man erkennt außerdem anhand der Diagramme für den verlustlosen Fall, dass es möglich ist, dass es zwei Frequenzen gibt, bei denen die abgegebene Leistung dem Maximum entspricht. Dies bedeutet, dass für zwei Frequenzen die optimale Impedanztransformation stattfindet, wodurch diese Netzwerke auch als Dual-Band-Impedanztransformationsnetzwerke bezeichnet werden können. Die Dimensionierung von Dual-Band-Impedanztransformationsnetzwerken verlangt nach der

(a) LCL-Netzwerk, verlustlos

(b) LLC-Netzwerk, verlustlos

(c) LCL-Netzwerk, verlustbehaftet

(d) LLC-Netzwerk, verlustbehaftet

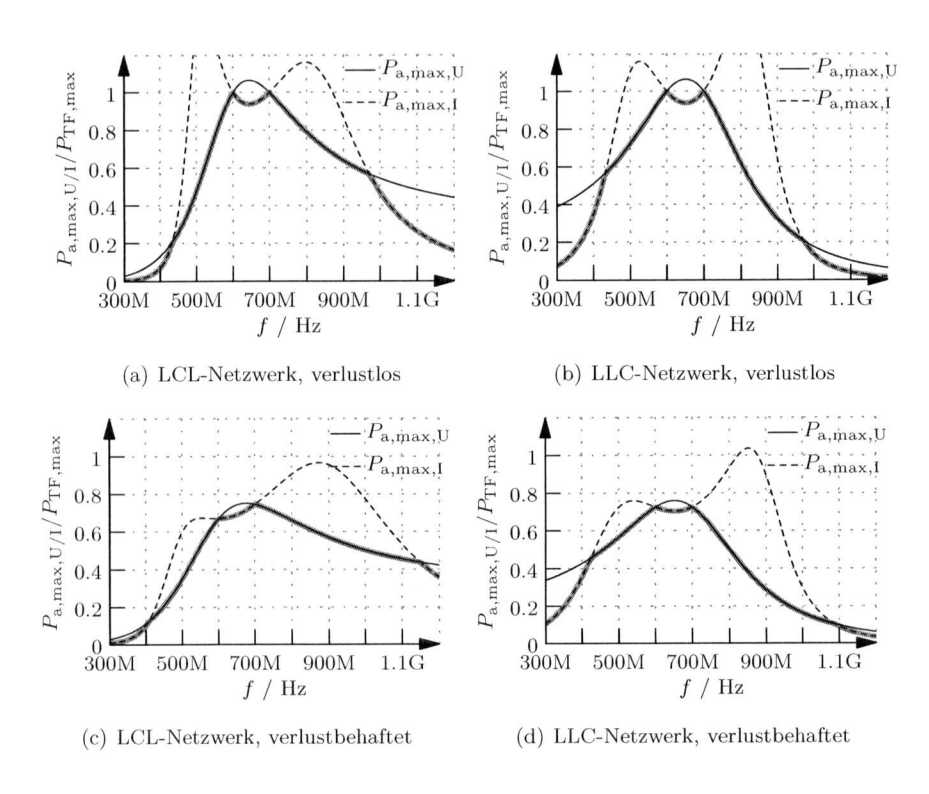

Abbildung 3.11: Berechneter Frequenzgang der maximalen, unkomprimierten Ausgangsleistung für das LCL- und das LLC-Netzwerk für eine Impedanztransformation von $50\,\Omega$ auf $13\,\Omega$, jeweils verlustlos und verlustbehaftet mit einer Güte der Spulen von 10

Möglichkeit vier Elemente wählen zu können. Dementsprechend ist auch die Kapazität des Kondensators C_{TF} festgelegt, wodurch sich die maximale Transistoranzahl ergibt.

Für die vorangegangenen Herleitungen wurde der Verstärker durch eine Stromquelle und einen Parallelkondensator modelliert. Durch die Verwendung der Y-Parameter, wie sie in (3.1) eingeführt wurden, und der Übertragungsfunktionen von den Spannungen an den Klemmen des Verstärkerkerns zu der Spannung über und den Strom durch die interne Transferstromquelle, wie sie in (3.2) und

3.3 Optimierung des ausgangsseitigen Impedanztransformationsnetzwerkes

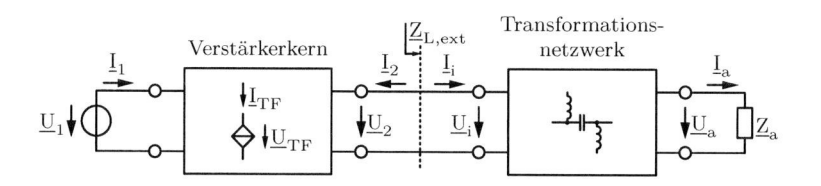

Abbildung 3.12: Symboldefinition zur Berechnung des Frequenzganges der unkomprimierten Ausgangsleistung ohne Vereinfachung des Leistungsverstärkers

(3.3) verwendet wurden, ist diese Näherung nicht notwendig. Die Symbole für diese erweiterte Analyse sind in Abbildung 3.12 definiert. Der Zusammenhang zwischen den Klemmenspannungen $\underline{U}_1$ und $\underline{U}_2$ ist

$$\underline{U}_1 = -\frac{1}{\underline{Y}_{21}} \left(\underline{Y}_{22} + \frac{1}{\underline{Z}_{L,ext}} \right) \underline{U}_2 = \underline{V}_{12,ZL} \underline{U}_2. \tag{3.28}$$

Damit ist es möglich, den Zusammenhang zwischen $\underline{U}_{TF}$, $\underline{I}_{TF}$ und $\underline{U}_2$ anzugeben

$$\underline{U}_{TF} = \left(\underline{V}_{TF1} \underline{V}_{12,ZL} + \underline{V}_{TF2} \right) \underline{U}_2 = \underline{V}_{TF2,ZL} \underline{U}_2, \tag{3.29}$$

$$\underline{I}_{TF} = \left(\underline{Y}_{TF1} \underline{V}_{12,ZL} + \underline{Y}_{TF2} \right) \underline{U}_2 = \underline{Y}_{TF2,ZL} \underline{U}_2 \tag{3.30}$$

und die Lastimpedanz der Transferstromquelle auszudrücken

$$\underline{Z}_{L,TF} = -\frac{\underline{V}_{TF1} \underline{V}_{12,ZL} + \underline{V}_{TF2}}{\underline{Y}_{TF1} \underline{V}_{12,ZL} + \underline{Y}_{TF2}} = -\frac{\underline{V}_{TF2,ZL}}{\underline{Y}_{TF2,ZL}}. \tag{3.31}$$

Die Äquivalente zu (3.24) und (3.25) sind

$$P_{a,max,U} = \Re\left(\frac{1}{\underline{Z}_a}\right) \frac{1}{2} \left| \frac{\underline{V}_{ai}}{\underline{V}_{TF2,ZL}} \hat{U}_{max} \right|^2, \tag{3.32}$$

$$P_{a,max,I} = \Re\left(\frac{1}{\underline{Z}_a}\right) \frac{1}{2} \left| \frac{\underline{V}_{ai}}{\underline{Y}_{TF2,ZL}} \hat{I}_{max} \right|^2. \tag{3.33}$$

Für den Verstärker *PAv1* führt die verallgemeinerte Betrachtung zu keiner signifikanten Veränderung der Verläufe, allerdings können durch dieses Verfahren zum Beispiel auch Verstärkerstrukturen untersucht werden, die über eine nicht zu vernachlässigende Rückwirkung verfügen.

Der Verlauf der maximalen unkomprimierten Ausgangsleistung und damit der Großsignalbandbreite ist nur durch Großsignalmessungen bestimmbar. Allerdings kann unter einer Reihe von Annahmen gezeigt werden, dass der Verlauf des Transducer-Gains proportional zum Verlauf der unkomprimierten Ausgangsleistung für den Fall der Begrenzung durch die Stromaussteuerung $P_{a,max,C}$ ist. Dazu muss der Zusammenhang zwischen der Generatorspannung und der Spannung an der Eingangsklemme des Verstärkerkerns $\underline{U}_1$ ein Skalar sein. Dies ist zum Beispiel erfüllt, wenn ein aktiver Treiber und eine resistive Anpassung genutzt werden. Des Weiteren muss der Ausgangswiderstand des Verstärkerkerns vernachlässigbar gegenüber der Lastimpedanz am Ausgang des Verstärkerkerns sein. Der kapazitive Anteil wird in diesem Zusammenhang als Teil des Impedanztransformationsnetzwerkes betrachtet. Zusätzlich muss angenommen werden, dass die externe Last des Verstärkerkerns $\underline{Z}_{L,ext}$ der Lastimpedanz an der internen Transferstromquelle $\underline{Z}_{L,TF}$ entspricht. Wenn all diese Annahmen erfüllt sind, dann kann der Verlauf von $P_{a,max,C}$ qualitativ mit Hilfe des Transducer-Gains G_T gemessen werden. Da dadurch allerdings nur einer der Effekte, die zur Kompression führen, durch eine Kleinsignalmessung untersucht werden kann, ist somit dennoch keine Aussage über die Großsignalbandbreite möglich.

Der Leistungsverstärker *PAv1* beinhaltet das LCL-Dual-Band-Impedanztransformationsnetzwerk. Der Kondensator C_{TF} wird dabei durch die parasitären Elemente des Transistorfeldes gebildet. In Abbildung 3.13 ist der Vergleich zwischen dem gemessenen Verlauf des Transducer-Gains und dem durch die Theorie (3.25) prognostizierten Verlauf zu sehen. Des Weiteren zeigt die Grafik den Vergleich zwischen dem gemessenen Verlauf der Leistung im 1 dB-Kompressionspunkt und dem durch die Theorie (3.26) vorhergesagten Verlauf. Man erkennt, dass beide Messungen sehr gut zu der Theorie passen.

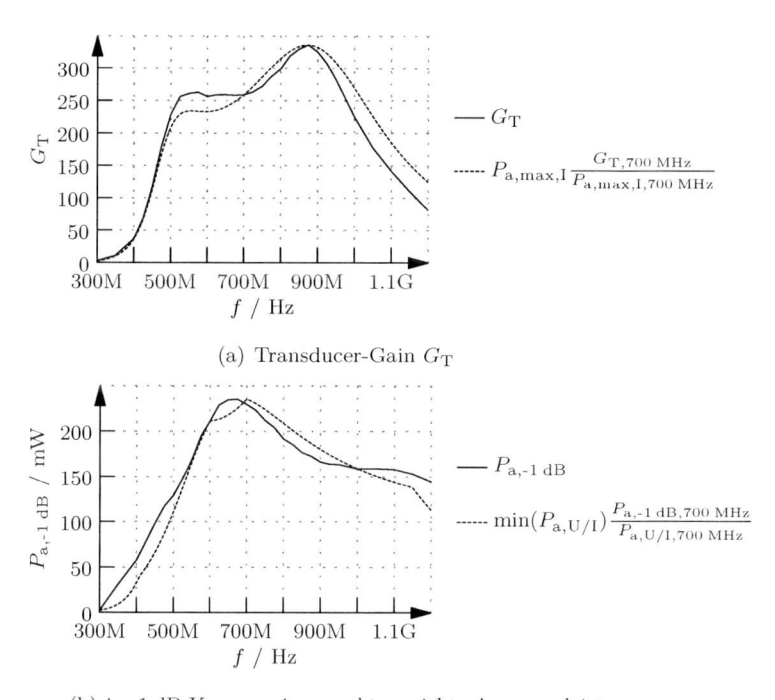

3.3 Optimierung des ausgangsseitigen Impedanztransformationsnetzwerkes

(a) Transducer-Gain G_T

(b) im 1 dB-Kompressionspunkt erreichte Ausgangsleistung

Abbildung 3.13: Vergleich des gemessenen Transducer-Gains und der gemessenen Ausgangsleistung im 1 dB-Kompressionspunkt zwischen der Theorie und der Messung des Verstärkers *PAv1*

3.3.2 Optimierung des Wirkungsgrads der Impedanztransformation

Aus Abbildung 3.11 kann abgelesen werden, dass die Impedanztransformation einen Wirkungsgrad von nur 73 % aufweist. Dies bedeutet eine signifikante Reduktion des Wirkungsgrades des Leistungsverstärkers. Somit stellt sich die Frage, ob ein anderes LC-basiertes Impedanztransformationsnetzwerk einen besseren Wirkungsgrad aufweist.

Aus diesem Grund wurde der Wirkungsgrad der Impedanztransformation für verschiedene Impedanztransformationen berechnet. Der Freiheitsgrad, der sich

(a) LCL-Netzwerk (b) LLC-Netzwerk

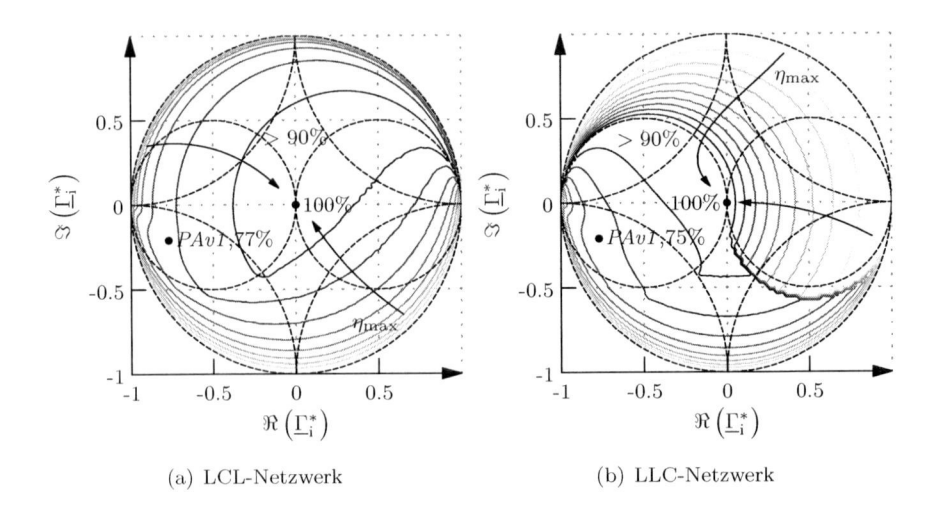

Abbildung 3.14: Konturdiagramm des maximalen Wirkungsgrades η_{max} für die Transformation von der Bezugsimpedanz auf die Impedanz $\underline{Z}_i^*$ für eine Güte der Spulen von 10; Höhenlinien in Schritten von 10% von hell 0% bis dunkel 100%

dadurch ergibt, dass drei Elemente für die Impedanztransformation zur Verfügung stehen, wurde genutzt, um den Wirkungsgrad zu maximieren. Das Ergebnis dieser Untersuchung ist in Abbildung 3.14 sowohl für das LCL- also auch für das LLC-Netzwerk dargestellt. Da keine Verluste durch eine etwaige Biaszuführung berücksichtigt werden, ist bei dieser Untersuchung ein Wirkungsgrad von 100% für die Punkte erreichbar, bei denen keine Spulen für die Transformation notwendig sind.

Aus der Darstellung ist ersichtlich, dass der Wirkungsgrad zwar geringfügig gesteigert werden kann, aber weder die Optimierung noch die Verwendung des alternativen Netzwerkes zu einer deutlichen Verbesserung führt. Demzufolge ist eine strukturelle Veränderung der Impedanztransformation notwendig.

Die Verwendung von Transformatoren für die Impedanztransformation bietet viele Vorteile und wird bereits seit der Röhrentechnik verwendet. Die Vorteile sind, dass die Impedanztransformation nicht durch Resonanzkreise, sondern

3.3 Optimierung des ausgangsseitigen Impedanztransformationsnetzwerkes 49

durch die magnetische Kopplung umgesetzt wird. Damit ist die Bandbreite der Impedanztransformation theoretisch nicht begrenzt. Zusätzlich sind die parasitären Elemente eines Transformators induktiv, wodurch diese wirkungsvoll durch Kondensatoren oder durch parasitäre Kapazitäten kompensiert werden können.

Allerdings sind konventionelle, integrierte Transformatoren aufgrund der mäßigen magnetischen Kopplung und der dielektrischen Kopplung zwischen den Windungen und zum Substrat speziell unterhalb und im unteren GHz-Bereich sehr verlustbehaftet und damit für den Einsatz bei 700 MHz ungeeignet.

Durch die Verwendung eines Spartransformators anstelle eines konventionellen können diese Probleme umgangen werden. Ein Spartransformator weist eine deutlich bessere magnetische Kopplung und damit eine wesentlich geringere Streureaktanz und eine höhere Hauptreaktanz auf. Nachteilig ist, dass die Primärseite und die Sekundärseite nicht galvanisch entkoppelt sind. Dieser Nachteil ist für die Anwendung unproblematisch. Der Ansatz der Verwendung eines Spartransformators wurde beim Entwurf des Verstärkers *PAwT* verfolgt.

Das erste Problem bei der Verwendung eines Spartransformators ist das Finden einer geeigneten planaren Geometrie. Die Geometrie soll volldifferentiell sein und möglichst wenige Metalllagen benötigen. In der Literatur werden Spartransformatoren für Leistungsverstärker selten eingesetzt. Strukturen, die einige Parallelen aufweisen, werden gelegentlich für T-Coil-Matching für LNAs oder für Inductive-Peaking [11] eingesetzt. Die publizierten Geometrien weisen entweder sehr komplizierte Kreuzungen der Windungen auf [4], wodurch die dielektrische Kopplung erhöht wird, oder es werden zwei Single-Ended-Geometrien für eine differentielle Schaltung eingesetzt [10]. Die Geometrie, die in dem Verstärker *PAwT* eingesetzt wird, ist volldifferentiell, kreuzt nur benachbarte Windungen und benötigt nur zwei Metalllagen. Die Leiter werden dabei jede achtel Windung gekreuzt. In Abbildung 3.15 ist das Windungsschema des Spartransformators dargestellt. Die Versorgungsspannungszuführung befindet sich auf der gleichen Seite wie die Eingänge des Spartransformators, die mit dem Transistorfeld verbunden werden. Der Ausgang befindet sich auf der gegenüberliegenden Seite. Es werden nur die beiden obersten Metalle für

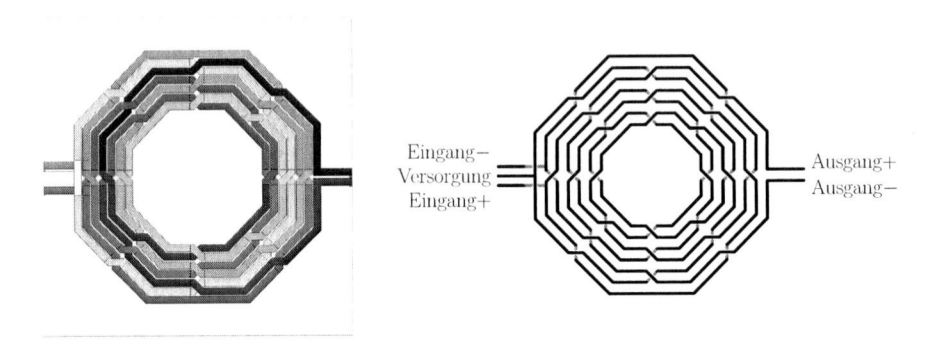

Abbildung 3.15: Wickelschema des integrierten, planaren Spartransformators

die Struktur verwendet. Zur Reduktion des ohmschen Widerstandes sind dabei die Metalle außer bei den Kreuzungen parallelgeschaltet. Pro Phase verfügt der Spartransformator über 3.5 Windungen, davon teilen sich die Primärseite und die Sekundärseite 2 Windungen. Das Wicklungsverhältnis ist dementsprechend $\frac{3.5}{2}$.

Nachdem ein geeigneter Ansatz für die Geometrie gefunden wurde, ist es für die Optimierung der Parameter der Geometrie notwendig, die Simulationsergebnisse des EM-Feldsimulators wirkungsvoll zu bewerten. Für die Minimierung der Verluste von Spulen ist dieses Problem vergleichsweise einfach, da diese Eintore darstellen und es somit ausreichend ist, die Güte der Spule zu betrachten. Werden differentielle Spulen verwendet, so wird in diesem Fall nur das Gegentaktverhalten untersucht, wodurch das Problem wieder auf ein Eintor reduziert werden kann.

Der Spartransformator stellt ein Fünftor dar, wodurch sich der Sachverhalt verkompliziert. Wird wiederum nur das Gegentaktverhalten untersucht, ist es ausreichend, die Geometrie durch ein Zweitor zu beschreiben. Zur Berechnung des maximalen Wirkungsgrades und der dazugehörigen Impedanztransformation wird die Zweitortheorie verwendet. In Abbildung 3.16 werden die notwendigen Größen eingeführt.

Ein Zweitor weist die höchste Verstärkung bei konjugiert-komplexer Anpas-

3.3 Optimierung des ausgangsseitigen Impedanztransformationsnetzwerkes

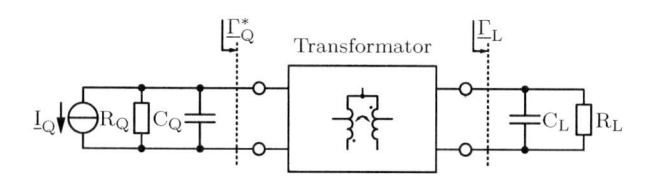

Abbildung 3.16: Schaltplan für die Betrachtung des Gegentaktverhaltens des Spartransformators als Zweitor

sung an allen Toren auf. Für passive Strukturen ist dies gleichbedeutend mit minimalen Verlusten. Der Wirkungsgrad für diesen Betriebsfall wird durch den maximalen Gewinn G_{max} beschrieben. Dieser Wert berechnet sich durch

$$G_{\text{max}} = \frac{|\underline{S}_{\text{DD21}}|}{|\underline{S}_{\text{DD12}}|} \left(k - \sqrt{k^2 - 1} \right). \tag{3.34}$$

Dabei steht k für den Rollets-Faktor. Der optimale Quellreflexionsfaktor $\underline{\Gamma}_{\text{Q,opt}}$ und der optimale Lastreflexionsfaktor $\underline{\Gamma}_{\text{L,opt}}$ bestimmen sich durch

$$\underline{\Gamma}^*_{\text{Q,opt}} = \frac{1}{2a} \left(-b \pm \sqrt{b^2 - 4|a|^2} \right), \tag{3.35}$$

$$\underline{\Gamma}_{\text{L,opt}} = \frac{\underline{\Gamma}^*_{\text{Q,opt}} - \underline{S}_{\text{DD11}}}{\underline{\Gamma}^*_{\text{Q,opt}} \underline{S}_{\text{DD22}} - \Delta \underline{S}}, \tag{3.36}$$

$$\Delta \underline{S} = \underline{S}_{\text{DD11}} \underline{S}_{\text{DD22}} - \underline{S}_{\text{DD12}} \underline{S}_{\text{DD21}}, \tag{3.37}$$

$$a = -\underline{S}^*_{\text{DD11}} + \Delta \underline{S}^* \underline{S}_{\text{DD22}}, \tag{3.38}$$

$$b = 1 + |\underline{S}_{\text{DD11}}|^2 - |\underline{S}_{\text{DD22}}|^2 - |\Delta \underline{S}|^2. \tag{3.39}$$

Damit ist es effektiv möglich, die Simulationsergebnisse der EM-Simulation zu bewerten und die Geometrie zu optimieren.

Für die verwendete Geometrie ergibt sich bei 700 MHz ein maximaler Wirkungsgrad von 86.1 % bei einer differentiellen Quelladmittanz von $(47.6 + 6.6j)$ mS und einer differentiellen Lastadmittanz von $(15.9 + 12.8j)$ mS. Die Ersatzschaltung für die differentielle Lastadmittanz besteht aus einem Parallelwiderstand R_L mit 63 Ω und einem Kondensator C_L mit einer Kapazität von 2.9 pF. Für die Quelladmittanz betragen die Werte 21 Ω und 1.5 pF.

Da der Spartransformator ohne ein weiteres Impedanztransformationsnetzwerk mit der Last R_L von 100 Ω verbunden werden soll, ist es notwendig, die Auswirkung dieses Betriebsfalls auf den Wirkungsgrad des Transformators zu betrachten. Der Wirkungsgrad bei einer vorgegebenen Last und bei konjugiertkomplex angepasster Quelle wird durch den Leistungsgewinn G_P beschrieben. Die Kapazität des Kondensators C_L stellt einen Freiheitsgrad dar, um den Leistungsgewinn G_P zu maximieren. Für die verwendete Geometrie ergibt sich für eine Kapazität von 2.6 pF für den Kondensator C_L und für eine Quelladmittanz, die durch einen Widerstand R_Q von 32 Ω und einen Kondensator C_Q mit einer Kapazität von 1.2 pF gebildet werden kann, ein Wirkungsgrad von 85.1%. Dies stellt nur eine geringfügige Verschlechterung gegenüber dem Optimum dar. Der sich auf diese Weise ergebende Wirkungsgrad ist besser als der Wirkungsgrad eines Spartransformators mit einer optimalen Last von 100 Ω, da die Verluste durch den Arbeitspunktstrom des Transistorfeldes, der durch einen Teil des Transformators fließt, für die verwendete Geometrie aufgrund der geringeren Windungsanzahl und Windungslänge kleiner sind. Diese Gleichstromverluste können bei der Zweitortheorie nicht direkt mit betrachtet werden.

Die Impedanz $\underline{Z}_Q^*$ bildet die externe Lastimpedanz $\underline{Z}_{L,\text{ext}}$ des Transistorfeldes. Das Transistorfeld kann mit Hilfe der Theorie in Abschnitt 3.1.1 dimensioniert werden, sodass dessen optimale Last durch den Transformator erzeugt wird. Es zeigte sich, dass der Wirkungsgrad der Kombination aus Spartransformator und Transistorfeld weiter erhöht werden kann, wenn mehr Transistoren verwendet werden, als die Kapazität des Kondensators C_Q zulassen würde. Dies ist möglich, indem die Kapazität des Kondensators C_L verringert wird, sodass die Kapazität des Kondensators C_Q steigt und damit wiederum die optimale Lastimpedanz für das Transistorfeld generiert wird. Dabei ist zu beachten, dass sich der Wert des Widerstandes R_Q ebenfalls geringfügig erhöht.

Der Wirkungsgrad des Spartransformators kann dann mit Hilfe des Transducer-Gains G_T berechnet werden. Für einen Wert des Widerstandes R_L von 100 Ω und eine Kapazität des Kondensators C_Q von 2.6 pF ergibt sich für den Widerstand R_Q ein Wert von 33 Ω und für den Kondensator C_L eine Kapazität von 2.1 pF sowie ein Wirkungsgrad von 84.7%. Dieser Spartransformator weist im

3.3 Optimierung des ausgangsseitigen Impedanztransformationsnetzwerkes

Tabelle 3.3: Ergebnisse der Analyseschritte des Spartransformators, beginnend mit dem maximal erreichbaren Wirkungsgrad und anschließender schrittweiser Festlegung der Randbedingungen

Wirkungsgrad	Quelle		Last		Bemerkung
	R_Q	C_Q	R_L	C_L	
86.1%	21 Ω	1.5 pF	63 Ω	2.9 pF	konjugiert-komplexe Anpassung
85.1%	32 Ω	1.2 pF	**100 Ω**	2.6 pF	R_L festgelegt, C_L optimiert
84.7%	33 Ω	**2.6 pF**	**100 Ω**	2.1 pF	R_L und C_Q festgelegt, C_L optimiert

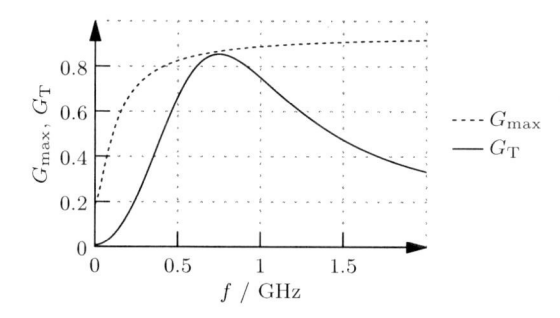

Abbildung 3.17: Maximaler Gewinn und Transducer-Gain des Spartransformators

Vergleich zu dem konventionellen LCL-Netzwerk des Verstärkers $PAv1$ nur 55% der Verluste auf. Die sich ergebende Impedanztransformation passt interessanterweise zum Wicklungsverhältnis und der sich daraus ergebenden Impedanztransformation eines idealen Transformators. Es wird nicht angenommen, dass dieser Umstand systematisch ist. Eine Übersicht über die Ergebnisse der Dimensionierung ist in Tabelle 3.3 gegeben. Der Verlauf des maximalen Gewinns G_{max} des Transformators und des Transducer-Gains G_T, welches sich durch die Dimensionierung ergibt, ist in Abbildung 3.17 dargestellt. Man erkennt, dass durch die Kompensation der maximale Gewinn bei der Betriebsfrequenz nahezu erreicht wird und dass die Impedanztransformation sehr breitbandig ist. Die 3 dB-Bandbreite reicht dabei von 360 MHz bis 1.7 GHz.

Um mit dem kompletten Verstärker Großsignalsimulationen durchführen zu können, ist es notwendig, den Spartransformator zu modellieren. Die automatische Modellgenerierung sowie die Großsignalsimulation mit Hilfe von S-Parametern führten für diesen Spartransformator zu instabilem Verhalten der passiven Struktur. Aus diesem Grund musste das Verhalten manuell modelliert werden.

Transformatoren werden häufig mit Hilfe des T-Ersatzschaltbildes modelliert. Dieses Ersatzschaltbild bietet einen Freiheitsgrad, der dazu verwendet werden kann, dass alle Parameter positive Werte annehmen. Da der Transformator volldifferentiell ist, ist ein T-Ersatzschaltbild nicht ausreichend. Bei der Verwendung eines T-Ersatzschaltbilds für jede Phase wird das Verhalten des Transformators aufgrund der fehlenden Kopplung nicht korrekt modelliert.

Da sich das Verhalten des Transformators maßgeblich für das Gegentakt- und für das Gleichtaktsignal unterscheidet, ist es effektiv, das Gegentakt- und das Gleichtaktverhalten unabhängig voneinander zu modellieren und mit Hilfe von idealen Baluns zu koppeln. Dies ist in Abbildung 3.18 dargestellt. Mit diesem Modell ist es möglich, das Großsignalverhalten des Verstärkers $PAwT$ näherungsweise zu simulieren. Dabei ist zu beachten, dass die Parameter für die Entwurfsfrequenz bestimmt wurden und damit der Frequenzgang des Transformators nur bis zu einer oberen Grenzfrequenz approximiert werden kann.

Mit Hilfe der vorgestellten Analysen und Dimensionierungen konnte der Verstärker $PAwT$ entworfen werden.

3.4 Verfahren zur Abschätzung des Einflusses des Leistungsverstärkers auf die Signalqualität

Das für DVB-T verwendete OFDM-Modulationsverfahren ist sensitiv auf nichtlineare Verzerrungen. Mit Hilfe von Ein- und Zweitontests ist eine quantitative

3.4 Verfahren zur Abschätzung des Einflusses des Leistungsverstärkers

$R_{\text{pri,D}} = 1.57\,\Omega$	$L_{\sigma,\text{pri,D}} = 453\,\text{pH}$	$L_{\sigma,\text{sek,D}} = 301\,\text{pH}$	$R_{\text{sek,D}} = 0.1\,\Omega$
$L_{\text{h,D}} = 6.32\,\text{nH}$	$R_{\text{h,D}} = 2.52\,\Omega$	$n_D = 1.66$	
$R_{\text{pri,C}} = 0.04\,\Omega$	$L_{\sigma,\text{pri,C}} = 0\,\text{pH}$	$L_{\sigma,\text{sek,C}} = 500\,\text{pH}$	$R_{\text{sek,C}} = 0.65\,\Omega$
$L_{\text{h,C}} = 370\,\text{pH}$	$R_{\text{h,C}} = 0.87\,\Omega$	$n_C = 1$	

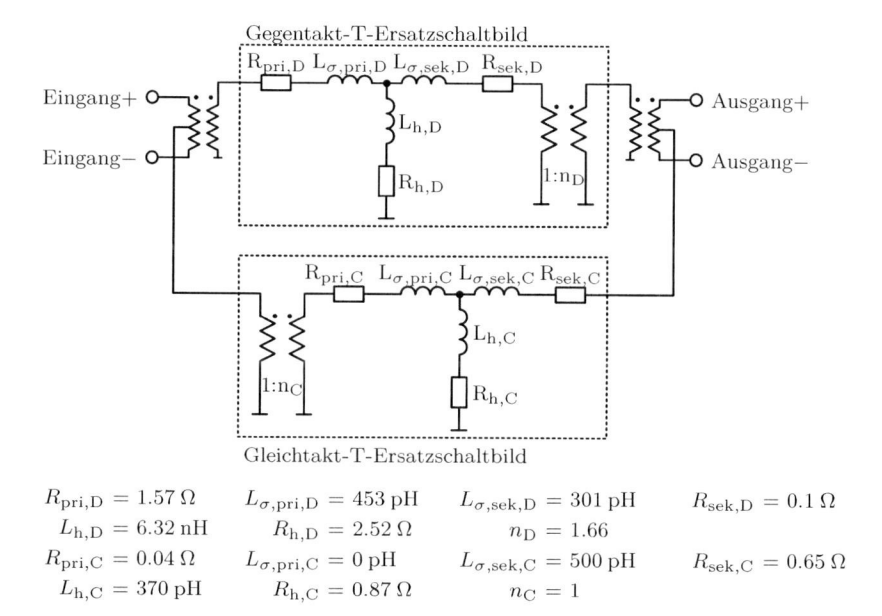

Abbildung 3.18: Ersatzschaltbild des Spartransformators und dessen bei 700 MHz bestimmten Ersatzschaltbildparameter

Aussage über die maximale Aussteuerung mit OFDM-modulierten Signalen nicht möglich. Dazu müssten mehrere Symboldauern transient analysiert werden. Die Symboldauer für DVB-T beträgt mindestens 250 µs. Bei einer Periodendauer des HF-Signals von 1.4 ns ist es nicht sinnvoll, die OFDM-Symbole auf Transistorlevel zu simulieren. Um dennoch den Einfluss des Leistungsverstärkers auf das modulierte Signal abzuschätzen, wird an dieser Stelle ein statisches, nichtlineares, komplexes Basisbandmodell des Leistungsverstärkers im Zeitbereich verwendet.

Die Grundidee dieses Prinzips besteht darin, dass sich die Amplitude und die Phase des Eingangssignals des Leistungsverstärkers nur langsam verändern, sodass zu jedem Zeitpunkt das Eingangssignal als Eintonsignal und der Leistungsverstärker als eingeschwungen angenommen werden können. Damit diese Annahme gültig ist, ist es notwendig, dass die Modulationsbandbreite klein

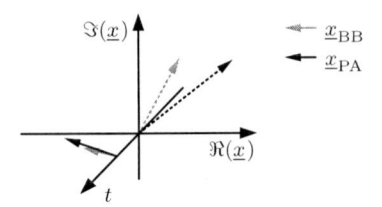

Abbildung 3.19: Zeigerdiagramm zur exemplarischen Veranschaulichung des Einflusses des Leistungsverstärkers auf Amplitude und Phase für zwei verschiedene Aussteuerungen zu verschiedenen Zeitpunkten

gegenüber der Bandbreite des Verstärkers ist.

Das komplexe Basisbandsignal $\underline{x}_{\mathrm{BB}}$ kontrolliert zu jedem Zeitpunkt t den Betrag und die Phase des Hochfrequenzsignals. Der Leistungsverstärker verändert den Betrag und die Phase dieses Signals abhängig von dem Betrag des Eingangssignals. Dies kann durch eine Spannungsverstärkung $\underline{v}$ ausgedrückt werden. Mit Hilfe eines Eintontests kann die Abhängigkeit des Betrags und der Phase der Spannungsverstärkung $\underline{v}_{f_\mathrm{C}}$ des Leistungsverstärkers bei der Betriebsfrequenz f_C von der Amplitude des Eingangssignals simuliert werden. Das Ergebnis stellt eine nichtlineare, statische, komplexwertige Funktion dar. Das komplexe Basisbandsignal nach dem Verstärker $\underline{x}_{\mathrm{PA}}$ berechnet sich durch

$$\underline{x}_{\mathrm{PA}}(t) = \underline{v}_{f_\mathrm{C}}(|\underline{x}_{\mathrm{BB}}(t)|) \cdot \underline{x}_{\mathrm{BB}}(t). \tag{3.40}$$

Da das komplexen Basisbandsignal als kontinuierlich zeitveränderlicher Zeiger aufgefasst werden kann, kann der Sachverhalt mit Hilfe eines Zeigerdiagramms veranschaulicht werden. In Abbildung 3.19 ist der Einfluss für zwei Werte von $\underline{x}_{\mathrm{BB}}$ exemplarisch dargestellt. Es wird gezeigt, dass für eine größere Aussteuerung die Phasendrehung zunimmt und der Betrag der Verstärkung abnimmt. Der Übergang zwischen den beiden dargestellten Zeitpunkten ist kontinuierlich, sodass zu jedem Zeitpunkt eine etwas verändertes Übertragungsverhalten wirksam ist.

Das so gewonnen verzerrte komplexe Basisbandsignal kann anschließend bewertet werden. So können zum Beispiel die *EVM* und das *ACLR* berechnet

3.4 Verfahren zur Abschätzung des Einflusses des Leistungsverstärkers 57

(a) normierter Betrag

(b) relative Phasendrehung

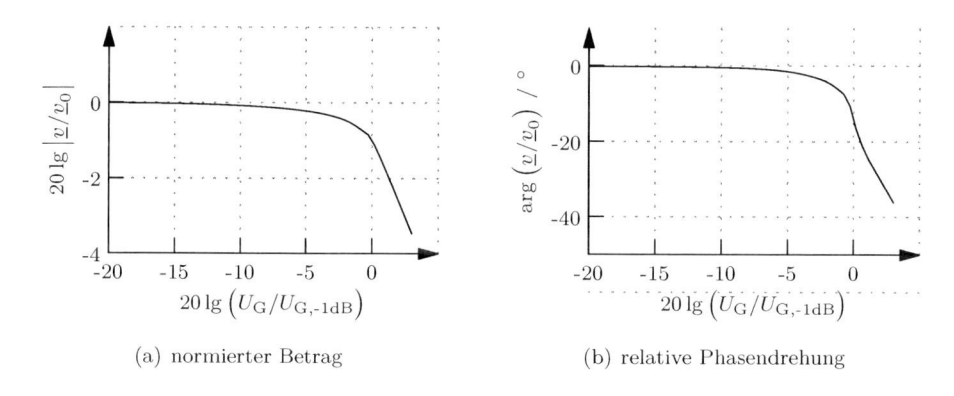

Abbildung 3.20: Normierte komplexe Spannungsverstärkung des Verstärkers $PAwT$ in Abhängigkeit von der auf den 1 dB-Kompressionspunkt bezogenen Generatorspannung

werden. Da durch diesen Ansatz problemlos mehrere DVB-T-Symbole verarbeitet werden können, sind die Ergebnisse statistisch aussagekräftig und damit von den für die Erzeugung der Symbole gewählten Daten unabhängig.

Für den Verstärker $PAwT$ sind der Betrag und die Phasendrehung der simulierten Spannungsverstärkung über der Aussteuerung in Abbildung 3.20 dargestellt. Ein Aspekt, der dabei beachtet werden muss, ist, dass sich die Temperatur der Transistoren bei dem Eintontest verändert, was in dieser Form bei der Verwendung realistischer Signale nicht der Fall sein wird. Da dieser Einfluss nur moderate Auswirkungen hat, wurde diesem Effekt hier nicht entgegengewirkt.

Die sich aus dem Modell ergebende EVM und der abgeschätzte Wirkungsgrad sind in Abbildung 3.21 dargestellt. Man erkennt, dass das nichtlineare, komplexe Basisbandmodell des Verstärkers in etwa die Ergebnisse der EVM abbildet. Durch die Messgeräte ist die Messung der EVM nach unten hin begrenzt, wodurch die Abweichung für kleine Aussteuerungen zu erklären ist. Die Abschätzung des Wirkungsgrades stimmt sehr gut überein.

Dieser Ansatz kann um weitere Parameter erweitert werden. Da in dem Sys-

(a) *EVM*

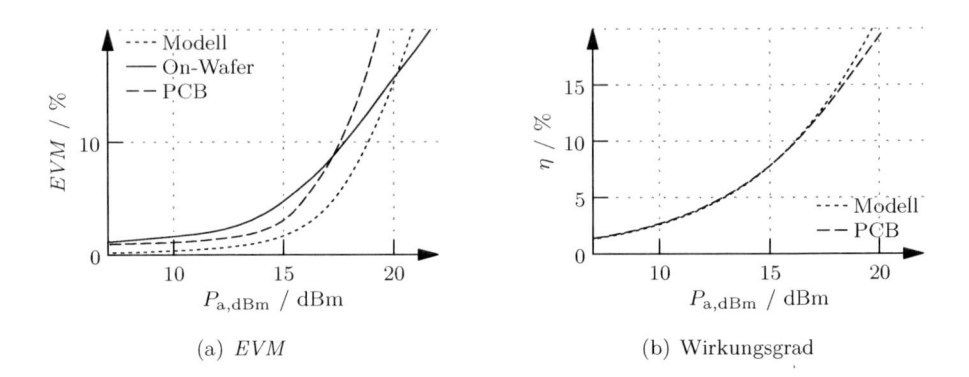

(b) Wirkungsgrad

Abbildung 3.21: Vergleich der *EVM* und des Wirkungsgrades zwischen dem nichtlinearen, komplexen Basisbandmodell und der On-Wafer-Messung am Beispiel des Verstärkers *PAwT*

tem die Versorgungsspannung variiert werden soll, stellt diese einen weiteren Parameter für die Spannungsverstärkung $\underline{v}(|\underline{x}_{BB}(t)|, U_{AP}(t))$ dar. Durch diese erweiterte Betrachtung konnte abgeschätzt werden, dass der Einfluss der Versorgungsspannung auf das Übertragungsverhalten hinreichend gering ist, sodass durch eine Anpassung der Versorgungsspannung der Wirkungsgrad bei einem gleichen Maß an Verzerrung gesteigert werden kann. Dieses Verfahren wurde auch genutzt, um die Arbeitspunktstromanpassung zu untersuchen. Dies ist in [7] beschrieben.

3.5 Schaltungsbeschreibung

Es wurden zwei Leistungsverstärker implementiert. Beide sind pseudodifferentiell ausgeführt.

Der Leistungsverstärker *PAv1* nutzt ein konventionelles LCL-Impedanztransformationsnetzwerk. Dafür werden symmetrische Spulen verwendet, die ebenso wie der Spartransformator die oberen zwei dicken Metalllagen für den Windungskörper nutzen. Dabei sind die Metalle jenseits der Kreuzungen parallel

3.5 Schaltungsbeschreibung

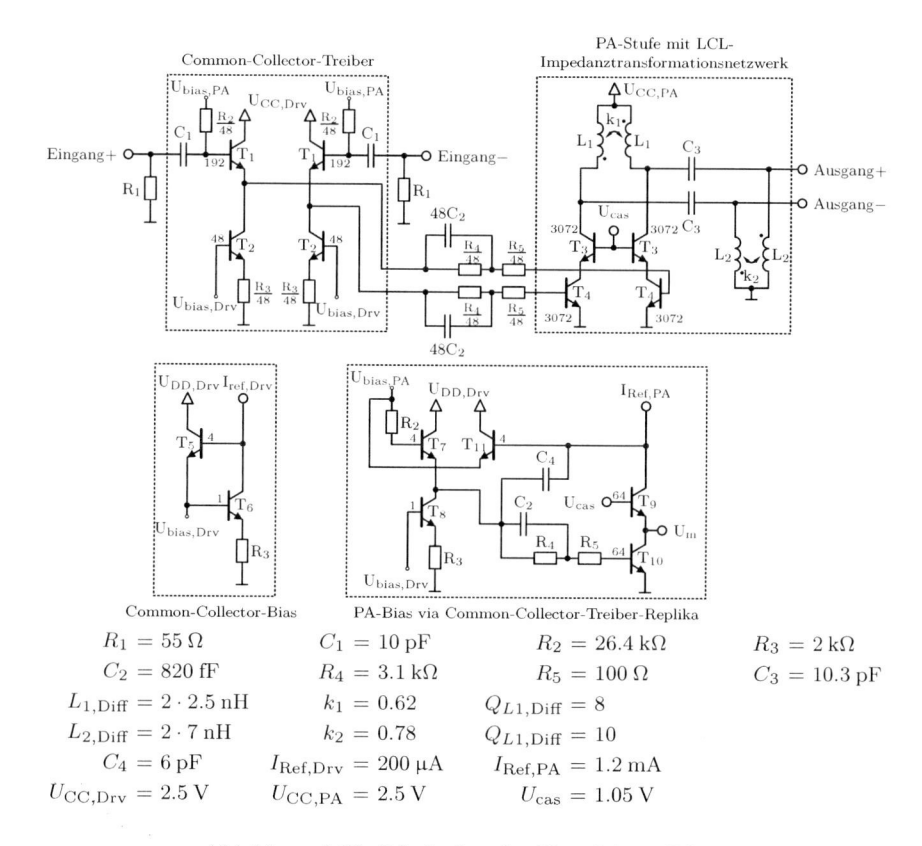

Abbildung 3.22: Schaltplan des Verstärkers $PAv1$

$R_1 = 55\,\Omega$	$C_1 = 10\,\text{pF}$	$R_2 = 26.4\,\text{k}\Omega$	$R_3 = 2\,\text{k}\Omega$
$C_2 = 820\,\text{fF}$	$R_4 = 3.1\,\text{k}\Omega$	$R_5 = 100\,\Omega$	$C_3 = 10.3\,\text{pF}$
$L_{1,\text{Diff}} = 2 \cdot 2.5\,\text{nH}$	$k_1 = 0.62$	$Q_{L1,\text{Diff}} = 8$	
$L_{2,\text{Diff}} = 2 \cdot 7\,\text{nH}$	$k_2 = 0.78$	$Q_{L1,\text{Diff}} = 10$	
$C_4 = 6\,\text{pF}$	$I_{\text{Ref,Drv}} = 200\,\mu\text{A}$	$I_{\text{Ref,PA}} = 1.2\,\text{mA}$	
$U_{\text{CC,Drv}} = 2.5\,\text{V}$	$U_{\text{CC,PA}} = 2.5\,\text{V}$	$U_{\text{cas}} = 1.05\,\text{V}$	

geschaltet. Das Impedanztransformationsnetzwerk ist zur Erhöhung der Großsignalbandbreite als Dual-Band-Netzwerk ausgeführt, wie sie in Abschnitt 3.3.1 beschrieben wurden.

Die Eingangsanpassung ist über eine Kollektor-Schaltung mit resistiver Anpassung umgesetzt. In Abbildung 3.22 ist der komplette Schaltplan des Verstärkers dargestellt. Das Chipfoto ist in Abbildung 3.24 zu sehen.

Das Netzwerk, welches durch den Kondensator C_2 und die Widerstände R_4 und R_5 gebildet wird und im HF-Signalpfad liegt, begrenzt die Expansion des

Verstärkers derart, dass die schwache Kompression kompensiert wird. Dadurch wird der Kompressionspunkt und damit der Wirkungsgrad bei gleichbleibender Linearität erhöht. Es kann gezeigt werden, dass dies der Fall ist, wenn ein Bipolarverstärker niederohmig gespeist wird und über dem Bias-Widerstand eine Spannung von U_T abfällt . Die Basis-Emitter-Kapazität wirkt dabei als Teil der Quellimpedanz und unterstützt aus diesem Grund die Niederohmigkeit der Quelle.

Die Arbeitspunkteinstellung der Hauptstufe erfolgt direkt über den Treiberverstärker. Die notwendige Bias-Spannung $U_{\text{bias,PA}}$ wird über eine Stromspiegelstruktur aus dem Referenzstrom $I_{\text{Ref,PA}}$ erzeugt. Der Transistor T_{11} bildet für diesen Stromspiegel einen Entlastungstransistor. Der Kondensator C_4 stellt die Stabilität der Biasschaltung sicher. Auch die Arbeitspunkteinstellung des Vorverstärkers erfolgt über einen Stromspiegel.

Der Verstärker *PAwT* nutzt im Gegensatz zum Verstärker *PAv1* für die Impedanztransformation den beschriebenen Spartransformator. Der Schaltplan und ein Chipfoto des Verstärkers sind in Abbildung 3.23 und Abbildung 3.24 dargestellt.

Zur Verringerung der Leistungsaufnahme des Vorverstärkers wurde für diesen ein Totem-Pole-Treiber eingesetzt. Das Impedanzverhältnis zwischen Lastimpedanz und Dummy-Last wurde zu 1.8 gewählt.

Die Arbeitspunkteinstellung der Hauptstufe erfolgt wiederum direkt durch den Vorverstärker. Dazu wird wieder eine Stromspiegelstruktur verwendet. Auf den Entlastungstransistor wurde verzichtet, wodurch die Versorgungsspannung des Vorverstärkers deutlich reduziert werden konnte. Allerdings erhöht sich dadurch der Einfluss des Basisstroms des Vorverstärkers auf den Referenzstrom des Hauptverstärkers. Auf eine Kompensation dieses Effektes wurde in diesem Schaltkreis verzichtet. In einem Anderen wurde die Kompensation über die Bestimmung des Basisstroms einer Referenzzelle und die anschließende Vervielfachung durch eine Stromspiegelstruktur erfolgreich getestet. Dies stellt eine mögliche Verbesserung des Verstärkers *PAwT* dar.

3.5 Schaltungsbeschreibung

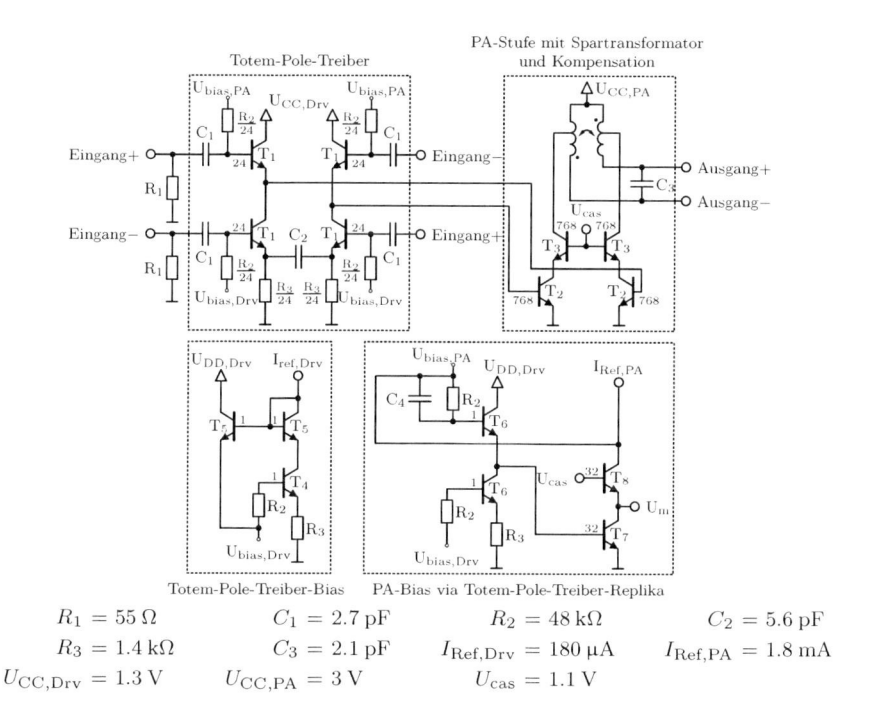

Abbildung 3.23: Schaltplan des Verstärkers $PAwT$

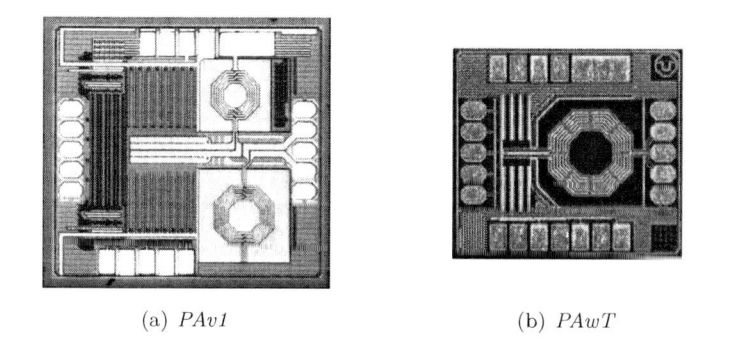

$R_1 = 55\,\Omega$	$C_1 = 2.7\,\text{pF}$	$R_2 = 48\,\text{k}\Omega$	$C_2 = 5.6\,\text{pF}$
$R_3 = 1.4\,\text{k}\Omega$	$C_3 = 2.1\,\text{pF}$	$I_{\text{Ref,Drv}} = 180\,\mu\text{A}$	$I_{\text{Ref,PA}} = 1.8\,\text{mA}$
$U_{\text{CC,Drv}} = 1.3\,\text{V}$	$U_{\text{CC,PA}} = 3\,\text{V}$	$U_{\text{cas}} = 1.1\,\text{V}$	

(a) $PAv1$ (b) $PAwT$

Abbildung 3.24: Chipfotos der Verstärker $PAv1$ und $PAwT$

Zusätzlich verfügt der Verstärker $PAwT$ über einen integrierten, analogen Temperatursensor. Dieser befindet sich in der linken unteren Ecke und ermöglicht die Messung der Temperatur des Schaltkreises nach einer Offsetkompensation von 0 °C bis 100 °C auf ±2 K genau.

3.6 Experimentelle Ergebnisse

Die Verstärker $PAv1$ und $PAwT$ wurden On-Wafer gemessen. Der Verstärker $PAwT$ wurde außerdem noch COB-mounted mit eingangs- und ausgangsseitigem SMD-Balun gemessen. Dabei wurden sowohl Eintontests als auch Tests mit OFDM-modulierten Signalen durchgeführt.

In Abbildung 3.25 sind die Ergebnisse des Verstärkers $PAv1$ dargestellt. Die Ergebnisse der Eintonmessungen passen gut zu den Simulationsergebnissen. Die 3 dB-Großsignalbandbreite beträgt aufgrund des verwendeten Dual-Band-Impedanztransformationsnetzwerkes über 700 MHz. Dies entspricht einer relativen Bandbreite von über 100%.

Die Kleinsignalmessung des Verstärkers $PAv1$ ist in Abbildung 3.26 dargestellt. Der Betrag des Parameters $\underline{S}_{DD12}$ liegt unter -70 dB und ist aus diesem Grund nicht mit abgebildet. Die Messung des Ausgangsreflexionsfaktors legt nahe, dass das Ausgangsanpassnetzwerk etwas verlustbehafteter ist als simuliert. Dies ist auch eine Erklärung für die leicht geringere Verstärkung. Die Ursache für die Verschlechterung der Eingangsanpassung liegt in der Prozessvariation des Widerstandes, der zur Anpassung genutzt wurde und der bei dem gemessenen Schaltkreis einen etwas größeren Widerstandswert aufweist, hinzu kommt eine größere parasitäre Kapazität, die durch die Extraktion nicht abgedeckt wurde. Der Verstärker ist sowohl im Gleichtakt als auch im Gegentakt uneingeschränkt stabil.

Die Ergebnisse der Eintonmessung des Verstärkers $PAwT$ sind in Abbildung 3.27 dargestellt. Auch diese decken sich gut mit der Simulation. Die Großsignalbandbreite beträgt mehr als 800 MHz, was einer relativen Bandbreite von 120% entspricht. Die Verschlechterung der Messergebnisse des Verstärkers auf

3.6 Experimentelle Ergebnisse

(a) Ausgangsleistung bei 700 MHz

(b) PAE bei 700 MHz

(c) Stromaufnahme

(d) im 1 dB-Kompressionspunkt erreichte Ausgangsleistung

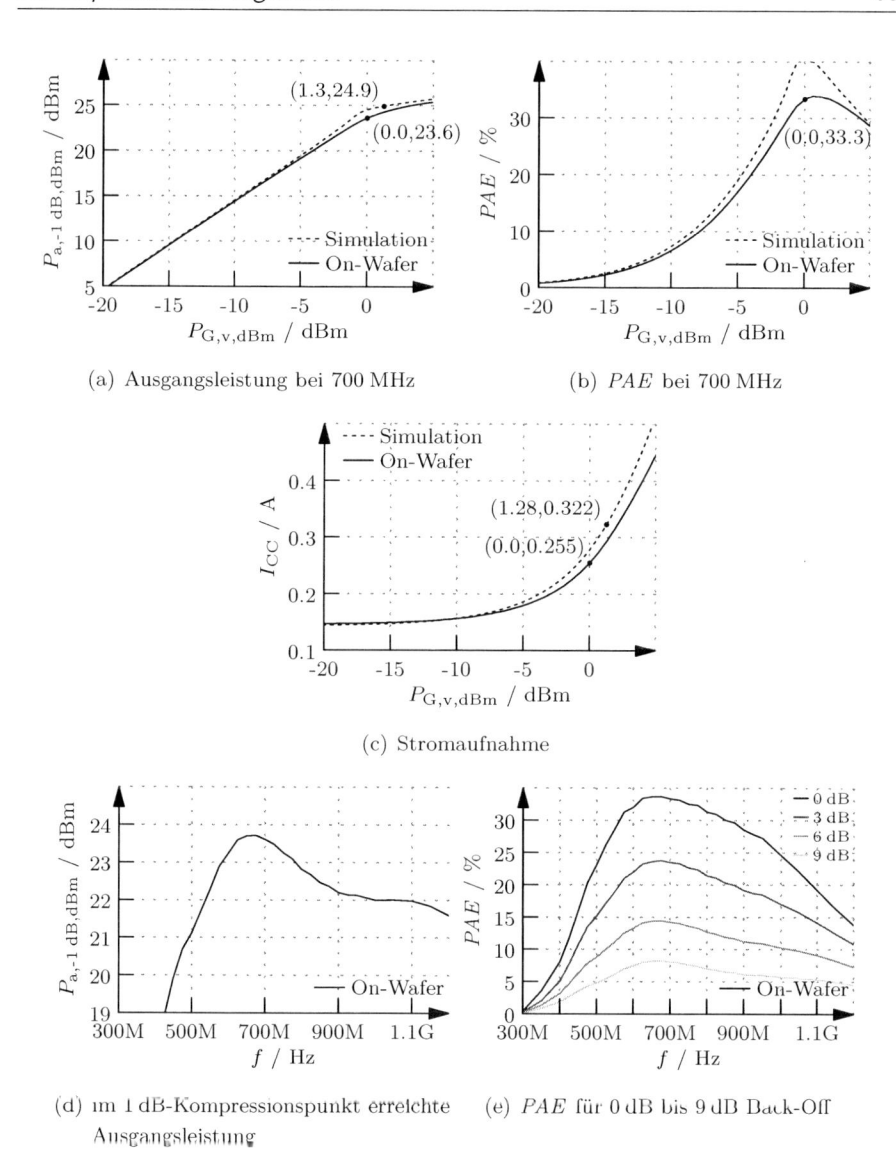

(e) PAE für 0 dB bis 9 dB Back-Off

Abbildung 3.25: gemessene Ausgangsleistung, Stromaufnahme und PAE in Abhängigkeit von der verfügbaren Generatorleistung bei 700 MHz und in Abhängigkeit von der Frequenz im 1 dB-Kompressionspunkt für den Verstärker $PAv1$

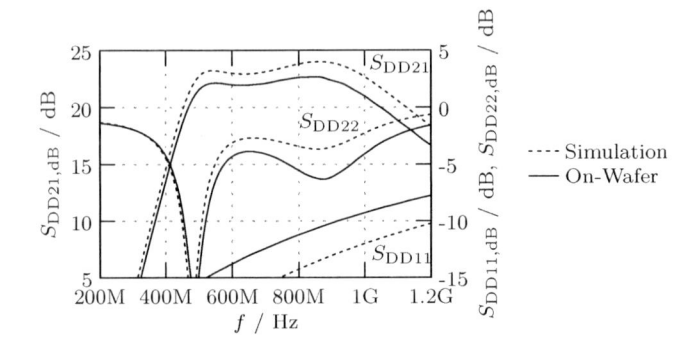

Abbildung 3.26: S-Parametermessung des Verstärkers $PAv1$

dem PCB entsprechen den Verlusten und der Limitierung der Bandbreite des verwendeten SMD-Baluns. Ein besser geeigneter Balun war nicht verfügbar.

Die Kleinsignalmessung des Verstärkers $PAwT$ ist in Abbildung 3.28 dargestellt. Der Betrag des Parameters $\underline{S}_{DD12}$ liegt unter -55 dB und ist aus diesem Grund nicht dargestellt. Die Simulation des Betrags des Parameters $\underline{S}_{DD11}$ ergab einen Wert unter -20 dB. Die Ursache für die leichte Verschlechterung ist die Prozessvariation des Widerstandes, der zur Anpassung genutzt wurde und der bei dem gemessenen Schaltkreis einen etwas größeren Widerstandswert aufweist. Der Verstärker ist sowohl im Gegentakt als auch im Gleichtakt uneingeschränkt stabil.

Die Ergebnisse der Messung der EVM für ein QAM16-moduliertes OFDM-Signal mit 8 MHz Bandbreite und 2048 Unterträgern sind in Abbildung 3.29 dargestellt. Für einen Back-Off von mehr als 6 dB erfüllt der Verstärker die Anforderungen für die QAM16-Modulation.

Zusammenfassend kann gesagt werden, dass beide Verstärker gute Messergebnisse aufweisen. Die Expansion der Stromaufnahme verbessert das Back-Off-Verhalten, da sich die Stromaufnahme an die Aussteuerung anpasst. Dies erschwert allerdings die Arbeitspunktspannungsanpassung. Dies wird in Abschnitt 5.3 detaillierter untersucht. Aufgrund des besseren Back-Off-Verhaltens des Verstärkers $PAwT$, der größeren Bandbreite und aufgrund der Möglichkeit

3.6 Experimentelle Ergebnisse

(a) Ausgangsleistung bei 650 MHz

(b) PAE bei 650 MHz

(c) Stromaufnahme

(d) im 1 dB-Kompressionspunkt erreichte Ausgangsleistung

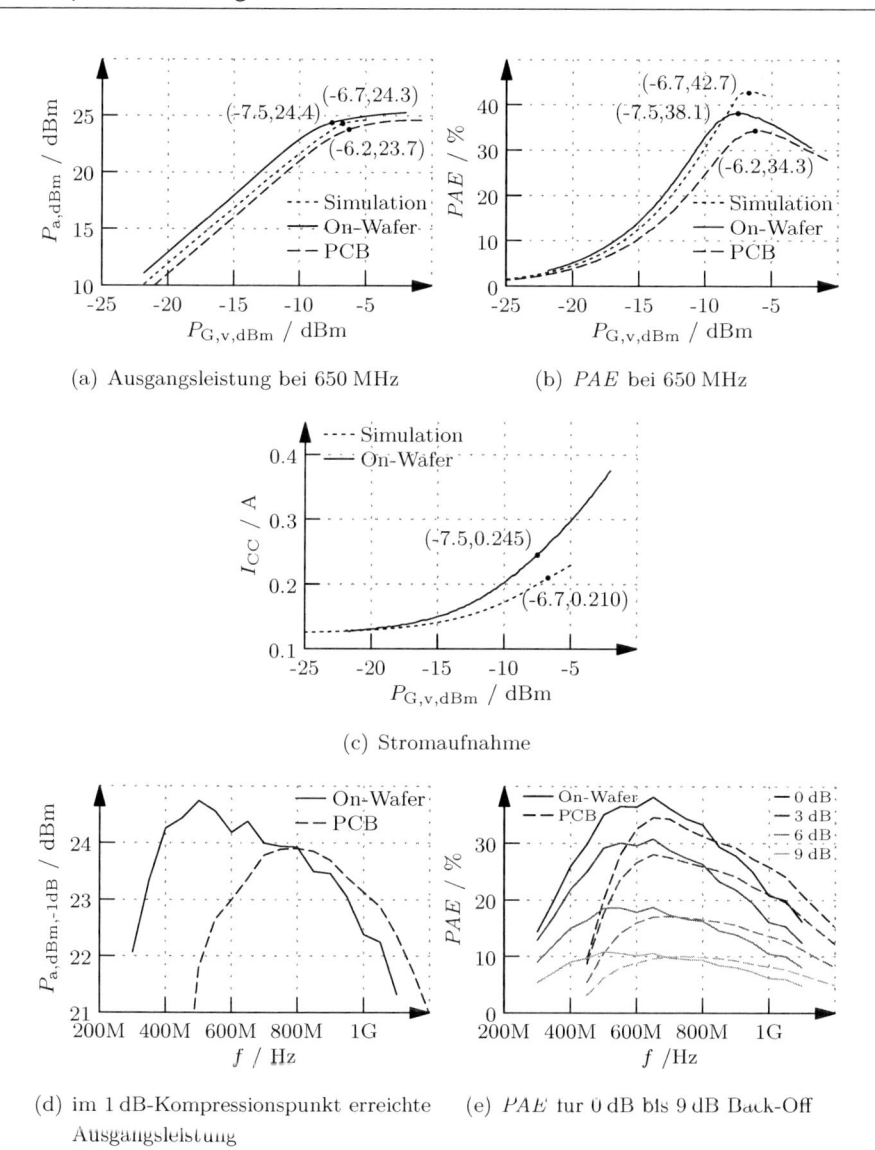

(e) PAE für 0 dB bis 9 dB Back-Off

Abbildung 3.27: Ausgangsleistung, Stromaufnahme und PAE in Abhängigkeit von der verfügbaren Generatorleistung bei 650 MHz und in Abhängigkeit von der Frequenz im 1 dB-Kompressionspunkt für den Verstärker $PAwT$

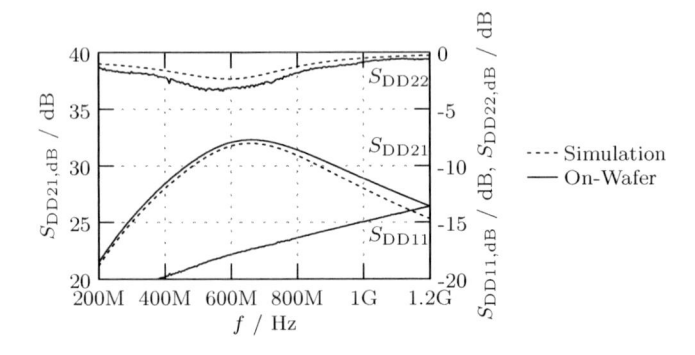

Abbildung 3.28: S-Parametermessung des Verstärkers $PAwT$

(a) Konstellationsdiagramm

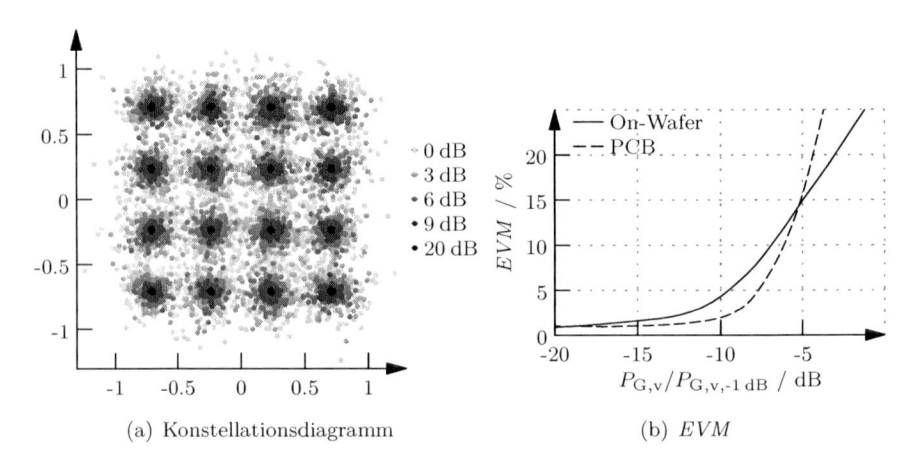

(b) EVM

Abbildung 3.29: gemessenes Konstellationsdiagramm und EVM des Verstärkers $PAwT$ für ein QAM16-moduliertes OFDM-Signal mit 8 MHz Bandbreite und mit 2048 Unterträgern

der Temperaturüberwachung und damit der direkten Messung der Verlustleistungsreduktion, ist der Verstärker $PAwT$ besser für die Anwendung geeignet als der Verstärker $PAv1$.

In Tabelle 3.4 werden die entwickelten Leistungsverstärker mit anderen Leistungsverstärkern verglichen. Man erkennt, dass der Wirkungsgrad im 1 dB-

Kompressionspunkt vergleichbar ist. Einen deutlichen Vorteil weisen die Verstärker beim Vergleich der relativen Bandbreite auf, die mit Abstand die höchste ist, obgleich auch viele der zum Vergleich genutzten Verstärker Methoden zur Bandbreitenerhöhung verwenden.

Tabelle 3.4: Vergleich mit dem Stand der Technik von linearen Leistungsverstärkern; teilweise mit Transformatoren oder anderen Maßnahmen zur Erhöhung der Bandbreite

Ref.	Tech.	f_C MHz	rel. BW %	G_T dB	$P_{a,-1dB}$ dBm	η_{-1dB} %	ITV Ω/Ω	vollst. integ.	Größe mm^2	Bemerkung
[1]	n.s. (Si)	915	22*	24	24	44	1.8*	nein	n.s.	kommerzieller, konventioneller Leistungsverstärker
[5]	90 nm CMOS	930	48‡	28	27.7	19*	4	ja	3.3	integrierter, verteilter Transformator mit 4-Wege-Leistungskombinierer
[2]	90 nm CMOS	5800	n.s.	n.s.	20.5	16	4	ja	0.81	integrierter, konventioneller Transformator mit 4-Wege-Leistungskombinierer
[3]	InGaP GaAs HBT	2400	20†	29.3	28.3	40	4	ja	1.17	integrierter, konventioneller Transformator
[4]	SiGe BiCMOS	3500	n.s.	13.0	24.6	33*	4	ja	1.65	integrierter Spartransformator
[26]	SiGe BiCMOS	2000	40	23.8	26.2	34	1	ja	1.0	gestapelter Leistungsverstärker
PA_{v1}	SiGe BiCMOS	700	100	22.1	23.6	33	3.8	ja	1.6	Dual-Band-Impedanztransformationsnetzwerk
PA_{wT}	SiGe BiCMOS	650	120	32.3	24.4	38	3.1	ja	1.1	integrierter Spartransformator

f_C: Mittenfrequenz   rel. BW: relative Bandbreite $P_{a,-1dB}$: Ausgangsleistung im 1 dB-Kompressionspunkt
G_T: Transducer Gain   ITV: Impedanztransformationsverhältnis η_{-1dB}: Wirkungsgrad im 1 dB-Kompressionspunkt
* abgeschätzt   † durch Kleinsignalmessung ermittelt, anstelle von Großsignalmessungen
‡ durch die gesättigte Ausgangsleistung ermittelt, anstelle der Ausgangsleistung im 1 dB-Kompressionspunkt

4 Sollwertgenerierung

Die Sollwertgenerierung bildet einen weiteren Schaltungsblock des in Abbildung 2.9 gezeigten Systems. Ihre Aufgabe ist die Konditionierung des Hochfrequenzsignals, die Detektion der Hüllkurve und die anschließende Anpassung des gewonnene Basisbandsignals an die Anforderungen der Regelstrecke. Dies ist in den implementierten Schaltkreisen so umgesetzt, wie es in Abbildung 4.1 dargestellt ist. Die Schlüsselkomponente bildet dabei der Hüllkurvendetektor, der das Hochfrequenzsignal in ein Basisbandsignal umsetzt. In den Schaltkreisen wurden jeweils zwei verschiedene Hüllkurvendetektoren integriert. Durch Konfiguration des Schaltkreises kann ausgewählt werden, welcher der beiden Hüllkurvendetektoren verwendet wird. Zusätzlich ist es möglich ein Hüllkurvensignal direkt einzuspeisen.

In den folgenden Abschnitten werden zuerst verschiedene Konzepte der Hüllkurvendetektion vorgestellt sowie deren Vor- und Nachteile diskutiert. Anschließend wird gezeigt, wie der klassische Diodendetektor modifiziert werden kann, damit dieser einerseits Spannungsverstärkung aufweist und andererseits differentiell arbeitet. Danach werden die implementierten Detektoren vorgestellt

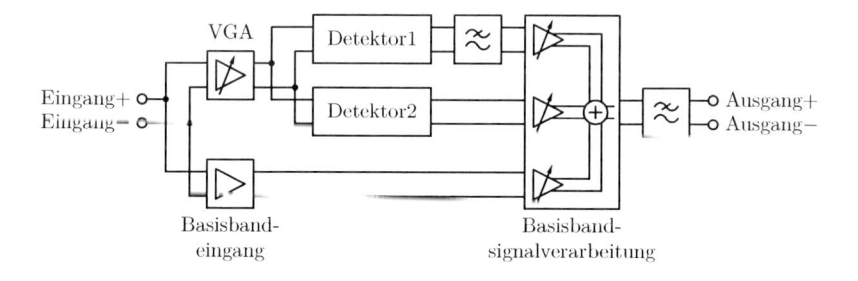

Abbildung 4.1: Toplevelschaltplan der Sollwertgenerierung

und die gewonnenen experimentellen Ergebnisse dargelegt. Abschließend werden die für die Sollwertgenerierung außerdem notwendigen Schaltungsblöcke vorgestellt.

4.1 Grundstrukturen der Hüllkurvendetektion

Die Aufgabe des Hüllkurvendetektors ist die Ermittlung der Einhüllenden des amplituden- und phasenmodulierten Hochfrequenzsignals. Damit bildet er die Schlüsselkomponente der Sollwertgenerierung. Die Grundkonzepte der Hüllkurvendetektion werden im Folgenden vorgestellt. Dabei werden zuerst Hüllkurvendetektoren vorgestellt die analytische Signale verwenden. Danach wird auf inkohärente Hüllkurvendetektoren eingegangen.

4.1.1 Hüllkurvendetektoren mit analytischen Signalen

Systemtheoretisch ist die Hüllkurve x_H als Betrag eines analytischen Signals $\underline{x}$ definiert

$$x_\mathrm{H} = |\underline{x}|. \tag{4.1}$$

Das komplexe Basisbandsignal $\underline{x}_\mathrm{BB}$ stellt mit seinen reellwertigen Komponenten x_I und x_Q ein analytisches Signal dar, wodurch die Hüllkurve durch

$$x_\mathrm{H} = |\underline{x}_\mathrm{BB}| = \sqrt{x_\mathrm{I}^2 + x_\mathrm{Q}^2} \tag{4.2}$$

berechnet werden kann. Die dafür notwendigen Rechenoperationen können in der digitalen Signalverarbeitung im Basisband erfolgen. Dies erfordert allerdings eine weitere Schnittstelle, die synchron zum aufwärtsgemischten Hochfrequenzsignal sein muss und wodurch zusätzliche Hardware in Form eines Digital-Analog-Umsetzers notwendig wird. Übliche Verarbeitungsplattformen sind allerdings nicht dafür ausgelegt weitere Digital-Analog-Umsetzer mit hoher Datenrate zu bedienen. Des Weiteren ist die Bandbreite des Hüllkurvensignals höher als die der Signale x_I und x_Q wodurch die zusätzliche Schnittstelle noch schwieriger in bestehende Systeme nachträglich integriert werden kann. Aus diesen Gründen ist es vorteilhaft die Hüllkurveninformation aus dem Hochfrequenzsignal zu gewinnen, welches dem Leistungsverstärker zugeführt wird. Dadurch wird keine zusätzliche Schnittstelle benötigt und bestehende Systeme können sehr einfach mit Leistungsverstärkern mit Arbeitspunktanpassung nachgerüstet werden.

Das Hochfrequenzsignal wird durch orthogonale Aufwärtsmischung gewonnen und stellt damit ein amplituden- und phasenmoduliertes, reelles Bandpasssignal x_{HF} dar und ist dementsprechend kein analytisches Signal. Aus einem reellen Signal x kann ein analytisches Signal $\underline{x}$ erzeugt werden, indem die Hilberttransformation auf das reelle Signal angewendet wird

$$x_{\mathrm{H}} = |\underline{x}| = |x + \mathcal{H}\{x\}|. \tag{4.3}$$

Die Hilberttransformation ist nicht kausal und kann aus diesem Grund nur näherungsweise umgesetzt werden. Mehrere Möglichkeiten sind dafür bekannt.

Die erste Möglichkeit ist die Implementierung durch eine klassische IQ-Demodulation mit nachgelagerter Betragsbildung. Dies ist in Abbildung 4.2 dargestellt. Durch die Mischung mit orthogonalen Trägersignalen und die anschließende Tiefpassfilterung wird aus dem Hochfrequenzsignal ein analytisches Signal erzeugt. Dabei ist interessant, dass sich die Frequenz zur Abwärtsmischung und die Mittenfrequenz des Signals unterscheiden können, ohne dass das Ausgangssignal verändert wird. Dies vereinfacht die Implementierung. Allerdings ist bei Übereinstimmung der Frequenzen der Frequenzabstand zwischen Nutzsignal und ungewünschten Mischprodukten maximal, was die Tiefpassfilterung vereinfacht. Dennoch ist der Aufwand dieses Implementierungsansatzes und damit die Leistungsaufnahme sehr hoch. Ein weiterer Nachteil ist, dass die Tiefpassfilter die Ansprechzeit erhöhen.

Eine andere Möglichkeit der Approximation der Hilberttransformation und damit der Erzeugung orthogonaler Signale besteht bei Bandpasssignalen in der Verwendung aufeinander abgestimmter Filter. Besonders bietet sich dabei die Verwendung von Allpässen an, auch wenn in der Literatur verschiedentlich auch

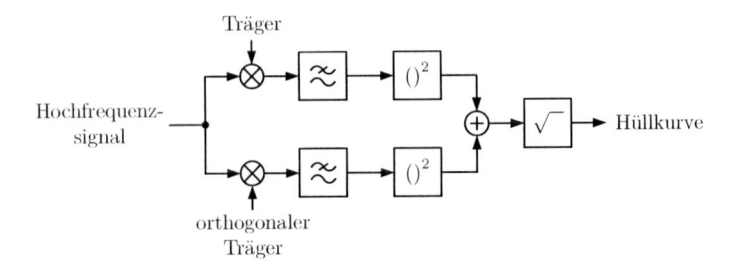

Abbildung 4.2: Hüllkurvendetektion mit IQ-Abwärtsmischung

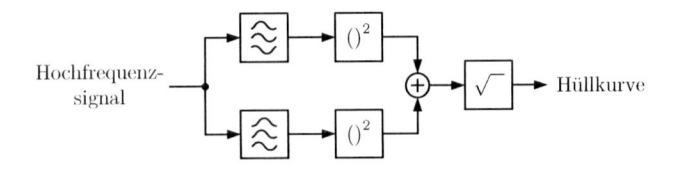

Abbildung 4.3: Hüllkurvendetektion basierend auf einem durch Allpässe erzeugten analytischem Signal

Kombinationen aus Hoch- und Tiefpässen Verwendung finden. Die aufeinander abgestimmten Filter erzeugen dabei aus einem gemeinsamen Eingangssignal zwei amplitudengleiche, zueinander um 90° phasenverschobene Signale. Die so erzeugten Signale bilden das analytische Signal, von welchem anschließend der Betrag gebildet wird. Solch ein System ist in Abbildung 4.3 dargestellt.

Bei der Implementierung eines solchen Systems ist positiv zu bewerten, dass bei idealer Quadrierung und bei idealer Amplituden- und Phasenrelation der Signalkomponenten keine Tiefpassfilterung notwendig ist, da die ungewollten Frequenzkomponenten, die bei der Quadrierung entstehen, gegenphasig sind und sich damit auslöschen. Dies ist eine allgemeine Eigenschaft der Betragsbildung von analytischen Signalen. Amplituden- und Phasenabweichungen führen zu Störkomponenten bei der doppelten Trägerfrequenz. Dagegen führen Sättigungseffekte, die sich durch Glieder vierter Ordnung in der Taylorreihe der Übertragungscharakteristik des Quadrierers äußern, zu Störsignalen mit der vierfachen Trägerfrequenz.

4.1 Grundstrukturen der Hüllkurvendetektion

Hochfrequenz-signal → $()^2$ → [≈] → [$\sqrt{}$] → Hüllkurve

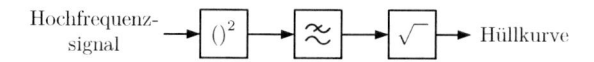

Abbildung 4.4: Hüllkurvendetektion durch Quadrierung des Hochfrequenzsignals

Die Nachteile dieses Schaltungskonzeptes liegen in der Schwierigkeit der Erzeugung der orthogonalen Signale. Als Allpässe sind passive LC- und RC-Strukturen aufgrund der Linearität und aufgrund der hohen Frequenz des Eingangssignales besser geeignet als aktive Filter. Im Speziellen sind RC-Allpässe zu favorisieren, da diese sehr breitbandig umgesetzt werden können und gut integrierbar sind. Allerdings ist die Eingangsimpedanz zum Beispiel eines nach [13] entworfenen Allpasses niederimpedant und veränderlich über der Frequenz. Zusätzlich ist die Dämpfung dieser Allpässe vergleichsweise hoch. Aus diesen Gründen wird eine Treiberschaltung notwendig, wodurch die Leistungsaufnahme steigt.

4.1.2 Inkohärente Hüllkurvendetektoren

Die Schaltungskonzepte, die auf analytischen Signalen beruhen, weisen eine hohe Komplexität und damit eine hohe Leistungsaufnahme auf. Da allerdings nur die Hüllkurveninformation gewonnen werden soll und damit im Speziellen die Phasenmodulation nicht von Interesse ist, können auch inkohärente Schaltungsarchitekturen verwendet werden, wie sie bei der Demodulation von ausschließlich amplitudenmodulierten Signalen Anwendung finden.

Die erste Implementierungsmöglichkeit besteht in der direkten Quadrierung des Hochfrequenzsignals mit anschließender Tiefpassfilterung und Radizierung. Dies ist in Abbildung 4.4 dargestellt. Die Schaltungskomplexität ist geringer als bei den Hüllkurvendetektoren mit analytischen Signalen, allerdings wird ein Tiefpassfilter benötigt, um das Störsignal bei der doppelten Frequenz zu unterdrücken. Dies verlängert die Ansprechzeit.

Ein Nachteil, der der Hüllkurvendetektion basierend auf analytischen Signalen und auch dem letzten Ansatz gemein ist, ist die Notwendigkeit der Quadrie-

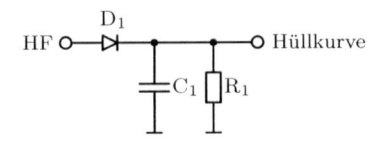

Abbildung 4.5: Hüllkurvendetektion durch einen Einpulsgleichrichter

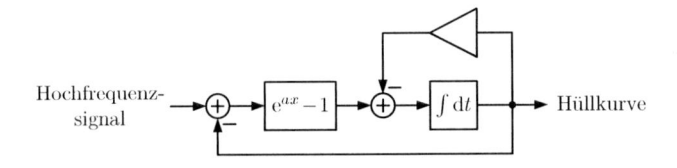

Abbildung 4.6: Blockschaltbild des Einpulsgleichrichters

rung und der anschließenden Radizierung des Signals. Im Speziellen der gegen unendlich gehende Anstieg der Wurzelfunktion für Argumente gegen Null ist analog nur näherungsweise umsetzbar. Zusätzlich sind die dafür in Frage kommenden Schaltungen aufgrund der hohen notwendigen Verstärkung grundsätzlich sehr sensitiv auf Offsets und wegen der variablen Schleifenverstärkung vergleichsweise langsam und schwer zu stabilisieren.

Aus diesem Grund ist es vorteilhaft, wenn keine Radizierung notwendig ist. Dies kann erreicht werden, indem man das Hochfrequenzsignal gleichrichtet. Eine Möglichkeit der Implementierung ist die Verwendung eines Einpulsgleichrichters, wie er vereinfacht in der Abbildung 4.5 dargestellt ist. Diese Topologie wird des Weiteren als Diodendetektor bezeichnet und kann durch das Blockschaltbild in Abbildung 4.6 beschrieben werden. Diese Schaltungstopologie hat die Vorteile, dass sie sehr kompakt, energieeffizient und für Amplituden größer als die doppelte Temperaturspannung sehr linear ist. Außerdem ist die Ansprechzeit asymmetrisch und für steigende Amplituden kleiner als für Fallende. Dies ist günstig für das System. Des Weiteren ist die Amplitude des Störsignals für größere Aussteuerungen konstant, wenn eine Stromquelle anstelle des Widerstandes verwendet wird. Dies ist ein Vorteil im Gegensatz zu den anderen Ansätzen, bei denen das Störsignal in erster Näherung proportional zum Nutz-

4.1 Grundstrukturen der Hüllkurvendetektion

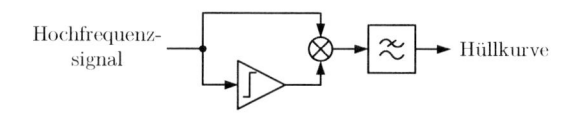

Abbildung 4.7: Hüllkurvendetektion durch Mischung mit dem übersteuertem Eingangssignal

signal wächst. Dadurch kann bei der Auslegung der Spannungsregelung und der dabei gegebenenfalls notwendigen Filter von einer festen Amplitude der Störung ausgegangen werden und es muss nicht mit der maximalen Störamplitude bei Maximalaussteuerung gerechnet werden.

Die Nachteile sind, dass eine sehr niederohmige Quelle notwendig ist, um den Detektor zu treiben, dass das Ausgangssignal ein Störsignal mit der einfachen Trägerfrequenz enthält und dass für kleinere Amplituden des Hochfrequenzsignals die Übertragungscharakteristik nichtlinear ist. Zusätzlich ist es nicht möglich diese Topologie als echtdifferentielle Schaltung umzusetzen, wodurch die Schaltung sensitiver gegenüber Störeinflüssen ist.

Der Nachteil der Notwendigkeit einer niederohmigen Quelle kann durch die Verwendung eines Bipolartransistors anstelle der Diode entschärft werden. Die Frequenz des Störsignals kann auf die doppelte Trägerfrequenz oder auf ein noch höheres Vielfaches erhöht und gleichzeitig dessen Amplitude verringert werden, wenn Zweipuls- oder Mehrpulsgleichrichter verwendet werden. Im Verlauf der Arbeit wird eine weitere Modifikation eingeführt, die den Nachteil der Nichtlinearität für kleine Amplituden abschwächt und die eine differentielle Implementierung gestattet.

Eine weitere Möglichkeit der Gleichrichtung besteht in der Mischung des Hochfrequenzsignals mit einem kohärenten Rechtecksignal. Dieses Rechtecksignal muss aufgrund der Phasenmodulation durch Übersteuerung aus dem Hochfrequenzsignal erzeugt werden. Die Abbildung 4.7 veranschaulicht diesen Ansatz. Die Vorteile dieses Ansatzes sind, dass die Übertragungscharakteristik theoretisch perfekt linear ist und dass, obwohl ein Mischer eingesetzt wird, kein Oszillator benötigt wird. Dadurch ist die Energieaufnahme moderat. Allerdings müssen, um die Linearität des Ansatzes zu erreichen, die zwei parallelen Signalpfade unabhängig von der Eingangsamplitude kohärent und die Verstärkung des Übersteuerungspfades sehr groß sein. Diese beiden Forderungen sind schwierig vereinbar, wodurch die Implementierung dieses Ansatzes schwierig wird. Zusätzlich ist ein Tiefpassfilter notwendig, um das Störsignal bei der doppelten Trägerfrequenz zu unterdrücken.

Ein Nachteil der inkohärenten Hüllkurvendetektion ist das Störsignal, das sich bei der doppelten Trägerfrequenz ausbildet. Dies lässt sich grundsätzlich verbessern, indem ein Hochfrequenzsignal mit mehreren Phasenlagen verwendet wird. Der Übergang von einem Einpulsgleichrichter mit einen Single-Ended-Signal zu einem Zweipulsgleichrichter, der mit einem differentiellen Signal gespeist wird, ist bereits der erste Schritt in diese Richtung. Durch Filter, wie die Allpässe in Abbildung 4.3, können die benötigten phasenverschobenen Signale aus dem Hochfrequenzsignal generiert werden. Im Falle der Verwendung von zwei um $90°$ verschobenen differentiellen Signalen löscht sich das Störsignal bei der doppelten Trägerfrequenz aus. Erst Störsignalkomponenten bei der vierfachen Trägerfrequenz können sich wieder konstruktiv überlagern, wenn auch mit einer deutlich geringeren Amplitude und der sehr viel einfacheren Möglichkeit derer Unterdrückung durch Tiefpassfilter. Wenn dagegen drei um $60°$ verschobene differentielle Signale verwendet werden, so löschen sich neben den Komponenten bei der doppelten Trägerfrequenz auch die Störsignalkomponenten bei der vierfachen Trägerfrequenz aus, sodass das Störsignal erst bei der sechsfachen Trägerfrequenz auftritt. Dieser Ansatz lässt sich fortwährend erweitern. Allerdings steigt der Schaltungsaufwand immer weiter an, sodass der Aufwand und der Nutzen abzuwägen sind.

4.1.3 Hüllkurvendetektion durch Dämpfungsregelung

Die Ansätze der letzten beiden Abschnitte basieren darauf, dass die Hüllkurve direkt detektiert wird. Dadurch sind lineare Hüllkurvendetektoren notwendig. Die Detektion der Hüllkurve ist aber auch indirekt möglich. Ähnlich wie bei einer Automatic-Gain-Control (AGC) kann ein steuerbarer Verstärker derart

4.1 Grundstrukturen der Hüllkurvendetektion

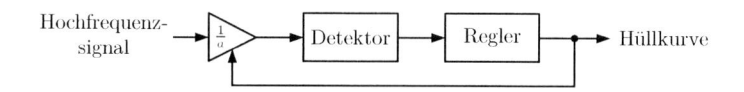

Abbildung 4.8: Indirekte Hüllkurven Detektion

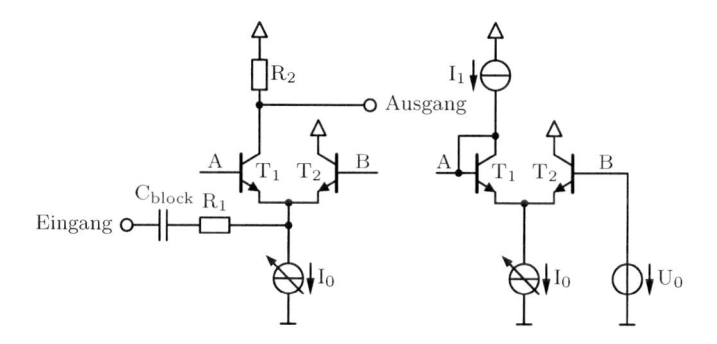

Abbildung 4.9: Schaltplan eines VGAs mit linear einstellbarer Dämpfung

geregelt werden, dass die Amplitude an einem Detektor konstant gehalten wird. Das dazu notwendige Steuersignal enthält die Information über die Hüllkurve. Für den speziellen Fall, dass die Dämpfung beziehungsweise das Reziproke der Verstärkung linear eingestellt werden kann, stellt das Steuersignal direkt die Hüllkurve dar. Solch ein System ist in Abbildung 4.8 dargestellt. Der Vorteil dieses Systems ist, dass kein linearer Detektor notwendig ist. Jedes bisher vorgestellte Konzept kann für den Detektor eingesetzt werden.

Ein Problem stellt allerdings die Umsetzung der linearen Abhängigkeit zwischen der Kontrollgröße und der Dämpfung des Verstärkers dar. Eine Schaltung, die dies implementiert, ist in Abbildung 4.9 dargestellt. Der Widerstand R_1 wirkt bei dieser Schaltung als Transkonduktanzstufe. Der dadurch erzeugte Signalstrom teilt sich anschließend im Verhältnis der Transkonduktanzen der Transistoren T_1 und T_2 auf. Nur der Anteil, der durch T_1 fließt, wird danach der Last zugeführt. Diese Schaltung weist im Gegensatz zu konventionellen VGAs einen konstanten ausgangsbezogenen Kompressionspunkt auf. Der eingangsbezogene Kompressionspunkt verschiebt sich mit der eingestellten Verstärkung. Dagegen ist bei konventionellen VGAs der eingangsbezogene Kompressionspunkt konstant. Ein konstanter ausgangsseitiger Kompressionspunkt ist ein Vorteil für die Konditionierung von Eingangssignalen.

Trotz dieses Vorteils ist der Dynamikbereich durch die minimale Dämpfung beziehungsweise maximale Verstärkung nach unten und durch Kompressionseffekte nach oben hin eingeschränkt. Darüber hinaus ist die Stabilisierung der Regelschleife problematisch, da sich die Schleifenverstärkung über der Aussteuerung ändert. Dies liegt daran, dass die Amplitude des Eingangssignals als multiplikative Störung in die Regelschleife eingreift. Im Falle einer AGC verwendet man aus diesem Grund dB-lineare Verstärker, deren Verstärkung in dB linear von der Kontrollgröße anhängt, wodurch die Amplitude des Hochfrequenzsignals nur additiv als Störung eingreift. Dieser Ansatz ist für die Anwendung nicht praktikabel, da die Hüllkurve linear detektiert werden muss. Eine Entlogarithmierung ist ähnlich wie die Radizierung problematisch und kommt deswegen nicht in Betracht.

4.2 Analyse und Modifikation des Diodendetektors

Im vorangegangen Abschnitt wurde ausgeführt, dass der Diodendetektor viele Vorteile ich sich vereint. Die wichtigsten sind die niedrige Leistungsaufnahme und die für hohe Aussteuerungen gute Linearität bei gleichzeitiger konstanter Amplitude des Störsignals. Die schwerwiegendsten Nachteile sind, dass der Detektor über keine Spannungsverstärkung verfügt und dass eine echtdifferentielle Implementierung nicht möglich ist. Um diese Nachteile zu beseitigen, wird im nächsten Abschnitt zunächst der konventionelle Diodendetektor detailliert analysiert und anschließend modifiziert.

4.2.1 Analyse des Diodendetektors

Die Grundtopologie eines Einpulsdiodendetektors ist in Abbildung 4.10 dargestellt. Die Verwendung eines Bipolartransitors anstelle einer einfachen Diode

4.2 Analyse und Modifikation des Diodendetektors

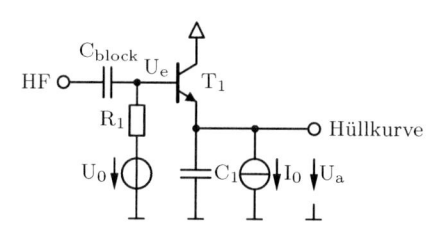

Abbildung 4.10: Einpulsdiodendetektor

bringt den Vorteil, dass die Quelle weniger belastet wird und dass die Simulation der Topologie aufgrund der besseren Modellierung des Bipolartransistors verlässlicher ist. Desweiteren ist es vorteilhaft, anstelle des Widerstandes des konventionellen Einpulsgleichrichters eine Stromquelle zu verwenden, da dadurch einerseits die Arbeitspunkteinstellung vereinfacht wird und andererseits der Spitzenwert des Störsignals, das in diesem Zusammenhang auch oft als Brummspannung bezeichnet wird, für hinreichend große Eingangsamplituden konstant ist und

$$\hat{U}_{\mathrm{Br}} \approx \frac{1}{2} \frac{I_0}{fC_1}\bigg|_{\hat{U}_e > 2U_T} \qquad (4.4)$$

beträgt. Allerdings ist durch die Stromquelle auch die Spannungsänderungsgeschwindigkeit für fallende Ausgangsspannung begrenzt auf

$$\min\left(\dot{U}_a\right) = \frac{I_0}{C_1}. \qquad (4.5)$$

Aus diesen beiden Dimensionierungsgleichungen erkennt man, dass ein schnelles Ansprechen des Diodendetektors im Widerspruch zu einer kleinen Brummspannung steht.

Es muss ein Kompromiss zwischen diesen beiden Größen gefunden werden. Die Begrenzung der Spannungsänderungsgeschwindigkeit ist aus zwei Gründen in gewissen Grenzen unproblematisch.

Erstens ist die Charakteristik der Hüllkurve eines OFDM-Signals derart, dass die höchste Änderungsgeschwindigkeit für die kleinsten Aussteuerungen auftritt. Diese sind sehr unwahrscheinlich und werden durch den Diodendetektor zusätzlich verschliffen. Außerdem würde die Verwendung eines Widerstands statt der Stromquelle dazu führen, dass aufgrund der exponentiellen Entladekurve die maximale Spannungsänderungsgeschwindigkeit für große Aussteuerungen größer ist als für kleinere, was wiederum gegenläufig zu den Eigenschaften der zu detektierenden Hüllkurve ist.

Zweiten führt der Begrenzungsfall zu einer etwas höheren Versorgungsspannung des Leistungsverstärkers und damit nicht zur Verzerrung des Ausgangssignals.

Die Übertragungscharakteristik des Diodendetektors kann mit Hilfe des einfachen Transistormodells

$$I_C = I_S \exp\left(\frac{U_{BE}}{U_T}\right) \tag{4.6}$$

berechnet werden. Mit Hilfe der Masche

$$0 = U_e - U_{BE} - U_a \tag{4.7}$$

kann die implizite Gleichung

$$I_0 \stackrel{!}{=} \overline{I}_E = \overline{I}_C = \frac{1}{T} \int_0^T I_S \exp\left(\frac{U_e - U_a}{U_T}\right) dt \tag{4.8}$$

für die Übertragungscharakteristik aufgestellt werden. Wird die Signalquelle als ideale Spannungsquelle angenommen und wird der Einfluss des Basisstromes vernachlässigt, kann die Spannung U_e durch

$$U_e = \hat{U}_e \cos\varphi + U_0 \quad \text{mit} \quad \varphi = \omega t \tag{4.9}$$

beschrieben werden. Dabei steht $\hat{U}_e$ für die Spannungsamplitude des Generators. Das Integral verändert sich dementsprechend zu

$$I_0 = \frac{1}{\pi} \int_0^\pi I_S \exp\left(\frac{\hat{U}_e \cos\varphi - U_a}{U_T}\right) d\varphi. \tag{4.10}$$

Unter der weiteren Annahme, das sich die Ausgangsspannung über einer Periode des Hochfrequenzsignals nicht ändert, kann das Integral mit Hilfe der

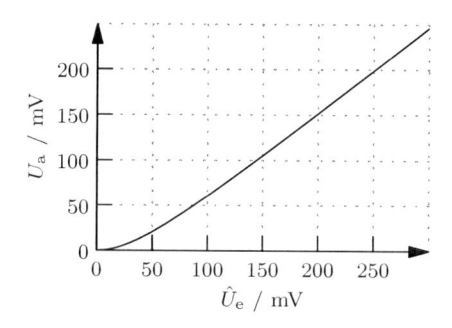

4.2 Analyse und Modifikation des Diodendetektors

Abbildung 4.11: Transfercharakteristik des Diodendetektors

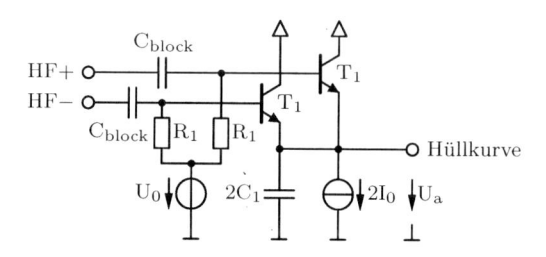

Abbildung 4.12: Zweipulsdiodendetektor mit Bipolartransistoren

modifizierten Besselfunktion erster Art nullter Ordnung $\mathbb{I}_0(x)$ beschrieben werden

$$U_a = U_0 - U_T \ln\left(\frac{I_0}{I_S}\right) + U_T \ln \mathbb{I}_0\left(\frac{\hat{U}_e}{U_T}\right). \tag{4.11}$$

Für den Fall, dass die Spannung U_0 so gewählt wird, dass sie der Basis-Emitter-Spannung im Arbeitspunkt entspricht, ist die Transfercharakteristik in Abbildung 4.11 dargestellt.

Auch wenn die Schaltung auf einen Zweipulsdiodendetektor, wie er in Abbildung 4.12 dargestellt ist, erweitert wird, wobei jeder Eingang mit der Amplitude $\hat{U}_e$ ausgesteuert wird, bleiben die benutzen Gleichungen identisch.

Ein Problem der Schaltung wird anhand der Abbildung 4.11 deutlich. Man erkennt, dass das Detektorsignal immer kleiner ist als die Amplitude des Hoch-

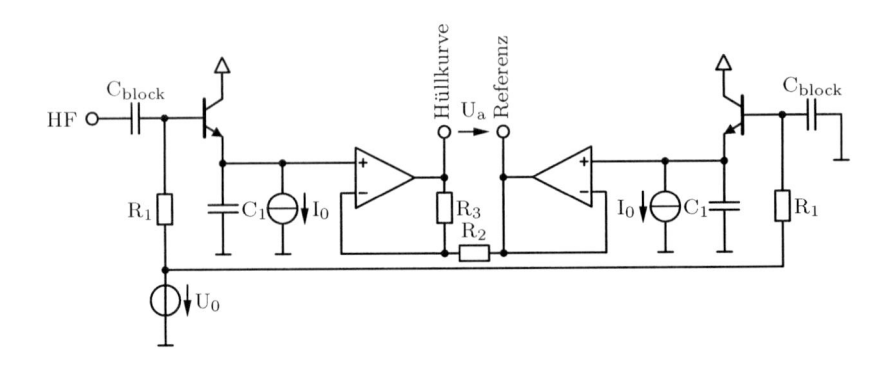

Abbildung 4.13: Diodendetektor mit nachgelagerter Spannungsverstärkung

frequenzsignals. Dadurch ist es notwendig, dass ein nachgelagerter Schaltungsblock das Detektorsignal verstärkt. Dafür sind zwei Verstärker und eine Referenzspannung notwendig, die durch ein Abbild des Detektors, das nicht ausgesteuert wird, erzeugt wird. Diese Schaltung ist in Abbildung 4.13 dargestellt. Der zusätzliche Schaltungsaufwand erhöht die Leistungsaufnahme deutlich. Dieser Schaltungsaufwand kann signifikant reduziert werden, indem man den Detektor, die Referenzerzeugung und die Verstärker zu einer Schaltung vereinigt. Der so entstehende Diodendetektor mit Spannungsverstärkung wird im nächsten Abschnitt vorgestellt.

4.2.2 Diodendetektor mit Spannungsverstärkung

Das Grundprinzip des Diodendetektors ist, dass die Ausgangsspannung derart eingestellt wird, dass der mittlere Emitter-Strom $\overline{I}_E$ dem Arbeitspunktstrom entspricht. Dies wurde bereits in (4.10) zur Berechnung der Transfercharakteristik ausgenutzt. Dass dieser Vorgang einem Regelkreis entspricht, wird auch in Abbildung 4.6 deutlich. Die Grundidee der ersten Modifikation des Diodendetektors ist, dass dieser Regelkreis nicht mehr inhärent existiert, sondern stattdessen durch eine aktive Regelung implementiert wird. Dadurch ergeben sich neue Freiheitsgrade beim Entwurf der Schaltung. Im Speziellen kann durch geeignete Wahl des Rückführungszweiges eine zusätzlich Spannungsverstärkung

4.2 Analyse und Modifikation des Diodendetektors

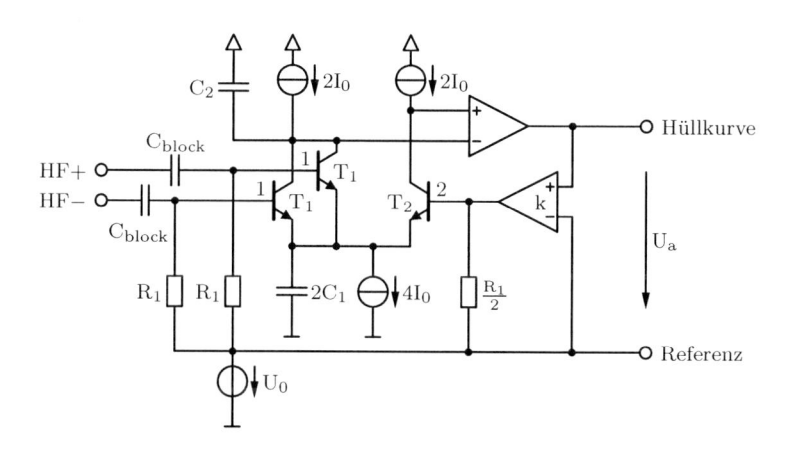

Abbildung 4.14: Diodendetektor mit kombinierter Spannungsverstärkung und Referenzerzeugung

oder sogar eine Linearisierung des Diodendetektors erfolgen. Dies wurde in [39] veröffentlicht.

Eine Topologie, die diese aktive Regelung implementiert, ist in Abbildung 4.14 dargestellt. Gespeist wird die Schaltung mit einem differentiellen Signal. Die Transistoren T_1 arbeiten zusammen mit dem Kondensator C_1 als Zweipulsdiodendetektor. Der Transistor T_2 erzeugt als Abbild des Diodendetektors die Referenzspannung, die für die Verstärkung notwendig ist. Des Weiteren bilden die Transistoren T_1 und T_2 ein Differenzpaar und damit den ersten Teil der Regelschleife. Ein weiterer Verstärker komplettiert den Vorwärtspfad. Über die Rückkopplung eines Teils der Ausgangsspannung wird die Verstärkung eingestellt. Der Kondensator C_2 implementiert den notwendigen Kurzschluss des Hochfrequenzsignals am Kollektor der als Diodendetektor arbeitenden Transistoren T_1.

Unter der Annahme von ausreichend hoher Schleifenverstärkung bleiben die Gleichungen zur Berechnung der Transfercharakteristik identisch, bis auf den Unterschied, dass die Ausgangsspannung nun um den Faktor $\frac{1}{k}$ größer ist.

Diese Schaltung basiert auf dem Zweipulsdiodendetektor und weist aus diesem

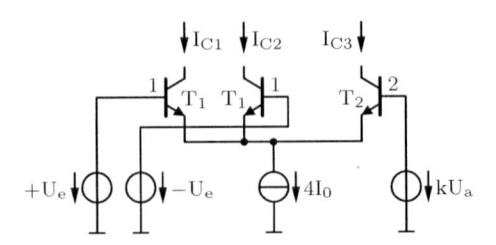

Abbildung 4.15: Schaltplan für die Berechnung der Transfercharakteristik des differentiellen Diodendetektors

Grund auch den Nachteil auf, dass sie nicht echt differentiell ist und damit auf Gleichtakt- und auf Gegentaktsignale gleichermaßen anspricht. Die Verwendung einer differentiellen Vorstufe schwächt zwar durch deren Gleichtaktunterdrückung den etwaigen Gleichtaktanteil des Hochfrequenzsignal ab, allerdings äußern sich durch die fast ausschließlich in Hochfrequenzstufen verwendeten resistiven Lasten Signale auf der Versorgung der Vorstufe als zusätzliche Gleichtaktsignalkomponente des Hochfrequenzsignals am Eingang des Detektors. Aus diesem Grund und aufgrund der allgemein besseren Robustheit von differentiellen Schaltungen, ist es wünschenswerte einen echt differentiellen Diodendetektor zu verwenden.

4.2.3 Differentieller Diodendetektor

Die Verschaltung der Bipolartransistoren in dem Diodendetektor mit Spannungsverstärkung weist Ähnlichkeiten zu dem auf einer translinearen Masche beruhenden Quadrierer auf, wie er zum Beispiel in [12] verwendet wird. Da dieser echt differentiell ist, wurde untersucht, wie dieses Konzept auf den Diodendetektor übertragen werden kann. Dazu wird die Schaltung, die in Abbildung 4.15 dargestellt ist, analysiert. Dies wurde in [36] veröffentlicht. Die

4.2 Analyse und Modifikation des Diodendetektors

Schaltung ist durch die Knoten- und Maschengleichungen

$$4I_0 = I_{C1} + I_{C2} + I_{C3}, \tag{4.12}$$

$$0 = +\frac{U_e}{U_T} - \ln\frac{I_{C1}}{I_S} + \ln\frac{I_{C3}}{2I_S} - \frac{kU_a}{U_T}, \quad \text{und} \tag{4.13}$$

$$0 = -\frac{U_e}{U_T} - \ln\frac{I_{C2}}{I_S} + \ln\frac{I_{C3}}{2I_S} - \frac{kU_a}{U_T} \tag{4.14}$$

beschrieben. Aus diesen Gleichungen folgt

$$I_{C3} = \frac{8I_0}{\exp\left(\frac{U_e - kU_a}{U_T}\right) + \exp\left(\frac{-U_e - kU_a}{U_T}\right) + 2} \tag{4.15}$$

Die Ausgangsspannung soll wiederum so geregelt werden, dass der mittlere Kollektorstrom $\overline{I}_{C3}$ dem Arbeitspunktstrom entspricht

$$2I_0 \stackrel{!}{=} \frac{1}{T}\int_0^T I_{C3} \mathrm{d}t. \tag{4.16}$$

Unter Verwendung der Generatorspannung

$$U_e = \hat{U}_e \cos\varphi \quad \text{mit} \quad \varphi = \omega t \tag{4.17}$$

muss die implizite Gleichung

$$1 = \frac{4}{\pi}\int_0^\pi \frac{1}{\exp\left(\frac{\hat{U}_e \cos\varphi - kU_a}{U_T}\right) + \exp\left(\frac{-\hat{U}_e \cos\varphi - kU_a}{U_T}\right) + 2}\mathrm{d}\varphi. \tag{4.18}$$

zur Berechnung der Transfercharakteristik des Detektors gelöst werden.

Die Transfercharakteristik des differentiellen Diodendetektors und deren Anstieg ist für den differentiellen Diodendetektor und für den konventionellen Diodendetektor in Abbildung 4.16 dargestellt. Man erkennt, dass der Anstieg für den differentiellen Diodendetektor kleiner ist und für große Aussteuerung gegen $\frac{1}{\sqrt{2}}$ konvergiert. Für den konventionellen geht der Anstieg gegen 1. Dieser Nachteil kann einfach über eine geeignete Wahl des Faktors k kompensiert werden.

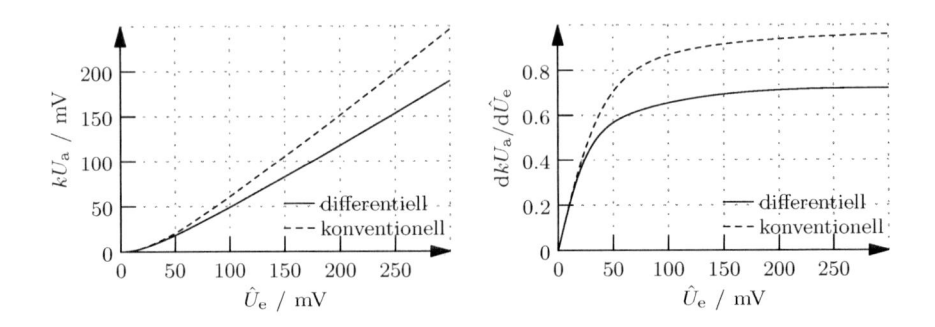

Abbildung 4.16: Transfercharakteristik und deren Anstieg für den differentiellen Diodendetektor im Vergleich zum konventionellen

Allerdings erreicht der differentielle Diodendetektor bereits für kleinere Aussteuerung den linearen Bereich. Der Anstieg der Transfercharakteristik erreicht 90% seines Endwertes bereits bei einer Amplitude von 86 mV. Der konventionelle Detektor benötigt dafür 130 mV.

4.3 Implementierungen der Detektoren

Die folgenden Hüllkurvendetektoren wurden realisiert und erprobt:

- Diodendetektor mit Spannungsverstärkung in den Schaltkreisen *BuckV1*, *BuckV2* und *HybridV1*,
- Mischung mit übersteuertem Hochfrequenzsignal in dem Schaltkreis *BuckV3*,
- echt differentieller Diodendetektor ohne Spannungsverstärkung in dem Schaltkreis *BuckV3*,
- echt differentieller Diodendetektor mit Spannungsverstärkung in dem Schaltkreis *HybridV2*,
- direkte Quadrierung in dem Schaltkreis *HybridV2*, und
- analytisches Signal durch Allpässe in dem Schaltkreis *HybridV2*.

4.3 Implementierungen der Detektoren

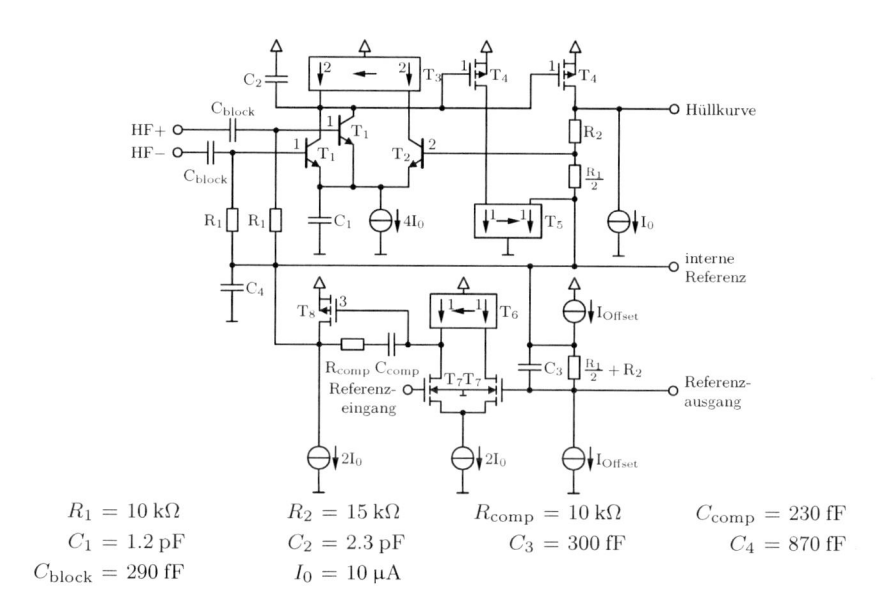

$R_1 = 10\,\text{k}\Omega$ $R_2 = 15\,\text{k}\Omega$ $R_{\text{comp}} = 10\,\text{k}\Omega$ $C_{\text{comp}} = 230\,\text{fF}$
$C_1 = 1.2\,\text{pF}$ $C_2 = 2.3\,\text{pF}$ $C_3 = 300\,\text{fF}$ $C_4 = 870\,\text{fF}$
$C_{\text{block}} = 290\,\text{fF}$ $I_0 = 10\,\mu\text{A}$

Abbildung 4.17: Schaltplan des implementierten Diodendetektors mit Spannungsverstärkung

In den folgenden Abschnitten werden deren Implementierung und die experimentellen Ergebnisse vorgestellt.

4.3.1 Diodendetektor mit Spannungsverstärkung

Die erste Modifikation des Diodendetektors zur Implementierung einer zusätzlichen Spannungsverstärkung wurde in den Schaltkreisen *BuckV1*, *BuckV2* und *HybridV1* eingesetzt. Der Schaltplan dieses Diodendetektors ist in Abbildung 4.17 dargestellt. Gespeist wird die Schaltung mit einem differentiellen Signal. Die Transistoren T_1 arbeiten zusammen mit dem Kondensator C_1 als Zweipulsdiodendetektor. Der Transistor T_2 erzeugt als Abbild des Diodendetektors die Referenzspannung, die für die Verstärkung notwendig ist. Des Weiteren bilden die Transistoren T_1 und T_2 ein Differenzpaar und damit den ersten Teil der Regelschleife. Der Stromspiegel T_3 und der Transistor T_4, des-

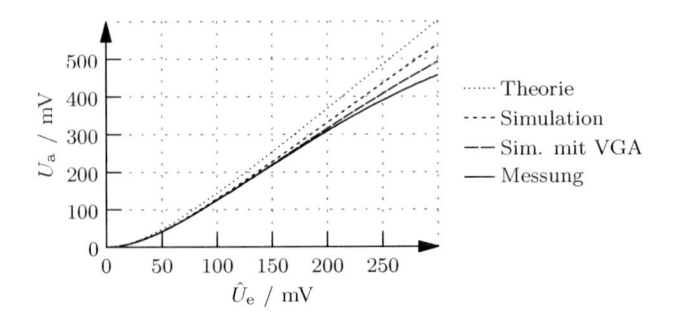

Abbildung 4.18: Gemessene Transfercharakteristik des Diodendetektors mit Spannungsverstärkung

sen Drain mit dem Ausgang verbunden ist, komplettieren den Fehlerverstärker. Über einen resistiven Spannungsteiler wird die Regelschleife geschlossen. Mit Hilfe dieses Teilers wird auch die Verstärkung eingestellt. Der Kondensator C_2 gewährleistet die Stabilität der Schleife und implementiert den notwendigen Kurzschluss des Hochfrequenzsignals am Kollektor der als Diodendetektor arbeitenden Transistoren T_1. Für die Kondensatoren C_1 und C_2 werden neben MIM-Kondensatoren auch PMOS-Transistoren benutzt. Der Stromspiegel T_5 und der Transistor T_4, der mit diesem Stromspiegel verbunden ist, gewährleisten eine nahezu signalunabhängige Belastung der internen Referenzspannung, die als Referenz für die Verstärkung benutzt wird. Die interne Referenzspannung wird über einen Verstärker bestehend aus T_7, T_6 und T_8 erzeugt und kann über den einstellbaren Strom I_{Offset} um eine konstante Spannung bezüglich des Referenzspannungseingangs verschoben werden. Der Hüllkurven- und der Referenzspannungsausgang werden als Sollwert für die Spannungsregelung des Gesamtsystems verwendet.

Die Schaltung benötigt inklusive der kompletten Biaserzeugung 400 µW, die von einer Versorgungsspannung von 2.5 V entnommen werden.

Die Transfercharakteristik des Detektors ist in Abbildung 4.18 dargestellt. Für die Messung wurde ein dafür vorgesehener Testmodus genutzt. Man erkennt, dass die Theorie, die Simulation und die Theorie sehr gut übereinstimmen.

4.3 Implementierungen der Detektoren

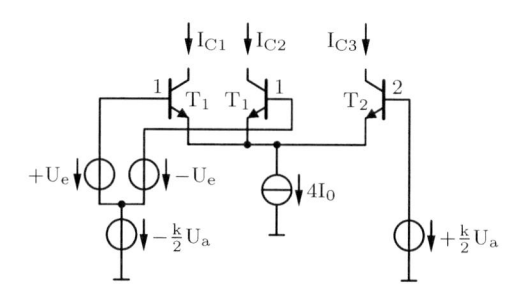

Abbildung 4.19: Modifizierter Schaltplan des differentiellen Diodendetektorkerns mit Spannungsverstärkung

4.3.2 Differentieller Diodendetektor mit Spannungsverstärkung

Die Implementierung eines differentiellen Diodendetektors mit Spannungsverstärkung wurde in dem Schaltkreis *HybridV2* erprobt. In dieser Implementierung ist sowohl das Hochfrequenzsignal als auch die Spannungsrückführung differentiell ausgeführt. Dies entspricht der Aufteilung der Spannungsquelle mit kU_a in Abbildung 4.15 in zwei Spannungsquellen mit jeweils $\frac{k}{2}U_a$, wobei die neu eingeführte Spannungsquelle als Gleichtaktspannung auf das Hochfrequenzsignal aufgeprägt wird. Dies ist in Abbildung 4.19 dargestellt. Durch die Verwendung von ausschließlich differentieller Signalführung ist die Robustheit dieser Schaltung sehr gut. Die Gleichungen zur Berechnung der Transfercharakteristik bleiben dabei identisch.

Der vollständige Schaltplan ist in Abbildung 4.20 dargestellt. Die Überlagerung des Hochfrequenzsignals mit der Hälfte des zurückgeführten Signals ist durch die Addition von Ausgangsströmen von Transkonduktanzstufen umgesetzt. Dadurch werden keine Koppelkapazitäten benötigt, wodurch die Ansprechzeit der Schaltung reduziert wird. Allerdings ist es dazu notwendig jeweils für das Hochfrequenzsignal als auch für das zurückgeführte Signal jeweils zwei Transkonduktanzstufen zu verwenden, um den Arbeitspunkt der folgenden Stufe robust einzustellen. Die durch die Transkonduktanzstufen erzeugten Signale werden gepuffert und dem differentiellen Detektor zugeführt. Besonders an dieser Stelle hat sich die Vermeidung von Koppelkapazitäten als besonders vorteilhaft

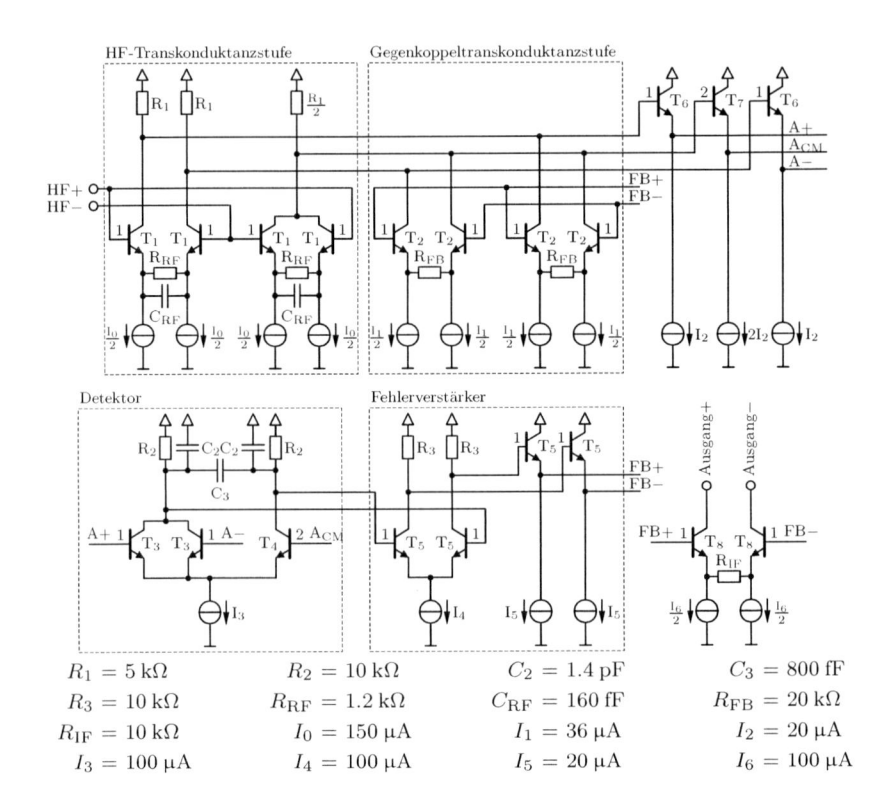

$R_1 = 5\,\text{k}\Omega$	$R_2 = 10\,\text{k}\Omega$	$C_2 = 1.4\,\text{pF}$	$C_3 = 800\,\text{fF}$
$R_3 = 10\,\text{k}\Omega$	$R_{RF} = 1.2\,\text{k}\Omega$	$C_{RF} = 160\,\text{fF}$	$R_{FB} = 20\,\text{k}\Omega$
$R_{IF} = 10\,\text{k}\Omega$	$I_0 = 150\,\mu\text{A}$	$I_1 = 36\,\mu\text{A}$	$I_2 = 20\,\mu\text{A}$
$I_3 = 100\,\mu\text{A}$	$I_4 = 100\,\mu\text{A}$	$I_5 = 20\,\mu\text{A}$	$I_6 = 100\,\mu\text{A}$

Abbildung 4.20: Schaltplan des echt differentiellen Diodendetektors mit Spannungsverstärkung

erwiesen. Ein Grund dafür ist vermutlich der stark nichtlineare Betrieb und die damit einhergehende starke Veränderung des Betriebsbereichs der Transistoren des Detektors. Das Ausgangssignal des Detektors wird anschließend mit einen Fehlerverstärker verstärkt und der Gegenkoppeltranskonduktanzstufe und einer Transkonduktanzstufe zum Auskoppeln des Signals zugeführt. Die Kondensatoren C_2 und C_3 gewährleisten die Stabilität der Regelschleife. Die Spannungsverstärkung der gesamten Schaltung wird über die verschiedenen Transkonduktanzen im Vorwärts- und im Gegenkoppelpfad eingestellt.

Die Schaltung benötigt inklusive der kompletten Biaserzeugung 2.2 mW, die

4.3 Implementierungen der Detektoren

von einer Versorgungsspannung von 2.5 V entnommen werden.

Bei der Verwendung von einfachen Transkonduktanzstufen, wie sie in dieser Schaltung Anwendung finden, besteht oft das Problem der begrenzten linearen Aussteuerbarkeit. Da diese Nichtlinearität allerdings im Vorwärtspfad als auch im Gegenkoppelpfad vorhanden ist, ist es möglich diese zu kompensieren. Die resultierende Transfercharakteristik lässt sich durch das schrittweise Lösen von teilweise impliziten Gleichungen herleiten.

Ausgangspunkt ist die Eingangsspannung

$$U_\mathrm{e} = \hat{U}_\mathrm{e} \cdot \cos\varphi \quad \text{mit} \quad \varphi = \omega t. \tag{4.19}$$

Davon ausgehend ist der Ausgangsstrom der Hochfrequenztranskonduktanzstufe I_RF beschrieben durch

$$0 = U_\mathrm{T} \ln\left(\frac{I_0 + I_\mathrm{RF}}{I_0 - I_\mathrm{RF}}\right) + \frac{1}{2} I_\mathrm{RF} R_\mathrm{RF} - U_\mathrm{e}. \tag{4.20}$$

Dabei wird für die Analyse der Degenerationswiderstand R_RF durch den Betrag der Impedanz des implementierten Degenerationsnetzwerkes bei der Betriebsfrequenz ersetzt. Mit Hilfe der Lösung dieser transzendenten Gleichung und unter Verwendung der Transfercharakteristik des differentiellen Diodendetektors (4.18) lässt sich die interne Detektorspannung U_A, die zwischen den Knoten A+ und A− liegt, berechnen

$$1 = \frac{4}{\pi} \int_0^\varphi \frac{1}{\exp\left(\frac{R_1 I_\mathrm{RF}/2 - U_\mathrm{A}}{U_\mathrm{T}}\right) + \exp\left(\frac{-R_1 I_\mathrm{RF}/2 - U_\mathrm{A}}{U_\mathrm{T}}\right) + 2} \mathrm{d}\varphi. \tag{4.21}$$

Diese Spannung muss durch den Ausgangsstrom der Gegenkoppeltranskonduktanzstufe und den Widerstand R_1 erzeugt werden, weswegen

$$0 = U_\mathrm{T} \ln\left(\frac{I_1 + U_\mathrm{A}/R_1}{I_1 - U_\mathrm{A}/R_1}\right) + \frac{1}{2} U_\mathrm{A} R_\mathrm{RF}/R_1 - U_\mathrm{FB}. \tag{4.22}$$

erfüllt sein muss, wobei die Spannung U_FB die Spannung zwischen den Eingangsknoten FB+ und FB− der Gegenkoppeltranskonduktanzstufe ist. Die

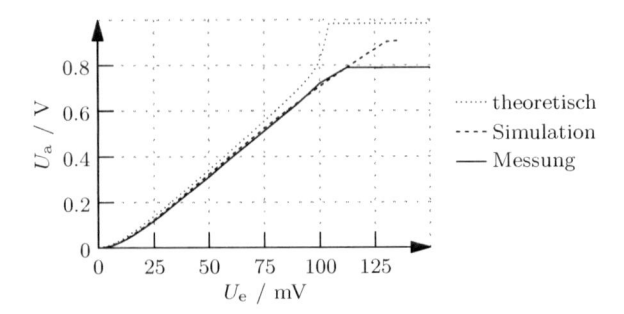

Abbildung 4.21: Gemessene Transfercharakteristik des differentiellen Diodendetektors mit Spannungsverstärkung

letzte Transkonduktanzstufe, die das Signal auskoppelt und als Ausgangsstrom I_a zur Verfügung stellt, kann durch

$$0 = U_\mathrm{T} \ln\left(\frac{I_6 + I_\mathrm{a}}{I_6 - I_\mathrm{a}}\right) + \frac{1}{2} I_\mathrm{a} R_\mathrm{IF} - U_\mathrm{FB}. \tag{4.23}$$

berücksichtigt werden.

Die sich aus der Theorie und aus der Simulation ergebenden Transfercharakteristiken sind im Vergleich zu der gemessenen Transfercharakteristik in Abbildung 4.21 dargestellt. Dabei wurde der Ausgangsstrom über einen Lastwiderstand mit 20 kΩ in eine Spannung gewandelt. Man erkennt, dass die Transfercharakteristik über einen Eingangsspannungsbereich linear ist, der größer ist als der lineare Aussteuerungsbereich der am Eingang der Schaltung befindlichen Hochfrequenztranskonduktanzstufe. Dadurch wird ersichtlich, dass die Kompensation der Kompression dieser Stufe möglich ist. Die Abweichung des theoretischen Verlaufs von der Simulation für größere Aussteuerungen ist dadurch zu erklären, dass die Schaltung einen weiteren Kompressionseffekt in einer nachgelagerten Stufe kompensiert, der durch die Messung nicht separiert werden kann.

4.3 Implementierungen der Detektoren 93

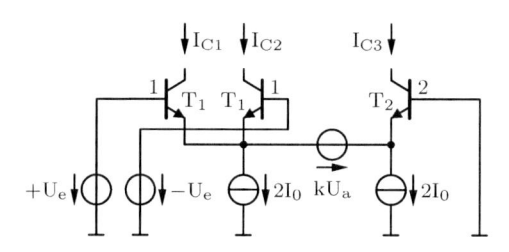

Abbildung 4.22: Modifizierter Schaltplan des differentiellen Diodendetektorkerns ohne Spannungsverstärkung

4.3.3 Differentieller Diodendetektor ohne Spannungsverstärkung

Die Modifikation des Diodendetektors zu einem differentiellen Diodendetektor verlangt nach einer aktiven Rückführung des Ausgangssignals. Ist keine zusätzliche Spannungsverstärkung notwendig, so können die Transistoren des Detektors selbst dafür genutzt werden. Diese Schaltung wurde in dem Schaltkreis *BuckV3* getestet.

Dazu wird ausgenutzt, dass die Spannungsquelle kU_a in der Abbildung 4.15, die die Rückführung des Ausgangssignals darstellt, an beliebiger Stelle der für die Analyse verwendeten Masche implementiert werden kann. Im Falle des differentiellen Diodendetektors ohne Spannungsverstärkung wird die Spannungsquelle zwischen den Emittern der Transistoren des Detektors umgesetzt und die Ausgangsspannung vollständig zurückgeführt, wie es in Abbildung 4.22 veranschaulicht ist. Da sich die Maschengleichungen nicht ändern, ändert sich auch nichts an der Herleitung der Transfercharakteristik.

Die Umsetzung dieses Ansatzes kann sehr einfach unter Verwendung eines ausreichend großen Kondensators erfolgen, der für das Hochfrequenzsignal einen Kurzschluss und damit eine Spannungsquelle darstellt. Durch das Aufspalten der Fußstromquelle ist sichergestellt, dass der zeitliche Mittelwert der Kollektorströme dem Arbeitspunktstrom entspricht, wie es in der Herleitung des differentiellen Diodendetektors gefordert ist.

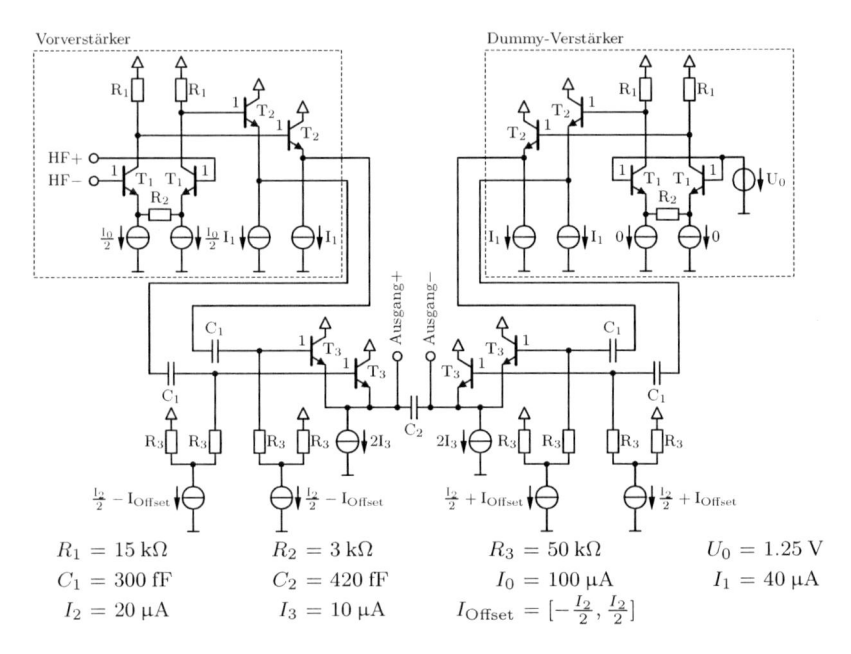

Abbildung 4.23: Schaltplan des differentiellen Diodendetektors ohne Spannungsverstärkung inklusive Vorverstärker

$R_1 = 15\,\text{k}\Omega$
$C_1 = 300\,\text{fF}$
$I_2 = 20\,\mu\text{A}$

$R_2 = 3\,\text{k}\Omega$
$C_2 = 420\,\text{fF}$
$I_3 = 10\,\mu\text{A}$

$R_3 = 50\,\text{k}\Omega$
$I_0 = 100\,\mu\text{A}$
$I_{\text{Offset}} = [-\frac{I_2}{2}, \frac{I_2}{2}]$

$U_0 = 1.25\,\text{V}$
$I_1 = 40\,\mu\text{A}$

Der vollständige Schaltplan des differentiellen Diodendetektors ohne Spannungsverstärkung ist in Abbildung 4.23 dargestellt. Das Hochfrequenzsignal wird durch eine erste Stufe verstärkt und dann dem Hochfrequenzeingang des Detektorkerns zugeführt. Für eine optimale Unterdrückung von Störeinflüssen, die zum Beispiel über die Versorgungsleitung in die Stufe einkoppeln, ist es notwendig, dass die Gleichtaktquellimpedanz am Hochfrequenzeingang des Detektors gleich der Quellimpedanz an der Basis des Transistors T_2 in Abbildung 4.22 ist. Dies wird durch eine Dummy-Verstärkerstufe umgesetzt. Diese Stufe ist auch bei dem differentiellen Diodendetektor mit Spannungsverstärkung in Form der zweiten Hochfrequenztranskonduktanzstufe vorhanden. In dem Fall des Diodendetektors ohne Spannungsverstärkung kann der Strom in dem Differenzpaar eingespart werden, ohne dass sich die Gleichtaktquellimpedanz signifikant verändert. Da die Bedingung für die Herleitung des differenti-

4.3 Implementierungen der Detektoren

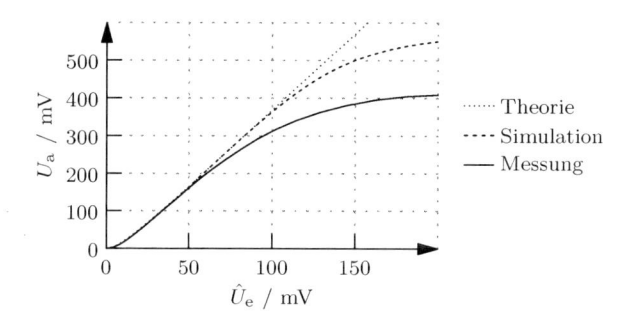

[Figure: Transfercharakteristik plot with axes U_a / mV (0 to 500) vs $\hat{U}_e$ / mV (0 to 150), showing curves for Theorie, Simulation, Messung]

Abbildung 4.24: Gemessene Transfercharakteristik des differentiellen Diodendetektors ohne Spannungsverstärkung

ellen Diodendetektors erfordert, dass der Mittelwert der Kollektorströme dem Arbeitspunktstrom entspricht, ist es notwendig, das Ausgangsspannungssignal hochohmig abzugreifen. Dies ist in dem Schaltkreis durch einen Transkonduktanzstufe realisiert.

Die Schaltung benötigt inklusive der Biaserzeugung 1.1 mW, die aus einer Versorgungsspannung von 2.5 V entnommen werden.

Die Messung dieses Detektors ist in Abbildung 4.24 dargestellt. Abgesehen von der eher einsetzenden Kompression des Vorverstärker entspricht das Ergebnis den Erwartungen.

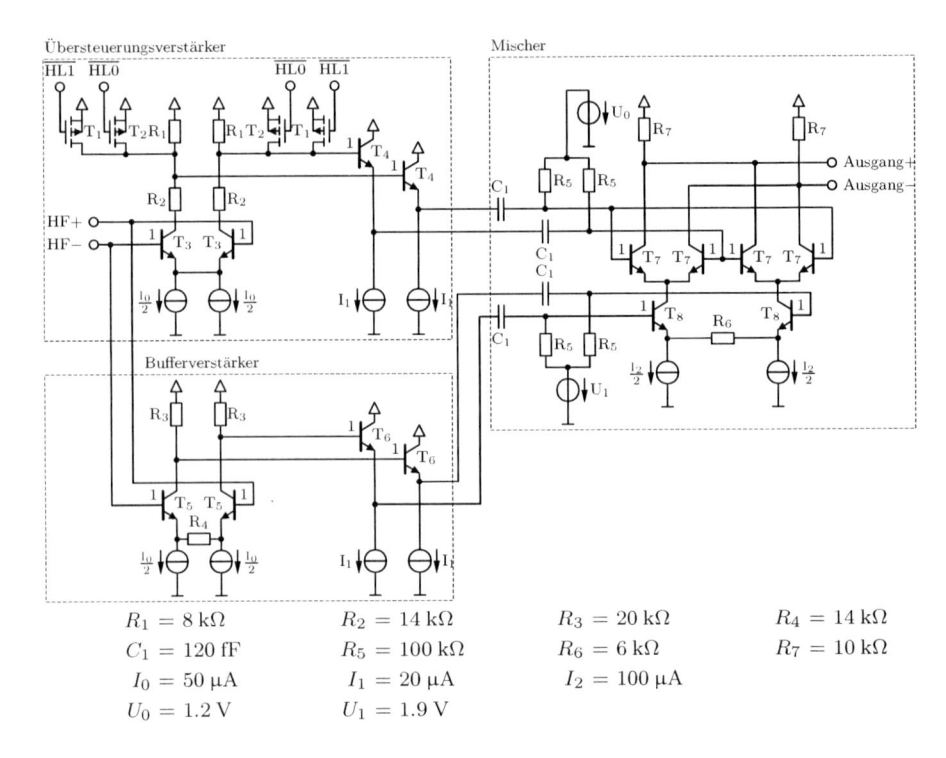

$R_1 = 8\,\text{k}\Omega$	$R_2 = 14\,\text{k}\Omega$	$R_3 = 20\,\text{k}\Omega$	$R_4 = 14\,\text{k}\Omega$
$C_1 = 120\,\text{fF}$	$R_5 = 100\,\text{k}\Omega$	$R_6 = 6\,\text{k}\Omega$	$R_7 = 10\,\text{k}\Omega$
$I_0 = 50\,\mu\text{A}$	$I_1 = 20\,\mu\text{A}$	$I_2 = 100\,\mu\text{A}$	
$U_0 = 1.2\,\text{V}$	$U_1 = 1.9\,\text{V}$		

Abbildung 4.25: Schaltplan des Detektors, der auf der Mischung mit dem übersteuerten Hochfrequenzsignal basiert

4.3.4 Übersteuerungsdetektor

Der Übersteuerungsdetektor hat im Vergleich zu den Diodendetektoren den Vorteil, dass er bereits eine hohe Linearität für kleine Aussteuerungen aufweist. Des Weiteren muss für dieses Schaltungskonzept keine Wurzelfunktion implementiert werden. Erprobt wurde diese Schaltung in dem Schaltkreis *BuckV3*.

Die Umsetzung des Übersteuerungsdetektors ist in Abbildung 4.25 dargestellt. Das Hochfrequenzsignal wird direkt am Eingang der Schaltung in den linearen Signalpfad und den Übersteuerungssignalpfad aufgespalten. Für die definierte Übersteuerung des Signals wird ein Differenzpaar mit Widerstandslasten

4.3 Implementierungen der Detektoren

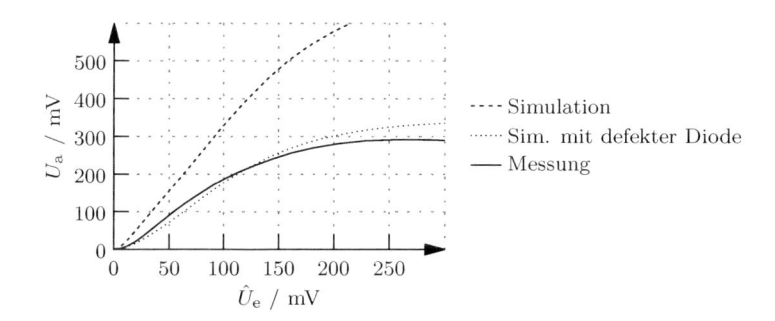

Abbildung 4.26: Gemessene Transfercharakteristik des Übersteuerungsdetektors

verwendet. Die Verstärkung dieser Stufe kann über PMOS-Schalter diskret eingestellt werden. Eine große Herausforderung bei diesem Prinzip sind die parallelen Signalpfade, die für alle Aussteuerungen kohärent sein müssen. Damit der lineare Signalpfad kohärent zu dem Übersteuerungssignalpfad ist, wird die gleiche Stufe allerdings mit Degeneration eingesetzt. Beide Signale werden anschließend einer klassischen Gilbert-Zelle zugeführt. Die Degeneration der Transkonduktanzstufe der Gilbert-Zelle erhöht zusätzlich den Verstärkungsunterschied zwischen den Signalpfaden, wodurch die Linearität des Detektors weiter erhöht wird.

Die Schaltung benötigt 900 µW, die von einer 2.5 V Versorgungsspannung entnommen werden.

Das Simulationsergebnis des Übersteuerungsdetektors ist in Abbildung 4.26 dargestellt. Sowohl die DC-Messungen als auch die Messung der Transfercharakteristik zeigen, dass die Arbeitspunkteinstellung der Gilbert-Zelle nicht funktionstähig ist. Weitere detaillierte Untersuchungen und Rücksprache mit dem Fertiger zeigten, dass eine für die Biaserzeugung verwendete Diode bei der Verwendung des im Designkit zur Verfügung stehenden Layouts nicht als Diode arbeitet sondern als parasitärer Bipolar-Transistor arbeitet, sodass die notwendige Biasspannung deutlich niedriger ausfällt als es die Simulation zeigt. Unter Berücksichtigung dieses Effektes konnte das Fehlerbild simulativ nachgestellt werden. Aus diesem Grund konnten die vielversprechenden Simulationsergeb-

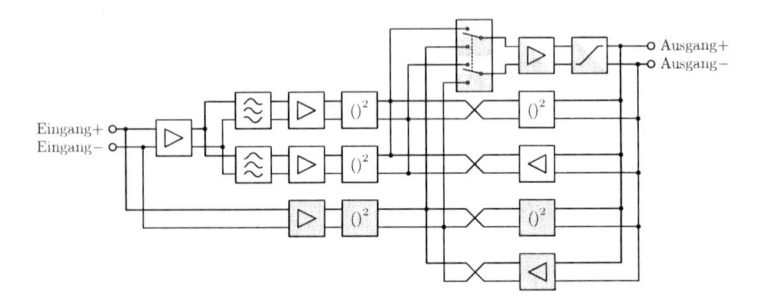

Abbildung 4.27: Toplevelschaltplan des Detektors mit direkter Quadrierung und mit analytischem Signal; für den Betriebsmodus der direkten Quadrierung sind die grau hinterlegten Schaltungsblöcke aktiv, bei der Verwendung des analytischen Signals werden die weißen Schaltungsblöcke genutzt

nisse nicht verifiziert werden.

4.3.5 Detektor mit direkter Quadrierung und mit analytischem Signal

Eine weitere Möglichkeit der Hüllkurvendetektion besteht in der Quadrierung, Tiefpassfilterung und der anschließenden Radizierung des Hochfrequenzsignals wie es in Abbildung 4.4 dargestellt ist. Dies wurde als ein Betriebsmodus eines Schaltungsblocks implementiert, der auch die Hüllkurvendetektion mit Hilfe von durch Allpässe erzeugter analytischer Signale umsetzt. Die gemeinsame Implementierung ist vorteilhaft, da viele Schaltungsblöcke ähnlich sind und einige sogar für beide Betriebsfälle genutzt werden können. Die Radizierung ist durch einen Verstärker umgesetzt, der über einen Quadrierer gegengekoppelt ist. Der Toplevelschaltplan des Detektors, der diese beiden Betriebsmodi umsetzt, ist in Abbildung 4.27 dargestellt. Die für die direkte Quadrierung aktiven Blöcke sind grau hinterlegt.

Das Detektorkonzept wurde in dem Schaltkreis *HybridV2* erprobt. Der vollständige Schaltplan der Blöcke für die direkte Quadrierung ist in Abbildung 4.28 dargestellt. Das Hochfrequenzsignal wird zuerst in einem Vorver-

4.3 Implementierungen der Detektoren

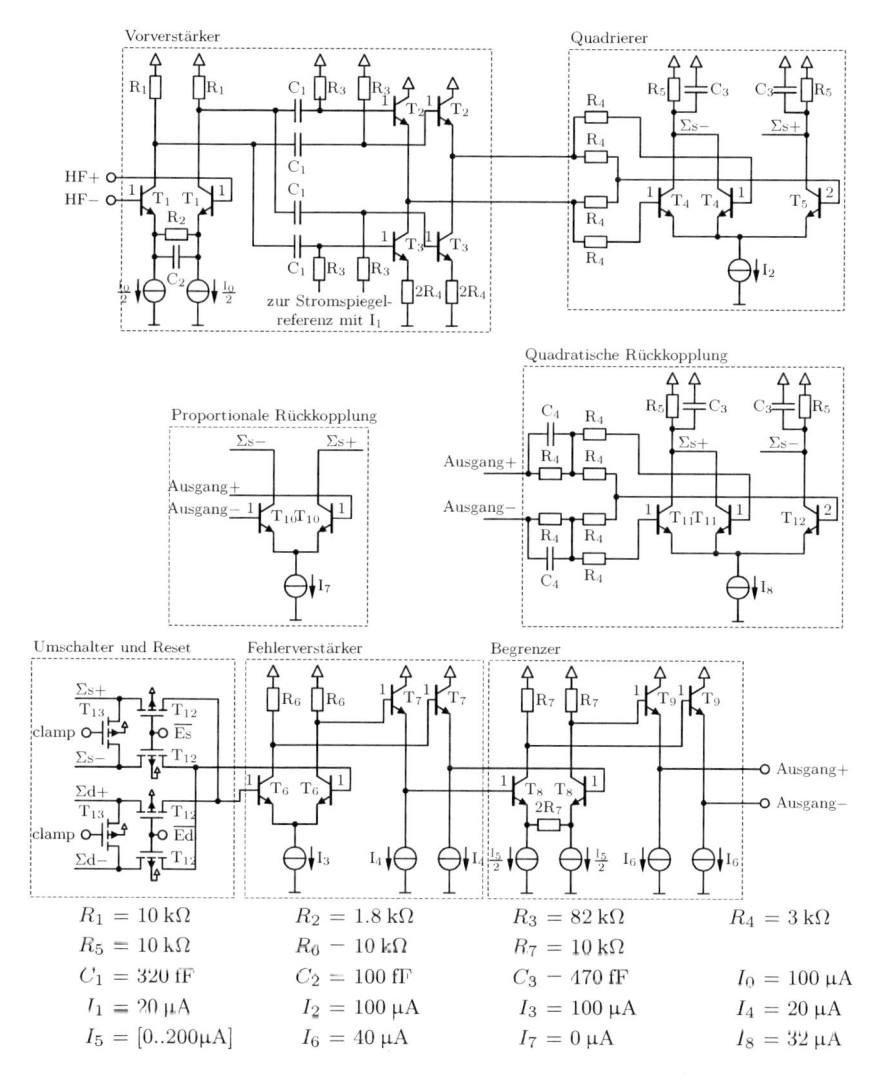

$R_1 = 10\,\text{k}\Omega$	$R_2 = 1.8\,\text{k}\Omega$	$R_3 = 82\,\text{k}\Omega$	$R_4 = 3\,\text{k}\Omega$
$R_5 = 10\,\text{k}\Omega$	$R_6 = 10\,\text{k}\Omega$	$R_7 = 10\,\text{k}\Omega$	
$C_1 = 320\,\text{fF}$	$C_2 = 100\,\text{fF}$	$C_3 = 470\,\text{fF}$	$I_0 = 100\,\mu\text{A}$
$I_1 = 20\,\mu\text{A}$	$I_2 = 100\,\mu\text{A}$	$I_3 = 100\,\mu\text{A}$	$I_4 = 20\,\mu\text{A}$
$I_5 = [0..200\,\mu\text{A}]$	$I_6 = 40\,\mu\text{A}$	$I_7 = 0\,\mu\text{A}$	$I_8 = 32\,\mu\text{A}$

Abbildung 4.28: Schaltplan des Detektors mit direkter Quadrierung

stärker verstärkt. Dieser Vorverstärker besitzt als Ausgangsstufe eine Totem-Pole-Schaltung, um das resistive Eingangsnetzwerk des Quadrierers mit einen vergleichsweise niedrigen Arbeitspunktstrom unkomprimiert treiben zu können. Nach der nachgelagerten Quadrierung des Hochfrequenzsignals wird das Signal mit Hilfe des Widerstandes R_5 und dem Kondensator C_3 tiefpassgefiltert. Das resultierende Spannungssignal zwischen den Knoten $\Sigma s+$ und $\Sigma s-$ wird über einen Transfergate-Umschalter bestehend aus PMOS-Transistoren dem Verstärker zugeführt, welcher in Kombination mit dem Quadrierer im Rückkoppelpfad die Wurzelfunktion realisiert.

Ein Problem dieser Topologie ist die stark veränderliche Schleifenverstärkung in dem rückgekoppelten System zur Implementierung der Wurzelfunktion. Da bei nicht vorhandener Aussteuerung die Kleinsignalverstärkung des Quadrierers Null ist, ist in diesem Fall auch die Schleifenverstärkung Null. Mit steigender Aussteuerung wächst die Schleifenverstärkung fortwährend, wodurch die Stabilisierung der Regelschleife schwierig ist. Der verwendete Quadrierer realisiert die ideale Parabelfunktion nur näherungsweise mit der $\tanh^2 x$-Funktion. Dadurch gibt es eine Stelle maximaler Kleinsignalverstärkung, auf die die Kompensation der Regelschleife ausgelegt werden kann.

Ein weiteres Problem ist, dass für negative Regelabweichungen die entworfene Gegenkopplung zur Mitkopplung wird. Dadurch können bereits kleine Störungen und Offsets zum Ausfall der Schaltung führen. Dies ist eine prinzipielle Eigenschaft des Quadrierers. Aus diesem Grund wurde neben der quadratischen Rückkopplung auch noch einen einstellbare proportionale Gegenkopplung integriert. Dadurch ist die Schleifenverstärkung ohne Aussteuerung nicht mehr null und der Arbeitspunkt kann eingeregelt werden. Allerdings wird dadurch auch die Linearität der Transfercharakteristik für kleine Aussteuerungen verschlechtert.

Um eine Übersteuerung des Gesamtsystems zu vermeiden, ist in diesen Detektor ebenfalls ein einstellbarer Begrenzer integriert. Über den Strom I_5 kann die maximal mögliche Spannung am Ausgang des System vorgegeben werden. Damit die Wahl des Stromes I_5 nicht die Schleifenverstärkung für den nicht begrenzenden Betriebsbereich verändert, ist das Differenzpaar der Stufe stark

4.3 Implementierungen der Detektoren

degeneriert. Der Betrieb in der Regelschleife sorgt dafür, dass der Übergangsbereich vom Folgen der Hüllkurve zum Begrenzen sehr klein ist.

Die Schaltung benötigt inklusive aller Biasschaltungen 1.9 mW, die aus einer Versorgungsspannung von 2.5 V entnommen werden.

Noch bessere Eigenschaften verspricht die Betragsbildung eines analytischen Signals, welches durch Allpässe erzeugt wird. Der Vergleich der Blockschaltbilder in Abbildung 4.4 und in Abbildung 4.3 zeigt, dass beide Konzepte viele ähnliche Schaltungsblöcke benötigen. Aus diesem Grund wurde dieser Ansatz als zweiter Betriebsmodus eines Schaltungsblocks implementiert.

Somit ist der Schaltplan vergleichbar zu Abbildung 4.28. Allerdings ist der Vorverstärker und der Quadrierer des Hochfrequenzsignals doppelt ausgeführt. Zur Erzeugung des analytischen Signals, welches dann auf die Vorverstärker geführt wird, werden RC-Allpässe verwendet, wie sie in [13] beschrieben sind. Zum niederohmigen Treiben dieses Filters wird eine Verstärkerstufe mit einer gestapelten Kollektor-Schaltung genutzt. Diese Ausgangsstufe wird in Abschnitt 3.2 genauer diskutiert. Die Schaltpläne des Treibers und der RC-Allpässe sind in Abbildung 4.29 dargestellt. Die Allpassfilter sind aufeinander abgestimmte differentielle RC-Allpässe zweiter Ordnung. Das Besondere dieser Filter ist die Eigenschaft, dass definiert kapazitive Lasten getrieben werden können.

Die experimentellen Ergebnisse zeigen, dass bei beiden Betriebsmodi das Problem durch die mögliche Mitkopplung der Schleife stärker ist, als erwartet. Aus diesem Grund muss der Anteil der proportionalen Rückführung vergleichsweise hoch gewählt werden, sodass die Radizierung und die damit verbundene Linearisierung der Übertragungscharakteristik für kleine Aussteuerungen nicht mehr gegeben ist. Dies resultiert in einer deutlich verschlechterten Linearität der resultierenden Übertragungscharakteristik. Allerdings war dies einer der deutlichsten Vorteile dieses Schaltungskonzeptes. Zur Verbesserung dieser Schaltung empfiehlt es sich einen Eingriff zur Offsetkorrektur vorzusehen, der in der getesteten Schaltung nicht vorhanden ist.

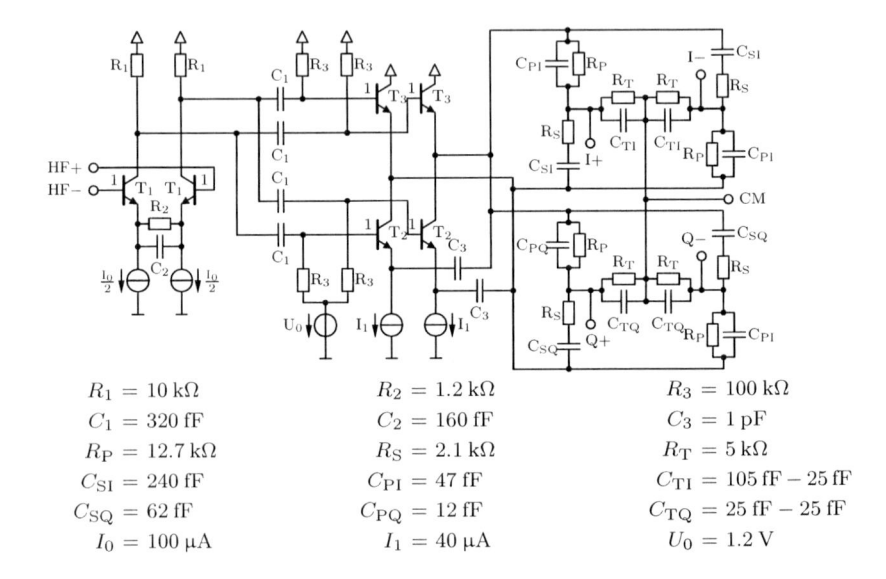

$R_1 = 10\,\text{k}\Omega$	$R_2 = 1.2\,\text{k}\Omega$	$R_3 = 100\,\text{k}\Omega$
$C_1 = 320\,\text{fF}$	$C_2 = 160\,\text{fF}$	$C_3 = 1\,\text{pF}$
$R_P = 12.7\,\text{k}\Omega$	$R_S = 2.1\,\text{k}\Omega$	$R_T = 5\,\text{k}\Omega$
$C_{SI} = 240\,\text{fF}$	$C_{PI} = 47\,\text{fF}$	$C_{TI} = 105\,\text{fF} - 25\,\text{fF}$
$C_{SQ} = 62\,\text{fF}$	$C_{PQ} = 12\,\text{fF}$	$C_{TQ} = 25\,\text{fF} - 25\,\text{fF}$
$I_0 = 100\,\mu\text{A}$	$I_1 = 40\,\mu\text{A}$	$U_0 = 1.2\,\text{V}$

Abbildung 4.29: Schaltplan des Treibers und der Allpassfilter

4.4 Implementierung der Unterstützungsschaltungen

In Abbildung 4.1 wurde der Aufbau der Sollwertgenerierung vorgestellt. Neben den Hüllkurvendetektoren beinhaltet diese einen einstellbaren Hochfrequenzvorverstärker, der die Anpassung des Systems an den Eingangspegel des Leistungsverstärkers ermöglicht, und eine Basisbandsignalverarbeitung mit nachgelagertem Tiefpass. Die Implementierung dieser Komponenten wird in den weiteren Abschnitten dargestellt.

4.4.1 Einstellbarer Vorverstärker

Um eine exakte Einstellung des Systems auf den Leistungsverstärker zu ermöglichen, ist es zweckmäßig das Hochfrequenzsignal mit Hilfe eines einstellbaren Vorverstärkers zu konditionieren. Die besondere Herausforderung dieser Stufe besteht darin, dass die vergleichsweise hohen Pegel zum Treiber des Leistungsverstärkers unkomprimiert verarbeitet werden können. Es hat sich als zweckmä-

4.4 Implementierung der Unterstützungsschaltungen

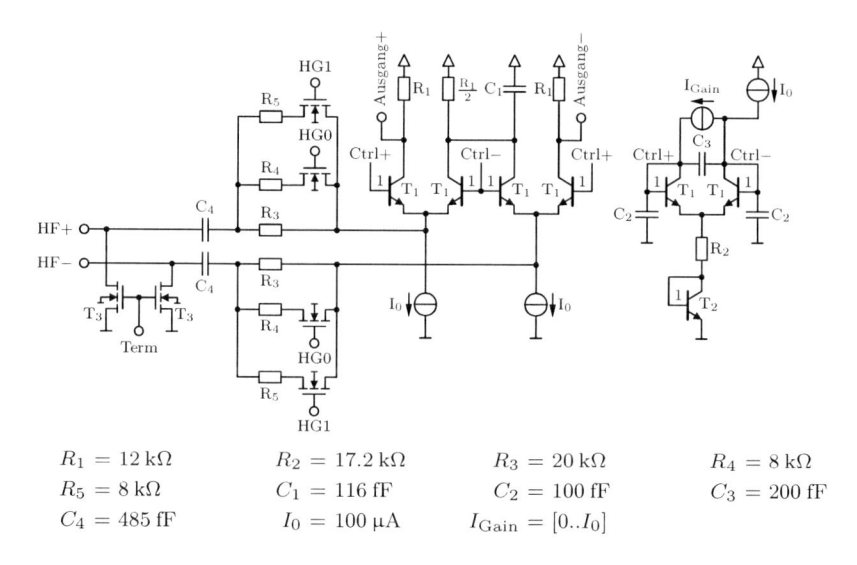

$R_1 = 12\,\text{k}\Omega$	$R_2 = 17.2\,\text{k}\Omega$	$R_3 = 20\,\text{k}\Omega$	$R_4 = 8\,\text{k}\Omega$	
$R_5 = 8\,\text{k}\Omega$	$C_1 = 116\,\text{fF}$	$C_2 = 100\,\text{fF}$	$C_3 = 200\,\text{fF}$	
$C_4 = 485\,\text{fF}$	$I_0 = 100\,\mu\text{A}$	$I_{\text{Gain}} = [0..I_0]$		

Abbildung 4.30: Schaltplan des einstellbaren Vorverstärkers

ßig erwiesen, eine steuerbare Basis-Schaltungskombination mit einer Transkonduktanzstufe zu kombinieren. Die Transkonduktanzstufe wird dabei durch umschaltbare Widerstände gebildet. Dadurch arbeitet diese Stufe sehr linear und der eingangsbezogene Kompressionspunkt passt sich an die Verstärkungsauswahl an. Der Schaltplan des einstellbaren Vorverstärkers ist in Abbildung 4.30 dargestellt. Bei der dargestellten Variante verändert sich, da auf die Kreuzkopplung verzichtet wurde, der ausgangsseitige Arbeitspunkt. Auf die Kreuzkopplung wurde verzichtet, da im Falle der Kreuzkopplung zwar das Gegentaktsignal eingestellt werden kann, allerdings das Gleichtaktsignal, welches durch unsymmetrische Signalzuführung und Nichtidealitäten des Baluns erzeugt wird, grundsätzlich mit voller Verstärkung verarbeitet wird. In einer anderen Implementierung wurde dem variablen ausgangsseitigen Arbeitspunkt entgegengewirkt, indem eine zweite gegenläufig gesteuerte Basis-Schaltungskombination genutzt wurde. Je nachdem wie die Folgestufe aufgebaut ist, kann auf diese Maßnahme zu Gunsten einer geringeren Leistungsaufnahme verzichtet werden.

Die Anpassung der Stufe ist durch NMOS-Transistoren umgesetzt, deren Kanalwiderstand auf die Systemimpedanz abgestimmt ist. Dadurch ist die Eingangsanpassung abschaltbar, wodurch der Leistungsteiler des Gesamtsystems nicht mehr notwendig ist. Dies ist in Abschnitt 5.8 detaillierter dargestellt.

4.4.2 Basisbandsignalverarbeitung und Tiefpassfilter

Auch das Detektorsignal muss an die nachgelagerten Regelschleifen angepasst werden. Dies umfasst eine Verstärkungseinstellung v sowie die Addition eines Offsets. Die Offsetaddition wurde derart gestaltet, dass sowohl ein verstärkungsunabhängiger Offset B als auch ein der Verstärkung gegenläufiger Offset A dem Signal hinzugefügt werden kann. Damit implementiert der Schaltungsblock die Funktion

$$U_\mathrm{a} = v \cdot U_\mathrm{e} + (v_\mathrm{max} - v) \cdot U_\mathrm{Offset,A} + U_\mathrm{Offset,B}, \qquad (4.24)$$

Diese Art der Implementierung der Offsetaddition ist vorteilhaft für die Einstellung des Anpasssystems. Wird das System bei geringer Ausgangsleistung getrimmt, so kann über den verstärkungsunabhängigen Offset die minimale Versorgungsspannung und über die Verstärkung die Erhöhung der Versorgungsspannung bei Aussteuerung eingestellt werden. Soll dies bei einer hohen Ausgangsleistung erfolgen, so kann über den verstärkungsabhängigen Offset die für die Ausgabe der hohen Ausgangsleistung notwendige Versorgungsspannung und über die Verstärkung die Absenkung der Versorgungsspannung bei geringerer Aussteuerung eingestellt werden.

Des Weiteren ist die Aufgabe dieser Stufe die Umschaltung zwischen zwei verschiedenen Detektoren und einem weiteren Basisbandeingang. Der Schaltplan der Basisbandsignalverarbeitung ist in Abbildung 4.31 dargestellt. Die Grundlage der Schaltung bilden mehrere einstellbare Basis-Schaltungen mit Transkonduktanzstufen, die resistiv degeneriert sind. Der verstärkungsunabhängige Offset B wird über die Fußstromquellen der Transkonduktanzstufen eingespeist. Der der Verstärkung gegenläufige Offset A wird über einen gegenläufig gesteuerten Signalpfad hinzugefügt. Dieser dient wahlweise auch als Eingang für

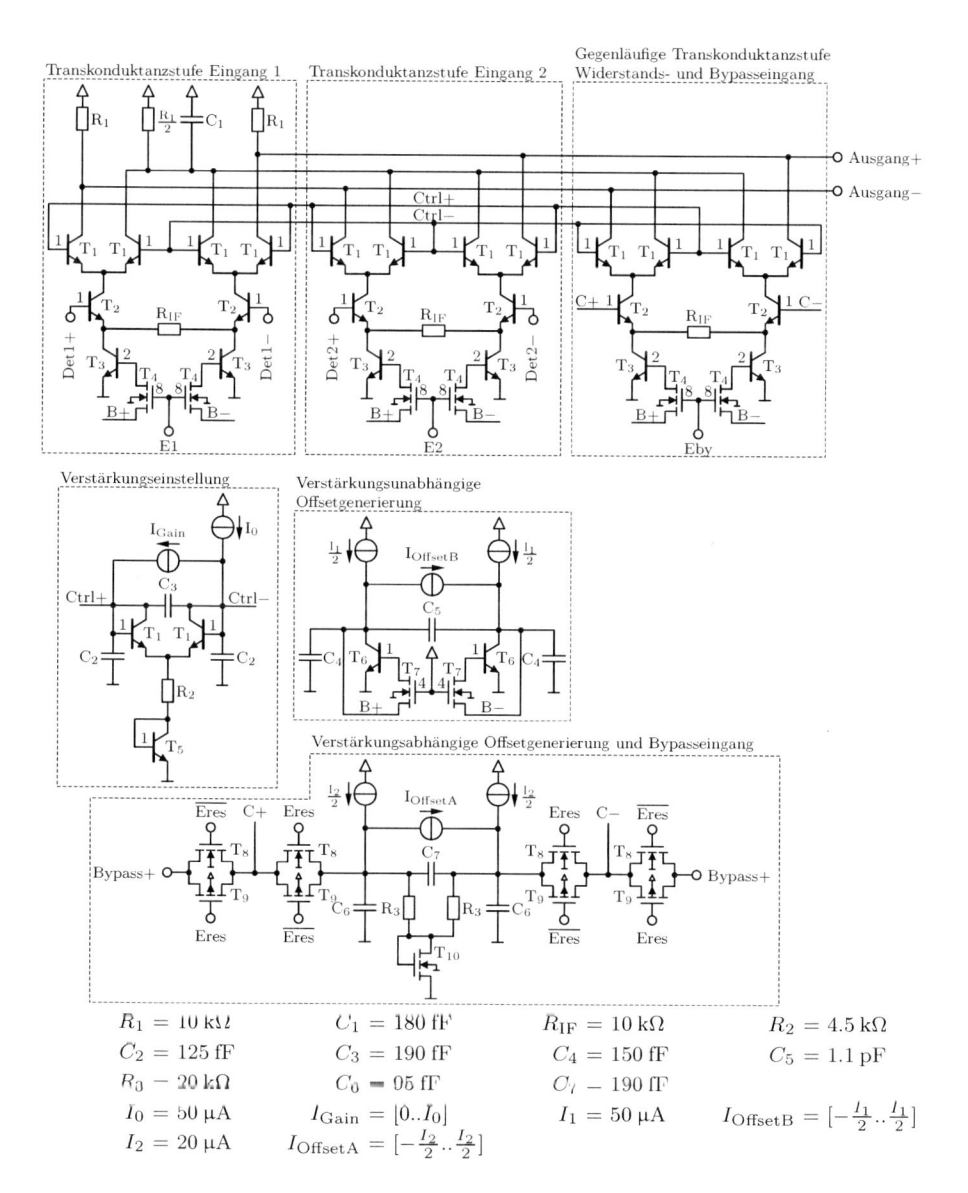

4.4 Implementierung der Unterstützungsschaltungen

$R_1 = 10\,\text{k}\Omega$	$C_1 = 180\,\text{fF}$	$R_{IF} = 10\,\text{k}\Omega$	$R_2 = 4.5\,\text{k}\Omega$
$C_2 = 125\,\text{fF}$	$C_3 = 190\,\text{fF}$	$C_4 = 150\,\text{fF}$	$C_5 = 1.1\,\text{pF}$
$R_3 = 20\,\text{k}\Omega$	$C_6 = 95\,\text{fF}$	$C_7 = 190\,\text{fF}$	
$I_0 = 50\,\mu\text{A}$	$I_{\text{Gain}} = [0..I_0]$	$I_1 = 50\,\mu\text{A}$	$I_{\text{OffsetB}} = [-\frac{I_1}{2}..\frac{I_1}{2}]$
$I_2 = 20\,\mu\text{A}$	$I_{\text{OffsetA}} = [-\frac{I_2}{2}..\frac{I_2}{2}]$		

Abbildung 4.31: Schaltplan des Basisband-VGAs mit Offsetgenerierung

(a) mit Spannungsspeisung   (b) mit Stromspeisung

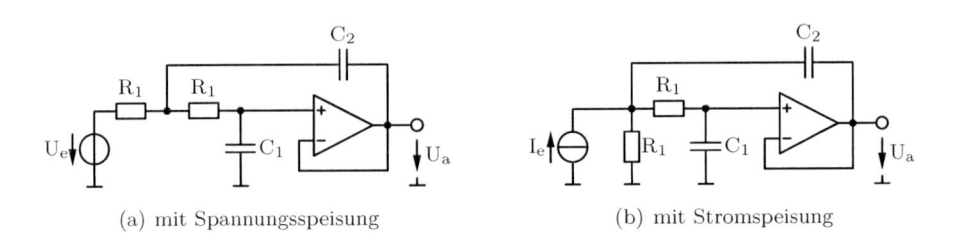

Abbildung 4.32: Prinzipschaltung eines Sallen-Key-Tiefpasses

ein Basisbandsignal, welches dem Schaltkreis direkt zugeführt wird. Der Basisbandsignalverarbeitung ist ein Sallen-Key-Tiefpassfilter zur Bandbegrenzung nachgeschaltet.

Die prinzipielle Schaltung eines Sallen-Key-Tiefpassfilter ist in Abbildung 4.32 dargestellt. Mit dieser Schaltung kann eine Übertragungsfunktion mit einem konjugiert-komplexen Polstellenpaar implementiert werden. Die häufigste Darstellung der Schaltung nutzt dabei eine Spannungsspeisung. Durch Umformung der Spannungsspeisung in eine Stromspeisung ergibt sich die Schaltung in Abbildung 4.32(b), welche einfacher integriert werden kann.

Einer der Vorteile dieses Schaltungskonzeptes ist, dass der notwendige Verstärker durch einen Transistor in Kollektor-Schaltung umgesetzt werden kann. Aufgrund der hohen Bandbreite dieses Verstärkertyps entspricht die implementierte Übertragungsfunktion auch bis zu hohen Frequenzen der Zielübertragungsfunktion. Damit ist es möglich die dem Sollwertsignal enthaltenen Störsignale, die bei den meisten Detektorkonzepten bei der doppelten Trägerfrequenz auftreten, wirksam zu unterdrücken. Außerdem ist es möglich Tiefpässe mit einer vergleichsweise hohen Grenzfrequenz zu implementieren wodurch die Gruppenlaufzeit des Sollwertsignals gering gehalten wird. Das ist notwendig, um die Synchronizität zwischen Versorgungsspannung des Leistungsverstärkers und Hochfrequenzsignal sicherzustellen. Der Schaltplan des implementierten Sallen-Key-Tiefpasses ist in Abbildung 4.33 dargestellt. Der Tiefpass ist zweistufig als Butterworth-Filter vierter Ordnung mit einer Grenzfrequenz von 200 MHz dimensioniert. Um zu vermeiden, dass die hochfrequenten Störsignale direkt über

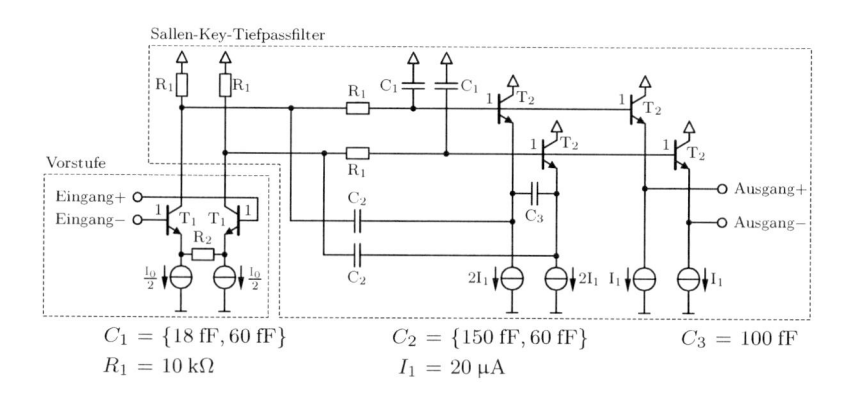

4.4 Implementierung der Unterstützungsschaltungen

Abbildung 4.33: Schaltplan einer Stufe des zweistufigen Sallen-Key-Tiefpasses vierter Ordnung mit einer Grenzfrequenz von 200 MHz

$C_1 = \{18\,\text{fF}, 60\,\text{fF}\}$
$R_1 = 10\,\text{k}\Omega$
$C_2 = \{150\,\text{fF}, 60\,\text{fF}\}$
$I_1 = 20\,\mu\text{A}$
$C_3 = 100\,\text{fF}$

den Kondensator C_2 auf den Ausgang wirken, wurde der Verstärker doppelt ausgeführt und damit der Ausgang besser entkoppelt.

Durch diese Schaltungsblöcke zur Basisbandsignalverarbeitung ist es sehr flexibel möglich das Detektorausgangssignal an die Regelstrecke anzupassen und so die optimale Steuerkennlinie der Versorgungsspannung der Leistungsverstärkers zu erreichen.

5 Tiefsetzsteller-basierte Systemarchitektur

Die Tiefsetzsteller-basierte Systemarchitektur stellt eine von zwei untersuchten Architekturen für den Regler und den Aktuator des in Abbildung 2.9 dargestellten Systems dar. Diese beiden Komponenten setzen die Arbeitspunktanpassung des Leistungsverstärkers um. In Abbildung 5.1 ist das System schematisch dargestellt.

Der Tiefsetzsteller besteht aus einem Schalter und einem LC-Tiefpass. Der Schalter ist als Umschalter ausgeführt, da so im Vergleich zu der klassischen Schalter-Diode-Kombination deutlich bessere Wirkungsgrade für vergleichsweise kleine Spannungsdomainen erzielt werden können, da die Flussspannung der Diode und die damit einhergehenden Leitverluste vermieden werden. Ein weiterer Vorteil ist, dass es so keinen Lückbetrieb mehr gibt, was die Regelung des Systems vereinfacht. Gesteuert wird der Schalter durch einen Regler, der dafür sorgt, dass die Ausgangsspannung dem Sollwert folgt, der durch die Sollwertgenerierung erzeugt wird. Der Leistungsverstärker stellt die Last für dieses System dar.

Zum Erreichen eines sehr hohen Wirkungsgrades müssen alle Komponenten

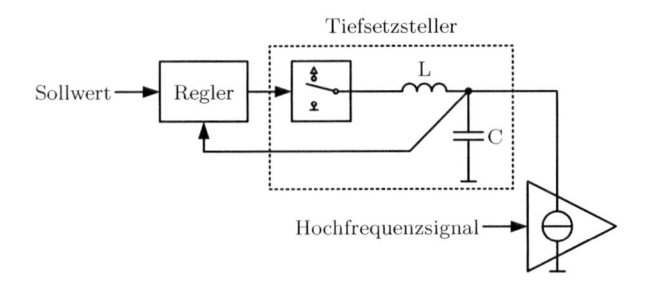

Abbildung 5.1: Übersicht über das Tiefsetzsteller-basierte System

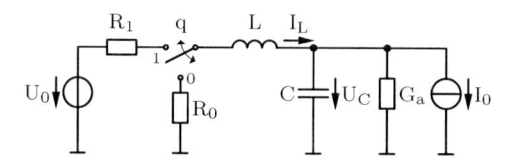

Abbildung 5.2: Modell des Tiefsetzstellers

analysiert und optimiert werden. Aus diesem Grund beinhaltet dieses Kapitel eine mathematische Beschreibung des System und eine Analyse über die Folgefähigkeit der Strecke. Darauf aufbauend werden mit Hilfe eines Lastmodells die Parameter der Regelstrecke optimiert. Anschließend werden verschiedene Regler und Vorsteuerungen diskutiert und dimensioniert. Dem folgt die Beschreibung und Optimierung der Baugruppen. Abschließend wird das System messtechnisch charakterisiert.

5.1 Beschreibung der Regelstrecke

In der Abbildung 5.2 ist das Modell des Tiefsetzstellers dargestellt. Dabei werden sowohl die Schalterwiderstände für die verschiedenen Schaltzustände als auch der Spulenwiderstand durch die Widerstände R_0 und R_1 modelliert. Die Last wird als Parallelschaltung von einem konstanten Leitwert und einer langsam zeitveränderlichen Stromquelle angenommen.

Da in der Regelungstechnik mit den Zuständen z und den Ausgängen y eines Systems gearbeitet wird, soll auch an dieser Stelle diese Nomenklatur Anwendung finden. Damit gilt die Äquivalenz

$$z_\mathrm{L} = I_\mathrm{L}, \tag{5.1}$$
$$z_\mathrm{C} = U_\mathrm{C}, \tag{5.2}$$
$$y = U_\mathrm{C}. \tag{5.3}$$

Die Differentialgleichungssysteme, welche die Schaltung für die beiden Schalterstellungen beschreiben, sind für den Fall der Schalterstellung 1

$$\dot{z}_\mathrm{L} = \frac{1}{L}\left(U_0 - z_\mathrm{C} - R_0 z_\mathrm{L}\right) \tag{5.4}$$

$$\dot{z}_\mathrm{C} = \frac{1}{C}\left(z_\mathrm{L} - I_0 - G_\mathrm{a} z_\mathrm{C}\right) \tag{5.5}$$

und für den Fall der Schalterstellung 0

$$\dot{z}_\mathrm{L} = \frac{1}{L}\left(- z_\mathrm{C} - R_1 z_\mathrm{L}\right) \tag{5.6}$$

$$\dot{z}_\mathrm{C} = \frac{1}{C}\left(z_\mathrm{L} - I_0 - G_\mathrm{a} z_\mathrm{C}\right). \tag{5.7}$$

Diese beiden Differentialgleichungssysteme können in ein geschaltetes Differentialgleichungssystem überführt werden. Dazu wird die Schalterstellung q mit

$$q \in \{0, 1\} \tag{5.8}$$

genutzt. Dementsprechend lautet das geschaltete Differentialgleichungssystem

$$\dot{z}_\mathrm{L} = \frac{1}{L}\left(qU_0 - z_\mathrm{C} - \left(qR_1 + (1-q)R_0\right)z_\mathrm{L}\right) \tag{5.9}$$

$$\dot{z}_\mathrm{C} = \frac{1}{C}\left(z_\mathrm{L} - I_0 - G_\mathrm{a} z_\mathrm{C}\right). \tag{5.10}$$

Für die vereinfachte Notation wird im Folgenden der Widerstandswert R_q

$$R_\mathrm{q} = qR_1 + (1-q)R_0 \tag{5.11}$$

eingeführt, bei dem beachtet werden muss, dass dieser eine Funktion der Schalterstellung q ist.

Schließlich kann das System mit Hilfe der Systemmatrix $\mathbb{A}$ und der Matrix $\mathbb{B}$ geschrieben werden

$$\begin{pmatrix} \dot{z}_\mathrm{C} \\ \dot{z}_\mathrm{L} \end{pmatrix} = \mathbb{A} \begin{pmatrix} z_\mathrm{C} \\ z_\mathrm{L} \end{pmatrix} + \mathbb{B} \tag{5.12}$$

$$\mathbb{A} = \begin{bmatrix} -\frac{R_\mathrm{q}}{L} & -\frac{1}{L} \\ \frac{1}{C} & -\frac{G_\mathrm{a}}{C} \end{bmatrix} \tag{5.13}$$

$$\mathbb{B} = \begin{pmatrix} \frac{qU_0}{L} \\ -\frac{I_0}{C} \end{pmatrix}. \tag{5.14}$$

5.1 Beschreibung der Regelstrecke

Für Untersuchungen des Systemverhaltens von geschalteten Systemen werden häufig gemittelte Systeme verwendet. Diese beschreiben das System exakt für den Grenzübergang der Schaltfrequenz gegen unendlich. Bei der Beschreibung des gemittelten Systems verändert sich in diesem Fall nur maßgeblich die Bedeutung der Schalterstellung q, die nun als gemittelte Schalterstellung oder als Tastverhältnis $\bar{q}$ aufgefasst werden muss. Der Wertebereich der gemittelten Schalterstellung ist nun nicht mehr wertediskret sondern umfasst den Wertebereich

$$\bar{q} \in [0,1]. \tag{5.15}$$

Die Struktur des Differentialgleichungssystems bleibt unverändert.

Das Tastverhältnis $\bar{q}$ stellt für das System ebenso wie die Schalterstellung q einen Parameter dar, wodurch das System weiterhin als ein autonomes LTI-System betrachtet werden kann. Die Definition des Widerstandes R_q steht dazu nicht im Widerspruch. Dieser kann ebenso mit dem Tastverhältnis $\bar{q}$ bestimmt werden.

Die Fixpunkte des gemittelten Systems berechnen sich durch den Ansatz

$$\dot{z}_{L,FP} = 0 \tag{5.16}$$
$$\dot{z}_{C,FP} = 0. \tag{5.17}$$

Daraus ergibt sich

$$z_{L,FP} = \frac{G_a \bar{q} U_0 + I_0}{1 + R_q G_a} \tag{5.18}$$
$$z_{C,FP} = \frac{\bar{q} U_0 - R_q I_0}{1 + R_q G_a} \tag{5.19}$$

Für ein Verschwinden des Parameters R_q ergibt sich für stationären Betrieb die bekannte Relation zwischen der Eingangsspannung U_0, dem Tastverhältnis $\bar{q}$ und der Ausgangsspannung z_C des Tiefsetzstellers

$$z_{C,FP} = \bar{q} U_0. \tag{5.20}$$

Die Eigenwerte des Systems sind

$$\lambda_{1/2} = -\frac{1}{2}\left(\frac{G_a}{C} + \frac{R_q}{L}\right) \pm \sqrt{\frac{1}{4}\left(\frac{G_a}{C} - \frac{R_q}{L}\right)^2 - \frac{1}{LC}}. \qquad (5.21)$$

Diese Eigenwerte besitzen immer einen negativen Realteil. Da es sich um ein zeitkontinuierliches System zweiter Ordnung handelt und da der Realteil der Eigenwerte negativ ist, sind diese Fixpunkte global asymptotisch stabil. Für typische Parameter bilden die Eigenwerte ein konjugiert-komplexes Eigenwertpaar, sodass gilt

$$\lambda = \lambda_1 = \lambda_2^* = \delta + j\omega. \qquad (5.22)$$

Die dazugehörigen Eigenvektoren $\mathbb{V}$ lauten

$$\mathbb{V}_{1,2} = \begin{pmatrix} \frac{1}{L} \\ -\lambda_{1,2} - \frac{R_q}{L} \end{pmatrix}. \qquad (5.23)$$

Daraus ergibt sich die Matrix $\mathbb{S}$

$$\mathbb{S} = \begin{bmatrix} \frac{1}{L} & \frac{1}{L} \\ -\lambda - \frac{R_q}{L} & -\lambda^* - \frac{R_q}{L} \end{bmatrix} \qquad (5.24)$$

mit deren Hilfe die Systemmatrix $\mathbb{A}$ diagonalisiert werden kann

$$\mathbb{A} = \mathbb{S} \begin{bmatrix} \lambda & 0 \\ 0 & \lambda^* \end{bmatrix} \mathbb{S}^{-1}. \qquad (5.25)$$

Damit kann das Anfangswertproblem des Systems unter Verwendung des Matrixexponentials gelöst werden

$$\begin{pmatrix} z_L(t) \\ z_C(t) \end{pmatrix} = \underbrace{\mathbb{S} \begin{bmatrix} \exp(\lambda t) & 0 \\ 0 & \exp(\lambda^* t) \end{bmatrix} \mathbb{S}^{-1}}_{\mathbb{L}(t)} \begin{pmatrix} z_{L0} - z_{L,FP} \\ z_{C0} - z_{C,FP} \end{pmatrix} + \begin{pmatrix} z_{L,FP} \\ z_{C,FP} \end{pmatrix}.$$

$$(5.26)$$

Die Matrix $\mathbb{L}(t)$ kann dann vereinfacht werden zu

$$\mathbb{L}(t) = \exp(\delta t) \begin{bmatrix} \cos(\omega t) - \xi \sin(\omega t) & -\frac{1}{\omega L} \sin(\omega t) \\ \omega L (\xi^2 + 1) \sin(\omega t) & \cos(\omega t) + \xi \sin(\omega t) \end{bmatrix} \text{ mit } \quad (5.27)$$

$$\xi = \left(\frac{\delta}{\omega} + \frac{R_q}{\omega L}\right). \qquad (5.28)$$

5.1 Beschreibung der Regelstrecke

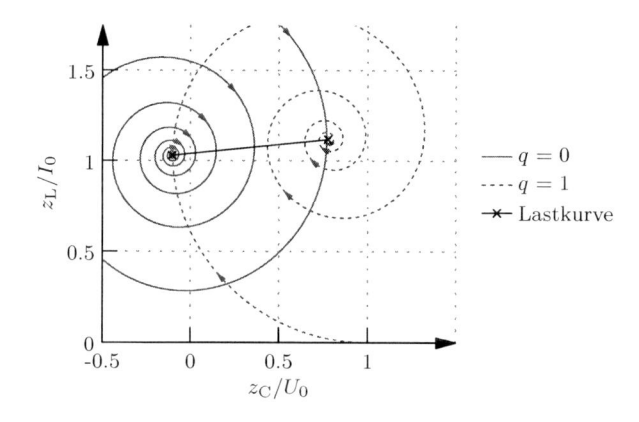

Abbildung 5.3: Antwort des Tiefsetzstellers im Zustandsraum für den Anfangswert $\frac{z_{C0}}{U_0} = 1$, $\frac{z_{L0}}{I_0} = 0$ und die Parameter $\omega_{LC} = 1\frac{1}{s}$, $Z_{LC} = 1\,\Omega$, $\frac{R_0}{\omega_{LC}L} = 0.1$, $\frac{R_1}{\omega_{LC}L} = 0.2$, $\frac{G_a}{\omega_{LC}C} = 0.1$

Dies stellt eine elliptische Drehstreckung dar.

Die Antwort des Systems lässt sich im Zustandsraum darstellen. In Abbildung 5.3 ist die Antwort des Systems für einen Anfangswert für beide Schalterstellungen dargestellt. Der Ort der Fixpunkte in Abhängigkeit des Tastverhältnisses $\bar{q}$ wird als Lastkurve bezeichnet und ist ebenfalls eingezeichnet. Man erkennt, dass entlang der Lastkurve die Trajektorien für beide Schalterstellungen genau entgegengesetzt sind, weswegen sich an diesen Punkten für geeignete Tastverhältnisse ein stationärer Betrieb ergibt.

Nun wird der Parameter $\bar{q}$ des gemittelten Systems als regelungstechnischer Eingang betrachtet. Bei dem gemittelten System können sowohl die Zustände z_L und z_C als auch der Eingang $\bar{q}$ in Abhängigkeit von dem Ausgang y, von dem zeitveränderlichen Parameter I_0 und von den konstanten Parametern U_0, L, C, G_a, R_0 und R_1 dargestellt werden. Dazu wird (5.10) einmal abgeleitet und in (5.9) eingesetzt. Die dazugehörigen Gleichungen sind

$$z_\text{C} = y \tag{5.29}$$

$$z_\text{L} = C\dot{y} + I_0 + G_\text{a} y \tag{5.30}$$

$$\overline{q} = \frac{LC\ddot{y} + LG_\text{a}\dot{y} + L\dot{I}_0 + y + R_0\left(C\dot{y} + I_0 + G_\text{a}y\right)}{U_0 - (R_1 - R_0)\left(C\dot{y} + I_0 + G_\text{a}y\right)} \tag{5.31}$$

Damit ist dieses System differentiell flach im Sinne der Regelungstechnik.

Die beschriebenen Eigenschaften des Systems werden im Folgenden dazu verwendet, um sowohl das Folgeverhalten als auch den Regler zu untersuchen. Dazu ist zusätzlich ein realistisches Lastmodell notwendig.

5.2 Lastmodell

Der Leistungsverstärker stellt die Last für den Tiefsetzsteller dar. Für die weitere Optimierung ist es notwendig dessen Verhalten genau zu modellieren.

Die verwendeten Leistungsverstärker basieren auf Kaskode-Schaltungen. Diese weisen einen sehr hohen Ausgangswiderstand auf, weswegen die Modellierung dieser mit Hilfe einer Stromquelle zulässig ist. Dementsprechend führen Veränderungen an der Versorgungsspannung des Leistungsverstärkers nicht zu einer Veränderung des Stroms. Dadurch wirkt die Last des Tiefsetstellers nicht dämpfend.

Der Strom durch diese Stromquelle ist allerdings eine Funktion der Aussteuerung. In Abbildung 5.4 ist für den Verstärker $PAwT$ die Stromaufnahme als Funktion der Generatorspannungsamplitude dargestellt. Man erkennt, dass näherungsweise ein linearer Zusammenhang zwischen Stromaufnahme und Generatorspannungsamplitude besteht. Da der Sollwert für den Tiefsetzsteller y_S und damit die Versorgungsspannung des Leistungsverstärkers ebenfalls aus der Generatorspannungsamplitude erzeugt werden, korreliert die Stromaufnahme des Leistungsverstärkers mit seiner Versorgungsspannung. Mit guter Näherung kann angenommen werden, dass dieser Zusammenhang linear ist, was bedeutet, dass die Laststromquelle linear von dem Sollwert der Ausgangsspannung

5.2 Lastmodell

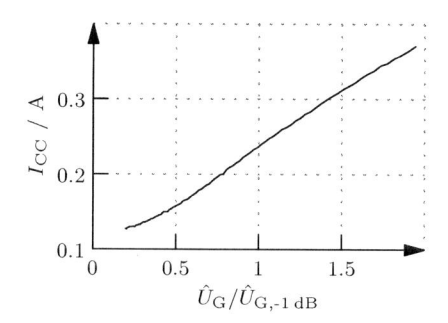

Abbildung 5.4: Stromaufnahme des Verstärkers $PAwT$ in Abhängigkeit von der Aussteuerung

y_S abhängt. Dies legt eine Modellierung mit Hilfe einer Konstantstromquelle in Kombination mit einer gesteuerten Stromquelle nahe, sodass gilt

$$I_0 = I_{\mathrm{PA0}} + G_{\mathrm{PA}} y_\mathrm{S} \tag{5.32}$$
$$G_\mathrm{a} = 0. \tag{5.33}$$

Die Werte für den Strom I_{PA0} und für den Leitwert G_{PA} hängen dabei sowohl von den Leistungsverstärkerparametern als auch von den Parametern der Arbeitspunktspannungsanpassung ab. Wenn angenommen wird, dass die volle Versorgungsspannung dem Leistungsverstärker im 1 dB-Kompressionspunkt zur Verfügung gestellt wird und dass die Ausgangsspannung des Tiefsetzstellers ohne Aussteuerung die Sättigungsspannung des Leistungsverstärkers beträgt, so gilt

$$G_{\mathrm{PA}} = \frac{I_{\mathrm{CC,-1\,dB}} - I_{\mathrm{CC,AP}}}{U_{\mathrm{CC}} - U_{\mathrm{sat}}} \tag{5.34}$$
$$I_{\mathrm{PA0}} = I_{\mathrm{CC,AP}} - G_{\mathrm{PA}} U_{\mathrm{sat}}. \tag{5.35}$$

Mit Hilfe des Lastmodells und unter Verwendung der Systemeigenschaften können die Streckenparameter optimiert werden.

5.3 Entwurf der Streckenparameter

Unabhängig davon, mit welchem Regler das System betrieben wird, ist die Fähigkeit des Systems dynamischen Trajektorien zu folgen durch die Streckenparameter begrenzt. Aus diesem Grund ist es notwendig, die Parameter passend zu der zu erwartenden Trajektorie zu wählen.

Mit Hilfe von (5.31) kann für jeden Zeitpunkt der Trajektorie der Ausgangsspannung das erforderliche Tastverhältnis $\bar{q}$ berechnet werden. Da das Tastverhältnis, wie bereits in (5.15) angegeben wurde, nur zwischen 0 und 1 liegen kann, bedeutet ein berechneter Wert für das Tastverhältnis außerhalb dieses Bereiches, dass die Strecke zu diesem Zeitpunkt dem Signal nicht folgen kann. Ein berechnetes Tastverhältnis größer als 1 führt zu einer zu kleinen Versorgungsspannung des Leistungsverstärkers, wodurch das Hochfrequenzsignal verzerrt wird. Für den Fall, dass das berechnete Tastverhältnis kleiner als 0 ist, ist die Versorgungsspannung größer als notwendig. Dadurch werden zwar zusätzliche Verluste erzeugt, aber das Hochfrequenzsignal wird dadurch nicht verzerrt, weswegen dieser Fall für das System weniger problematisch ist.

Für eine realistische Parameterkombination ist die Wahrscheinlichkeit für ein Tastverhältnis größer als 1 in Abbildung 5.5 dargestellt. Der Parameter f_{LC} steht für die Knickfrequenz des LC-Tiefpasses

$$f_{\text{LC}} = \frac{1}{2\pi\sqrt{LC}}. \tag{5.36}$$

Der Parameter Z_{LC} wird im folgenden als charakteristische Impedanz des Tiefpasses bezeichnet und steht für den Ausdruck

$$Z_{\text{LC}} = \sqrt{\frac{L}{C}}. \tag{5.37}$$

Anhand der Grafik erkennt man, dass für kleine Werte von f_{LC} die Dynamik des LC-Netzwerkes nicht ausreichend ist, um das geforderte Ausgangssignal zu erzeugen. Für große Werte von f_{LC} begrenzt die Dynamik des LC-Netzwerkes nicht mehr die Dynamik der Ausgangsspannung. Die sich für diese Werte ergebende Ausfallwahrscheinlichkeit ist dann nur noch dadurch bestimmt, dass

5.3 Entwurf der Streckenparameter

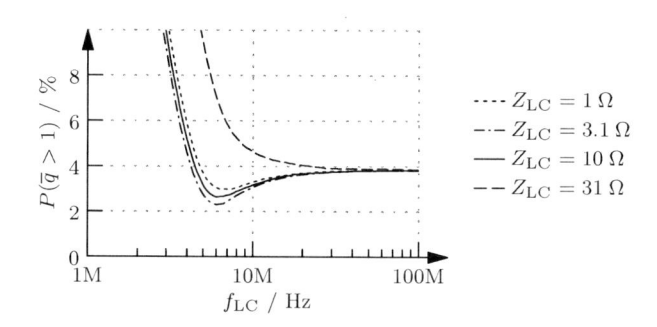

Abbildung 5.5: Wahrscheinlichkeit für ein Tastverhältnis größer als 1 für $R_0 = 0.5\,\Omega$, $R_1 = 0.8\,\Omega$, $G_{PA} = 60\,\text{mS}$, $I_{PA0} = 70\,\text{mA}$, $U_{sat} = 0.8\,\text{V}$, $U_0 = 2.5\,\text{V}$, $PAPR_{PA} = 6\,\text{dB}$, $BW_{RF} = 7.61\,\text{MHz}$

der Aussteuerbereich des Leistungsverstärkers nicht ausreicht, um das OFDM-Symbol abzubilden.

Des Weiteren ist zu erkennen, dass es ein Minimum der Ausfallwahrscheinlichkeit gibt. Dies resultiert daraus, dass bei geeigneter Parameterwahl für eine gegebene Trajektorie Ausgangsspannungen oberhalb der Versorgungsspannung ausgegeben werden können, ohne dass die Strecke begrenzt. Für die dargestellte Parameterkombination liegt das Minimum bei einer Knickfrequenz von 6.5 MHz und einer charakteristischen Impedanz von 3 Ω.

Die Umsetzung der optimalen Knickfrequenz ist ohne Einschränkungen mit den verfügbaren passiven Bauelementen möglich. Bei der Implementierung der optimalen charakteristischen Impedanz muss beachtet werden, dass dadurch auch der Ripplestrom beeinflusst wird. Zusätzlich limitieren die parasitären Elemente der passiven Bauelemente den Bereich der umsetzbaren charakteristischen Impedanzen. Da das Optimum vergleichsweise flach ist, kann dieser Parameter noch in gewissen Grenzen variiert werden.

Basierend auf der derart dimensionierten Regelstrecke kann der Regler passend dazu ausgelegt werden.

5.4 Lineare Regler

Für die Regelung eines Tiefsetzstellers kommen verschiedene Reglertopologien in Frage. Häufig werden dabei Modulatoren eingesetzt, die ein vorgegebenes Tastverhältnis umsetzen. Ein sehr verbreiteter Modulator ist der Pulsweitenmodulator, aber auch Pulsfrequenzmodulatoren und verschiedene Modifikationen und Kombinationen werden eingesetzt. Als Regler werden dann unter anderem konventionelle lineare Regler, wie zum Beispiel PID-Regler eingesetzt.

Es kann gezeigt werden, dass für den Tiefsetzsteller, der nur mit Hilfe der Ausgangsspannung geregelt werden soll, ein D-Anteil notwendig ist. Da für diese Anwendung eine stationäre Regelabweichung zulässig ist, kann für den Regler ein PD-Regler eingesetzt werden.

Da das Tastverhältnis aus der Solltrajektorie y_S direkt berechnet werden kann, ist es möglich die Dynamik und die Regelgenauigkeit zu verbessern, indem zusätzlich eine Vorsteuerung eingesetzt wird. Unter Vernachlässigung der Widerstände R_0 und R_1 ergibt sich aus (5.31) für die Vorsteuerung eines solchen Systems

$$\overline{q}_\mathrm{v} = \frac{1}{U_0} \left(LC\ddot{y}_S + LG_\mathrm{PA}\dot{y}_S + y_S \right). \tag{5.38}$$

Die verbleibenden Fehler kompensiert der Regler. In Abbildung 5.6 ist das Blockschaltbild dieses Regleransatzes dargestellt. Dieses System hat für die Anwendung folgende Nachteile.

Der erste Nachteil ergibt sich daraus, dass Operationsverstärker, die eingesetzt werden, um die einzelnen Komponenten des Reglers zu realisieren, ein unverhältnismäßig hohes Verstärkungsbandbreiteprodukt benötigen. Dies wird durch die folgende Überschlagsrechnung deutlich. Es wird ausgegangen von einem P-Anteil von 20 dB, was einen vergleichsweise kleinen Wert darstellt. Wird nun die Nullstelle des Reglers derart gewählt, dass diese bei der Knickfrequenz des LC-Tiefpass wirksam ist, so befindet sich diese bei ungefähr 10 MHz. Ab dieser Frequenz fällt die Verstärkung der Kombination aus Regler und Regelstrecke mit 20 dB pro Dekade. Die Durchtrittsfrequenz liegt damit bei 100 MHz.

5.4 Lineare Regler

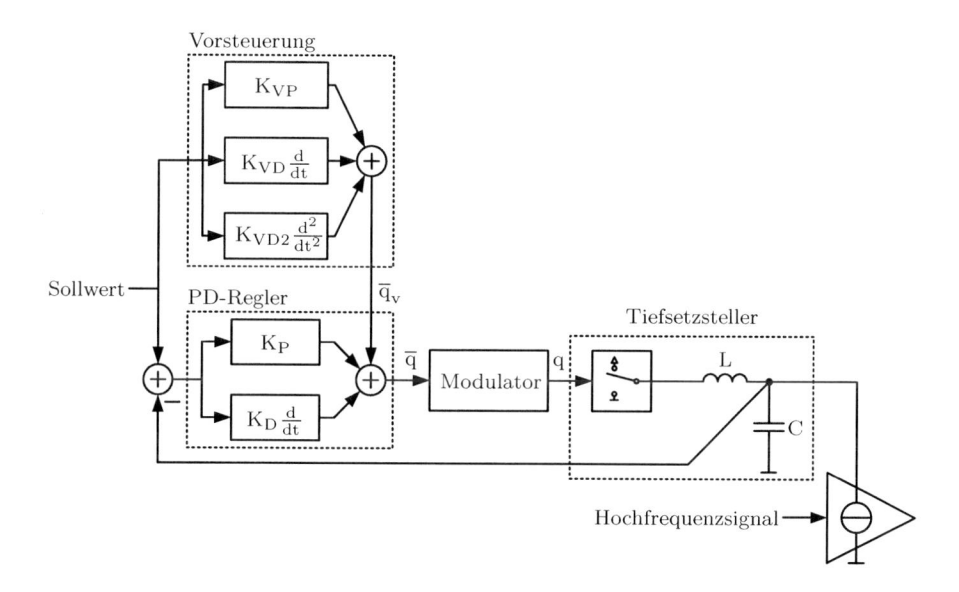

Abbildung 5.6: Tiefsetzsteller mit linearem Regler, Vorsteuerung und Modulator

Der Operationsverstärker, der den D-Anteil umsetzt, benötigt an dieser Stelle eine Verstärkung von 40 dB. Damit muss dessen Verstärkungsbandbreiteprodukt mindestens 10 GHz betragen. Dies ist in der verfügbaren Technologie mit CMOS-Transistoren nicht erreichbar. Durch Modifikation der Topologie wäre es theoretisch möglich das notwendige Verstärkungsbandbreiteprodukt unter der Verwendung von mehreren Operationsverstärkern auf 1 GHz zu senken. Dieser Wert ist dennoch kaum erreichbar. Des Weiteren muss bedacht werden, dass bei der Verwendung von kaskadierten Verstärkern in einer Regelschleife aufgrund der Phasendrehung das Verstärkungsbandbreiteprodukt noch höher sein muss.

Ein weiteres Problem ergibt sich aus der Notwendigkeit der zweiten Ableitung in der Vorsteuerung. Da der Sollwert aus dem Hochfrequenzsignal erzeugt wird, beinhaltet dieses Signal prinzipbedingt störende Frequenzkomponenten. Diese werden durch die zweite Ableitung deutlich angehoben und stören damit den Regelkreis.

Der notwendige Modulator stellt noch ein weiteres Problem dar. Die minimale Pulsbreite, die ein solcher Modulator ausgeben kann, ist durch die Totzeit und durch die Verzögerungszeit der Schalter des Tiefsetzstellers und der dafür notwendigen Gatetreiber begrenzt. Soll ein Pulsweitenmodulator eingesetzt werden, so existiert damit ein direkter Zusammenhang zwischen der Schaltfrequenz f_S, der minimalen Pulsbreite $t_{P,min}$ und dem minimalen Tastverhältnis $\overline{q}_{min}$

$$\overline{q}_{min} = t_{P,min} f_S. \tag{5.39}$$

Für symmetrische Verhältnisse folgt daraus für das maximale Tastverhältnis $\overline{q}_{max}$

$$\overline{q}_{max} = 1 - \overline{q}_{min}. \tag{5.40}$$

Für eine angestrebte Schaltfrequenz von über 100 MHz und für eine minimale Pulsbreite von 1 ns liegt das Tastverhältnis zwischen 0.1 und 0.9. Diese Begrenzung schränkt stark die Regelreserve ein und führt zu einer höheren Ausfallwahrscheinlichkeit als der in Abschnitt 5.3 berechneten.

Es kann geschlussfolgert werden, dass der Einsatz von linearen Reglern in Verbindung mit Modulatoren für diese Anwendung nicht in Frage kommt.

5.5 Gleitregimeregelung

Mit Hilfe der Gleitregimeregelung ist es möglich das Verhalten eines Systems grundsätzlich zu verändern. Die Grundlagen dazu sind in [1] dargestellt.

Bei der Gleitregimeregelung wird ein Eingang eines Systems zwischen zwei Werten umgeschaltet. Dadurch bietet sich diese Art der Regelung für geschaltete Systeme an, aber auch Systeme, die nicht geschaltet sind, können derart geregelt werden. Die Schaltfrequenz der idealen Gleitregimeregelung ist dabei unendlich.

Die Grundlage für die Entscheidung über die Umschaltung bildet die Gleitfunktion s, die eine Funktion der Solltrajektorie y_S und der Systemgrößen oder

5.5 Gleitregimeregelung

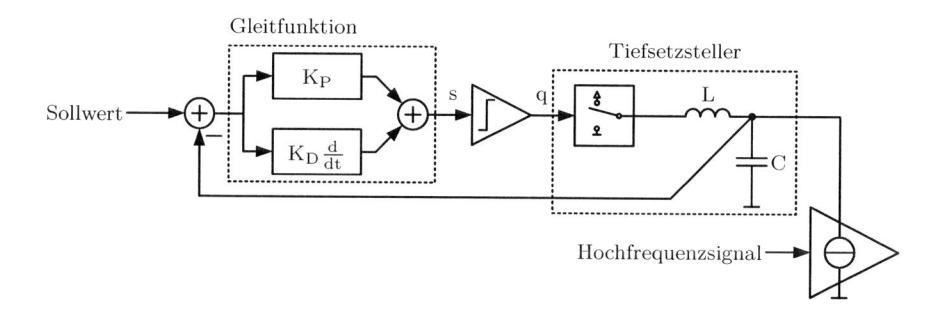

Abbildung 5.7: Tiefsetzsteller mit Gleitregimeregler

des Ausgangs y ist. Aus dieser Funktion wird mit Hilfe der Schaltvorschrift die Schalterstellung bestimmt. Oft wird für die Beschreibung die Signumfunktion verwendet

$$q = \frac{1}{2}(\text{sign}(s) + 1). \tag{5.41}$$

Es ist notwendig, dass die Gleitfunktion folgende Eigenschaften besitzt:

- Die Schalterstellung q darf nicht direkt in der Gleitfunktion s vorkommen.
- Die Schalterstellung q muss direkt in der Ableitung der Gleitfunktion auftreten.

Es kann gezeigt werden, dass die Gleitfunktion s

$$s = K_P(y_S - y) + K_D(\dot{y}_S - \dot{y}) \tag{5.42}$$

diese Eigenschaften erfüllt. Das Blockschaltbild dieses Regleransatzes ist in Abbildung 5.7 dargestellt. Die Gleitfunktion wird dabei aus der Regelabweichung gebildet. Die Schaltvorschrift wird mit Hilfe eines Komparators umgesetzt, der direkt den Schalter des Tiefsetzstellers ansteuert.

Wenn das System im idealen Gleitregime ist, so gilt

$$s \stackrel{!}{=} 0. \tag{5.43}$$

Daraus folgt mit Hilfe der Fehlerkoordinate e

$$0 = K_P e + K_D \dot{e}, \quad \text{mit} \tag{5.44}$$

$$e = y_S - y. \tag{5.45}$$

Der Eigenwert dieser Differentialgleichung liegt in der linken Halbebene für

$$K_P > 0, \tag{5.46}$$

$$K_D > 0. \tag{5.47}$$

Das bedeutet, dass für diese Bedingung Fehler asymptotisch abklingen und damit die Fehlerdynamik stabil ist. Mit welcher Zeitkonstante die Fehler abklingen, hängt damit nicht mehr von der Regelstrecke ab, sondern nur noch von den Parametern der Gleitfunktion K_P und K_D. Der Fehler klingt dabei umso schneller ab, je kleiner das Verhältnis aus K_D und K_P ist. Außerdem weist die Fehlerdynamik eine Ordnung auf, die um eins vermindert ist gegenüber der Ordnung der Regelstrecke. Diese beiden Eigenschaften sind allgemeine Vorteile der Gleitregimeregelung.

Sobald sich das System im idealen Gleitregime befindet, folgt es nur noch dem Verlauf der Gleitfunktion im Zustandsraum. Aus diesem Grund wird die Bedingung (5.43) mit im Zustandsraum dargestellt. Dazu werden in (5.42) die Systemgleichungen (5.9) und (5.10) eingesetzt und umgestellt. Dabei wird das Lastmodell aus (5.33) verwendet. Es ergibt sich

$$z_{L,s=0} = C \frac{K_P}{K_D} (y_S - z_C) + C \ddot{y}_S + I_{PA0} + G_{PA} y_S. \tag{5.48}$$

Dies beschreibt eine Gerade im Zustandsraum. Diese Gerade wird im Folgenden als Schaltgerade bezeichnet. Für die Bedingungen für die Werte der Parameter K_P und K_D ist diese Gerade immer fallend. In Abbildung 5.8 ist die Schaltgerade für einen stationären Sollwert dargestellt. Durch die Schaltvorschrift wird oberhalb dieser Gerade Schalterstellung 0 und unterhalb die Schalterstellung 1 gewählt. Der Schnittpunkt zwischen der Schaltgerade und der Lastkurve gibt den Punkt des stationären Betriebs an.

Die Zeitverläufe zeigen sowohl die Gleitfunktion s als auch den Ausgang y für einen stationären Sollwert ausgehend von einem Startwert bei dem sich das

5.5 Gleitregimeregelung

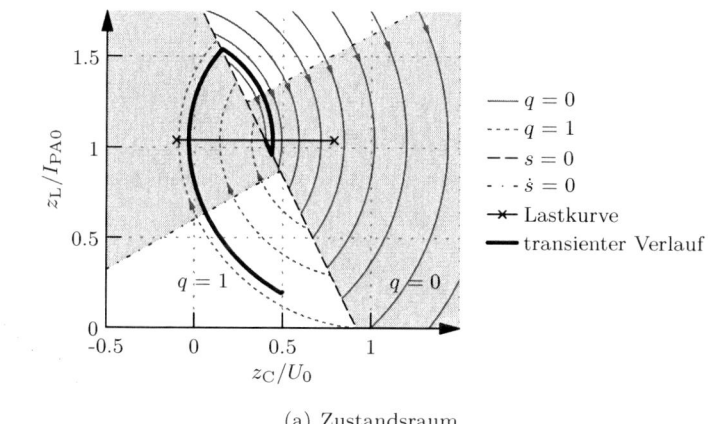

(a) Zustandsraum

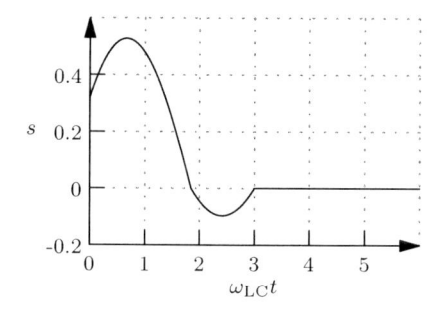

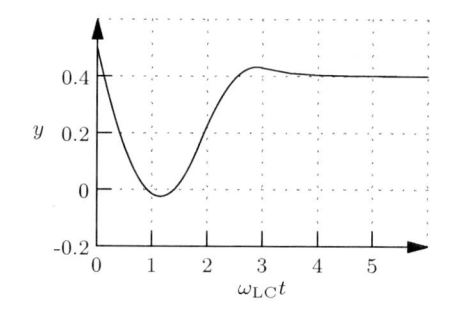

(b) transienter Verlauf der Gleitfunktion

(c) transienter Verlauf des Ausgangs

Abbildung 5.8: Zustandsraumdarstellung des Verlaufs der Gerade $s = 0$ und der Geradenstücke $\dot{s} = 0$, sowie Darstellung des Übergangs in das Gleitregime am Beispiel eines Startwertes für die Parameter $\frac{K_D}{K_P} = 0.5$, $\omega_{LC} = 1\frac{1}{s}$, $Z_{LC} = 1\,\Omega$, $\frac{R_0}{\omega_{LC}L} = 0.1$, $\frac{R_1}{\omega_{LC}L} = 0.2$, $\frac{G_{PA}}{\omega_{LC}C} = 0.1$

System nicht im Gleitregime befindet. Anhand des Verlaufs der Gleitfunktion erkennt man deutlich, dass sich das System ab dem Zeitpunkt 3 im Gleitregime befindet und sich das Systemverhalten ab diesem Zeitpunkt ändert. Der Verlauf des Ausgangs y zeigt ab diesem Zeitpunkt das exponentiell abklingende Verhalten des Fehlers eines Systems erster Ordnung. Vor diesem Zeitpunkt ist das Systemverhalten das eines Systems zweiter Ordnung.

Ob das System im Gleitregime verbleibt, kann mit Hilfe des Vorzeichens der Ableitung der Gleitfunktion $\dot{s}$ entschieden werden

$$\dot{s} = K_\mathrm{P}(\dot{y}_\mathrm{S} - \dot{y}) + K_\mathrm{D}(\ddot{y}_\mathrm{S} - \ddot{y}). \tag{5.49}$$

Werden die Systemgleichungen eingesetzt, ergibt sich

$$\begin{aligned}\dot{s} = K_\mathrm{P}\dot{y}_\mathrm{S} + K_\mathrm{D}\ddot{y}_\mathrm{S} &- \frac{K_\mathrm{P}}{C}(z_\mathrm{L} - I_\mathrm{PA0} - G_\mathrm{PA}y_\mathrm{S}) \\ &- \frac{K_\mathrm{D}}{C}(-\dot{I}_\mathrm{PA0} - G_\mathrm{PA}\dot{y}_\mathrm{S} + \frac{1}{L}(qU_0 - z_\mathrm{C} - R_\mathrm{q}z_\mathrm{L})).\end{aligned} \tag{5.50}$$

Das Vorzeichen der Gleitfunktion s und das Vorzeichen der Ableitung der Gleitfunktion $\dot{s}$ müssen verschieden sein, damit das System im Gleitregime verbleibt. Der Vorzeichenwechsel erfolgt bei

$$\dot{s} = 0, \tag{5.51}$$

sodass für einen stationären Sollwert die Geradengleichung

$$z_{\mathrm{L},\dot{s}=0} = \frac{K_\mathrm{P}I_\mathrm{PA0} + G_\mathrm{PA}y_\mathrm{S}K_\mathrm{P} + \frac{K_\mathrm{D}}{L}z_\mathrm{C} - \frac{K_\mathrm{D}}{L}qU_0}{K_\mathrm{P} - \frac{K_\mathrm{D}}{L}R_\mathrm{q}} \tag{5.52}$$

aufgestellt werden kann. Diese ist abhängig von der Schalterstellung q und je nach Schalterstellung nur in einer Hälfte des Zustandsraumes gültig. In Abbildung 5.8 ist der Verlauf dargestellt und der Bereich hervorgehoben, für den die Vorzeichenbedingung zutrifft. Das System verbleibt in dem Bereich im Gleitregime, indem auf beiden Seiten der Schaltgerade die Vorzeichenbedingung erfüllt ist. Für die Bedingungen, für die der Fehler abklingt, und die bereits in (5.46) und (5.47) angegeben wurden, existiert ein solcher Bereich. Dieser Bereich ist umso größer je größer das Verhältnis aus K_D und K_P ist. Damit ist es notwendig einen Kompromiss zwischen der Größe des Fangbereiches und der Zeitkonstante, mit der der Fehler abklingt, zu finden.

5.6 Approximiertes Gleitregime

Die Theorie geht bei der Betrachtung des idealen Gleitregimes von einer unendlich hohen Schaltfrequenz aus. Bei einigen Anwendungen kann der Einfluss

5.6 Approximiertes Gleitregime

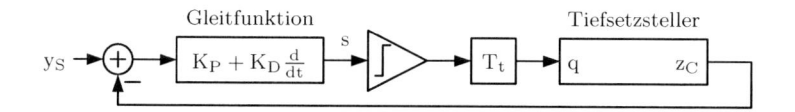

Abbildung 5.9: Blockschaltbild der Gleitregimeregelung mit Totzeit

der endlichen Schaltfrequenz auf die Eigenschaften des Systems vernachlässigt werden. Aufgrund der vergleichsweise hohen Knickfrequenz des LC-Tiefpasses, muss der Einfluss der endlichen Schaltfrequenz bei diesem System untersucht werden.

Eine verbreitete Methode, um die Schaltfrequenz zu begrenzen, ist der Einsatz einer Hysterese. Um dies zu modellieren, kann auf die Gleitfunktion noch ein Term addiert werden, der von der letzten Schalterstellung abhängt. Für den Grenzübergang der Hysteresebreite s_Hys gegen 0 ergibt sich wieder das ideale Gleitregime.

Der Vorteil dieser Methode besteht darin, dass die Schaltfrequenz über die Hysteresebreite beeinflusst werden kann und dass der Mittelwert der Gleitfunktion in erster Näherung bei Null verbleibt, wenn sich das System im Gleitregime befindet. Aufgrund der hohen notwendigen Schaltfrequenz beeinflussen bereits die dem System inhärenten Verzögerungszeiten das Verhalten signifikant. Aus diesem Grund wird im Folgenden untersucht, wie sich eine Totzeit in einem mit Hilfe eines Gleitregimereglers geregelten Systems auswirkt.

In Abbildung 5.9 ist das Modell des Systems dargestellt, welches für die weitere Analyse verwendet wird. Dabei wurde nach dem Komparator eine Totzeit T_t hinzugefügt, um die Verzögerungszeit der Komparators, der Schalter und der Gatetreiber der Schalter zu modellieren. Der Tiefsetzsteller wird für die folgende Analyse als ungedämpft angenommen, wodurch sich das Differentialgleichungssystem vereinfacht zu

$$\dot{z}_\mathrm{L} = \frac{1}{L}(qU_0 - z_\mathrm{C}) \tag{5.53}$$

$$\dot{z}_\mathrm{C} = \frac{1}{C}(z_\mathrm{L} - I_0). \tag{5.54}$$

Die Gleitfunktion s und ihre Ableitung $\dot{s}$ sind gegeben durch

$$s = K_\mathrm{P}(y_\mathrm{S} - y) + K_\mathrm{D}(\dot{y}_\mathrm{S} - \dot{y}), \tag{5.55}$$

$$\dot{s} = K_\mathrm{P}(\dot{y}_\mathrm{S} - \dot{y}) + K_\mathrm{D}(\ddot{y}_\mathrm{S} - \ddot{y}), \tag{5.56}$$

wobei gilt

$$y \equiv z_\mathrm{C}. \tag{5.57}$$

Im Umschaltzeitpunkt des Komparators gilt

$$s = 0. \tag{5.58}$$

Ist der Gleitregimeregler in der Lage der Solltrajektorie y_S zu folgen, so wird angenommen, dass

$$y = y_\mathrm{S}, \tag{5.59}$$

$$\dot{y} = \dot{y}_\mathrm{S} \tag{5.60}$$

gilt. Dies stellt eine Näherung dar, da sich beim approximierten Gleitregime das System im Zustandsraum immer um diesen Punkt herum bewegt, diesen aber nie exakt erreicht. Der Ansatz ist in [9] beschrieben.

Werden diese Gleichungen in die Gleitfunktion und ihre Ableitung eingesetzt so ergibt sich

$$s = 0, \tag{5.61}$$

$$\dot{s} = K_\mathrm{D}(\ddot{y}_\mathrm{S} - \ddot{y}). \tag{5.62}$$

Nach dem Einsetzen der Systemgleichungen und des Lastmodells erhält man

$$\dot{s} = K_\mathrm{D}\left(\ddot{y}_\mathrm{S} - \frac{1}{LC}(qU_0 - y_\mathrm{S}) + \frac{G_\mathrm{PA}}{C}\dot{y}_\mathrm{S}\right). \tag{5.63}$$

Im Gleitregime kann der Verlauf der Gleitfunktion durch Geradenstücke approximiert werden. Dies ist in Abbildung 5.10 für den Fall einer Totzeit T_t innerhalb des Systems dargestellt. Nachdem der Komparator den Nulldurchgang der Gleitfunktion detektiert, vergeht noch die Totzeit T_t bis die Schalterstellung

5.6 Approximiertes Gleitregime

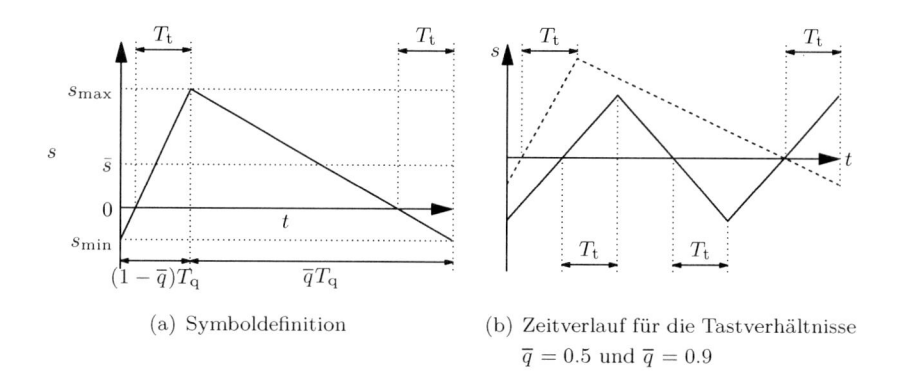

(a) Symboldefinition

(b) Zeitverlauf für die Tastverhältnisse $\bar{q} = 0.5$ und $\bar{q} = 0.9$

Abbildung 5.10: Approximierter Zeitverlauf der Gleitfunktion

wirksam wird und sich der Anstieg der Gleitfunktion umkehrt. Die Scheitelwerte der Gleitfunktion $s_{\max}$ und $s_{\min}$ können dann für die beiden Schalterstellungen durch

$$s_{\max} = T_t \, \dot{s}_{q=0}, \quad \text{und} \tag{5.64}$$

$$s_{\min} = T_t \, \dot{s}_{q=1} \tag{5.65}$$

abgeschätzt werden. Der Mittelwert beträgt damit

$$\bar{s} = \frac{s_{\max} + s_{\min}}{2} = \frac{T_t K_D}{LC} \left(LC \ddot{y}_S + L G_{PA} \dot{y}_S + y_S - \frac{U_0}{2} \right) \tag{5.66}$$

und ist somit abhängig von der Solltrajektorie. Mit Hilfe von (5.31) lässt sich diese Gleichung auch schreiben als

$$\bar{s} = \frac{T_t K_D U_0}{LC} \left(\bar{q} - \frac{1}{2} \right). \tag{5.67}$$

Da eine mittlere Abweichung der Gleitfunktion von 0 direkt zu einer mittleren Abweichung der Ausgangsspannung des Tiefsetzstellers führt, ist es notwendig diesen Einfluss zu kompensieren. Dies ist möglich, indem die Gleitfunktion modifiziert wird zu

$$s_{\text{mod}} = s - \bar{s} = s - \frac{T_t K_D}{LC} \left(LC \ddot{y}_S + L G_{PA} \dot{y}_S + y_S - \frac{U_0}{2} \right). \tag{5.68}$$

Für den Grenzübergang der Totzeit gegen 0 ergibt sich wieder das ideale Gleitregime.

Die äquivalente Hysteresebreite berechnet sich durch

$$s_{\text{Hys}} = \frac{s_{\max} - s_{\min}}{2} = \frac{K_D T_t U_0}{2LC} \tag{5.69}$$

und ist damit unabhängig von der Solltrajektorie.

Die Schaltfrequenz beziehungsweise die Dauer eines Schaltzyklus T_q, die sich beim Gleitregime einstellt, ist nicht konstant. Sie kann durch den verwendeten Ansatz abgeschätzt werden

$$T_q = 2T_t - \frac{\hat{s}_{q=1}}{\dot{s}_{q=0}} - \frac{\hat{s}_{q=0}}{\dot{s}_{q=1}} = T_t \left(2 - \frac{\dot{s}_{q=1}}{\dot{s}_{q=0}} - \frac{\dot{s}_{q=0}}{\dot{s}_{q=1}} \right)$$

$$= T_t \left(2 + \frac{1}{u} + u \right) \quad \text{mit} \tag{5.70}$$

$$u = \frac{LC\dddot{y}_S + LG_{\text{PA}}\ddot{y}_S + y_S}{U_0 - (LC\dddot{y}_S + LG_{\text{PA}}\ddot{y}_S + y_S)} \tag{5.71}$$

Wird (5.31) in diese Gleichung eingesetzt, ergibt sich

$$T_q = \frac{T_t}{\overline{q}(1 - \overline{q})}. \tag{5.72}$$

Für

$$\overline{q} = \frac{1}{2} \tag{5.73}$$

erhält man die minimale Schaltzyklusdauer

$$T_{q,\min} = 4T_t. \tag{5.74}$$

Für ein mittleres Tastverhältnis von 0 oder 1 wird die Schaltzyklusdauer unendlich.

Durch die Abschätzung der Schaltzyklusdauer ist es möglich, den Stromripple des Spulenstroms zu berechnen. Der Anstieg des Stromripples ergibt sich aus der Differenz des gemittelten Systems und dem geschalteten System

$$\dot{z}_{L,\text{Ripple}} = \dot{z}_L - \dot{\overline{z}}_L. \tag{5.75}$$

5.6 Approximiertes Gleitregime

Für kleine Zeitdauern t kann der Verlauf des Spulenstroms mit Hilfe einer Geraden angenähert werden. Somit ergibt sich

$$z_{\text{L,Ripple}} = \frac{U_0}{L}(q - \bar{q})t. \tag{5.76}$$

Der Scheitelwert des Stromripples kann mit Hilfe der Einschaltdauer $\bar{q}T_\text{q}$ berechnet werden

$$\hat{z}_{\text{L,Ripple}} = \frac{U_0}{2L}(q - \bar{q})\bar{q}T_\text{q}. \tag{5.77}$$

Nach Vereinfachung dieses Ausdrucks erhält man

$$\hat{z}_{\text{L,Ripple}} = \frac{U_0}{2L}T_\text{t}. \tag{5.78}$$

Damit ist der Stromripple des Spulenstroms ebenso wie bei der Hystereseimplementierung unabhängig von der Solltrajektorie.

Durch die Totzeit verbleibt die letzte Schalterstellung, nachdem der Komparator die Umschaltbedingung detektiert hat, noch für die Zeit T_t wirksam. Somit kann die Schaltgerade im Zustandsraum mit Hilfe der Lösung des Differentialgleichungssystems für jede Schalterstellung in jeweils eine neue wirksame Schaltkurve überführt werden. Wie bereits in (5.26) gezeigt wurde, transformiert das System einen Punkt im Zustandraum durch eine Drehstreckung im mathematisch negativen Drehsinn. Da es sich bei einer Drehstreckung um eine affine Abbildung handelt, bilden sich die Schaltgeraden auf zwei neue wirksame Geraden ab. Befindet sich das System im Gleitregime, so bewegt es sich zwischen diesen zwei Schaltgeraden. Diese ist in Abbildung 5.11 dargestellt. Man erkennt außerdem anhand der Geraden, die den Verlauf der Bedingung $\dot{s} = 0$ angeben, dass sich der Bereich, indem Gleitregime möglich ist, für die gleichen Reglerparameter verkleinert. Somit verkleinert sich auch der Fangbereich für den Übergang ins Gleitregime. Die Verkleinerung des Bereichs in dem Gleitregime möglich ist, begründet sich durch den veränderten Anstieg der Schaltgeraden, woraus eine härtere Bedingung für die Parameter K_P und K_D abgeleitet werden kann.

Der dargestellte Zeitverlauf der Gleitfunktion zeigt den Übergang ins Gleitregime. Ab dem Zeitpunkt 4.6 befindet sich das System im Gleitregime. Dies ist

(a) Zustandsraum

Legende:
— $q = 0$
··· $q = 1$
— — $s = 0$
— — $s = 0$ mit Totzeit
·· $\dot{s} = 0$
·· $\dot{s} = 0$ mit Totzeit
✗ Lastkurve
— transienter Verlauf

(b) transienter Verlauf der Gleitfunktion

(c) transienter Verlauf des Ausgangs

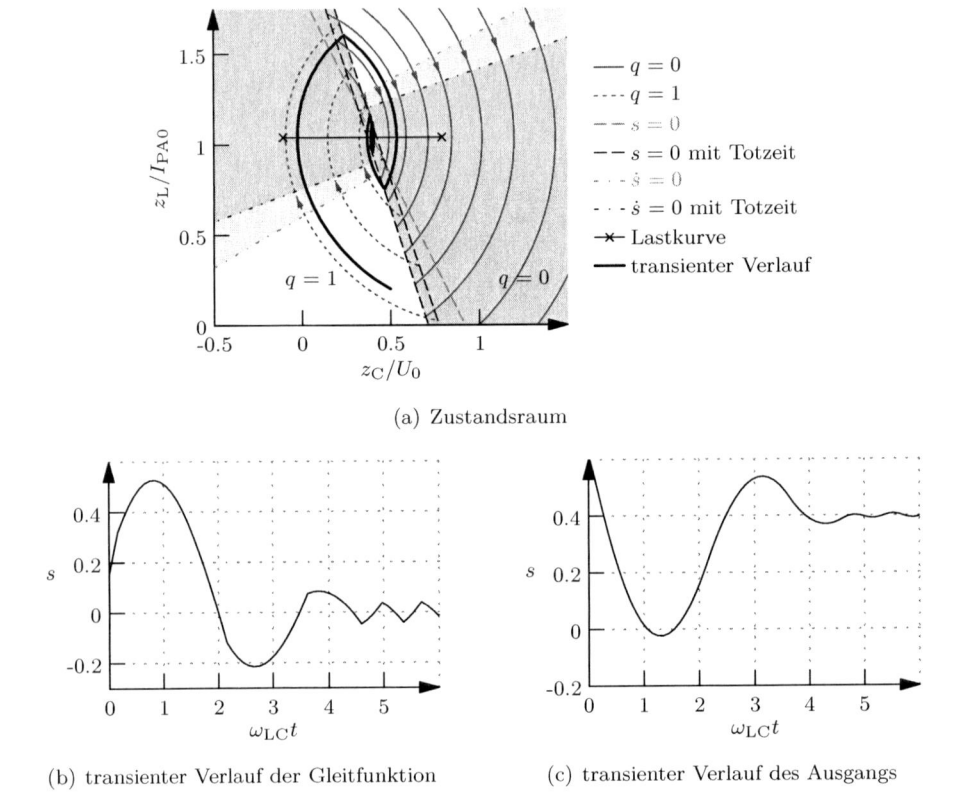

Abbildung 5.11: Zustandsraumdarstellung des Verlaufs der Gerade $s = 0$ und der Geradenstücke $\dot{s} = 0$, sowie Darstellung des Übergangs in das Gleitregime am Beispiel eines Startwertes für die Parameter $\frac{K_D}{K_P} = 0.5$, $\omega_{LC} = 1s$, $Z_{LC} = 1\,\Omega$, $\frac{R_0}{\omega_{LC}L} = 0.1$, $\frac{R_1}{\omega_{LC}L} = 0.2$, $\frac{G_{PA}}{\omega_{LC}C} = 0.1$ für eine Totzeit $T_t\omega_{LC} = 0.15$

daran zu erkennen, dass sich das Vorzeichen der Ableitung der Gleitfunktion sofort bei der Umschaltung umkehrt. Ab diesem Zeitpunkt zeigt sich im Verlauf des Ausgangs wieder das exponentielle Abklingen des Fehlers.

5.6 Approximiertes Gleitregime

Für den ungedämpften Fall, vereinfacht sich die Lösung aus (5.26) zu

$$\begin{pmatrix} z_L(t) \\ z_C(t) \end{pmatrix} = \begin{bmatrix} \cos(\omega t) & -\sqrt{\frac{C}{L}}\sin(\omega t) \\ \sqrt{\frac{L}{C}}\sin(\omega t) & \cos(\omega t) \end{bmatrix} \begin{pmatrix} z_{L0} - I_0 \\ z_{C0} - qU_0 \end{pmatrix} + \begin{pmatrix} I_0 \\ qU_0 \end{pmatrix}. \tag{5.79}$$

Der Anstieg der Schaltgeraden beträgt im Zustandsraum

$$m_{s=0} = \frac{\mathrm{d}z_{L,s=0}}{\mathrm{d}z_C} = -C\frac{K_P}{K_D}. \tag{5.80}$$

Nach der Transformation um die Totzeit T_t ergibt sich direkt

$$m_{s=0}^* = \frac{-C\frac{K_P}{K_D}\cos(\omega T_t) - \sqrt{\frac{C}{L}}\sin(\omega T_t)}{-C\frac{K_P}{K_D}\sqrt{\frac{L}{C}}\sin(\omega T_t) + \cos(\omega T_t)} \tag{5.81}$$

Damit die Gerade weiterhin fallend ist, muss dieser Ausdruck negativ sein. Der Zähler ist für $\omega T_t < \frac{\pi}{2}$ immer negativ. Dies ist praktisch immer gewährleistet. Daraus folgt die Ungleichung

$$0 < -C\frac{K_P}{K_D}\sqrt{\frac{L}{C}}\sin(\omega T_t) + \cos(\omega T_t). \tag{5.82}$$

Durch Umformung ergibt sich daraus

$$\frac{K_D}{K_P} > \sqrt{LC}\tan(\omega T_t). \tag{5.83}$$

Für kleine ωT_t kann dieser Ausdruck weiter vereinfacht werden zu

$$\frac{K_D}{K_P} > T_t. \tag{5.84}$$

Dies stellt eine untere Grenze für die Stabilität dar. Für exakt diesen Wert, ist der Bereich, indem das System dann im Gleitregime verbleibt, verschwindend klein, sodass bereits der Stromripple dazu führt, dass das System aus dem Gleitregime fällt. Aus diesem Grund muss dieser Wert praktisch deutlich größer gewählt werden.

Basierend auf diesem Regleransatz wird im folgenden Abschnitt die Implementierung des Regler und des Aktuators vorgestellt.

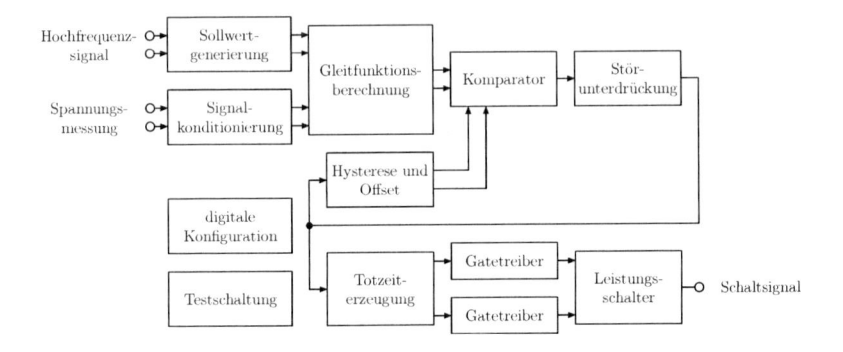

Abbildung 5.12: Toplevelschaltplan des Tiefsetzstellerschaltkreises

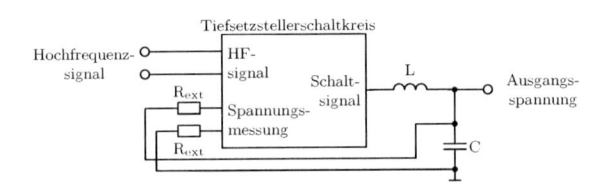

Abbildung 5.13: Beschaltung des Tiefsetzstellerschaltkreises

5.7 Implementierung und Optimierung der Baugruppen

Ein allgemeines Blockschaltbild für das Anpasssystem ist in Abbildung 2.9 und ein Blockschaltbild für das Regelkonzept ist in Abbildung 5.7 dargestellt. Werden diese Abbildungen kombiniert, ergibt sich der Toplevel-Schaltplan des Tiefsetzstellerschaltkreises. Dieser ist in Abbildung 5.12 abgebildet. Die Beschaltung des Schaltkreises ist in Abbildung 5.13 zu sehen.

Die Sollwertgenerierung erzeugt aus dem Hochfrequenzsignal das Hüllkurvensignal, filtert und verstärkt dieses und versieht es mit einem Offset. Das Ergebnis dieser Operationen stellt das Sollwertsignal für den Tiefsetzsteller dar.

Die Signalkonditionierung führt eine differentielle Messung der Spannung über dem Kondensator des Tiefsetzstellers durch und passt die Aussteuerung an die Aussteuerung der Sollwertgenerierung an.

Aus diesen beiden differentiellen Signalen wird die Gleitfunktion berechnet und dem Komparator zugeführt.

Der Komparator setzt die Schaltvorschrift um. Zur Beeinflussung der Schaltfrequenz und zur Kompensation eventueller Offsets verfügt der Komparator über eine Hysterese- und Offseteinstellung. Mit Hilfe einer dem Komparator nachgeschalteten Störunterdrückung wird die Robustheit des Systems erhöht.

Das Schaltsignal wird anschließend in zwei Steuersignale für die Gatetreiber und die Leistungsschalter aufgeteilt. Die Steuersignale werden dabei mit einer einstellbaren Totzeit versehen, sodass die Schaltsignale für die Leistungsschalter nichtüberlappend sind.

Die Gatetreiber sind notwendig, um die hohe Gatekapazität der Leistungsschalter treiben zu können. Die Leistungsschalter bilden den Umschalter des Tiefsetzstellers.

In den folgenden Abschnitten werden die Implementierung und die Optimierung der Schaltungsblöcke beschrieben.

5.7.1 Signalkonditionierung

Die Signalkonditionierung befindet sich im rückwärtigen Pfad des Regelkreises. Ihre Aufgabe ist es, die Spannung über dem Kondensator des Tiefsetzstellers zu messen und an die Signalverarbeitung anzupassen. Um die Robustheit des Systems zu erhöhen, ist diese Spannungsmessung im Gegensatz zu konventionellen Tiefsetzstellerschaltkreisen differentiell ausgeführt. Die Anpassung beinhaltet einerseits die Anpassung der Aussteuerung durch die Spannungsmessung, die sich als Gegentaktsignal äußert, aber auch die Anpassung des Gleichtaktsignals, damit die nachgelagerte Signalverarbeitung möglich ist.

In einer ersten Version des Schaltkreises wurden dafür zwei externe Spannungsteiler verwendet. Die Anpassung des Gleichtaktsignals wurde mit Hilfe von PMOS-Source-Folgern umgesetzt. Der Nachteil dieser Lösung ist die begrenzte Bandbreite, die für eine Gleitregimeregelung problematisch ist. Aus diesem

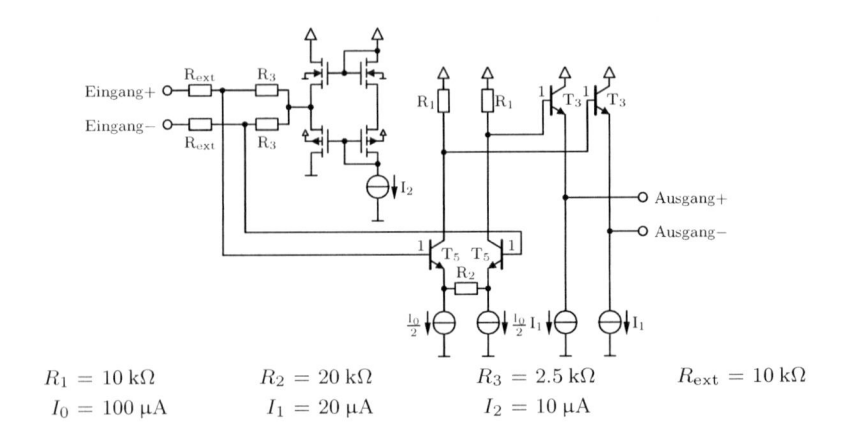

$R_1 = 10\,\text{k}\Omega$ $R_2 = 20\,\text{k}\Omega$ $R_3 = 2.5\,\text{k}\Omega$ $R_\text{ext} = 10\,\text{k}\Omega$
$I_0 = 100\,\mu\text{A}$ $I_1 = 20\,\mu\text{A}$ $I_2 = 10\,\mu\text{A}$

Abbildung 5.14: Schaltplan der Signalkonditionierung

Grund wurde die Schaltung entwickelt, die in Abbildung 5.14 dargestellt ist. Die Anpassung der Aussteuerung des Gegentaktsignals erfolgt wiederum über zwei Spannungsteiler, die sich allerdings nicht auf Masse sondern auf eine durch eine Push-Pull-Stufe zur Verfügung gestellte Referenzspannung beziehen. Dadurch befindet sich das Gleichtaktsignal immer in einem Spannungsbereich, in dem das Gleichtaktsignal mit Hilfe eines Bipolar-Puffer-Verstärkers weiter unterdrückt werden kann.

Der Widerstand R_ext ist bei dieser Schaltung nicht mit integriert, um den Schaltkreis flexibler einsetzen zu können. Des Weiteren ist es durch diese Lösung möglich durch einen Kondensator parallel zu dem Widerstand R_ext gegebenenfalls den Frequenzgang der Spannungsmessung in gewissen Grenzen zu kompensieren.

5.7.2 Gleitfunktionsberechnung

Die Gleitfunktionsberechnung ist die erste Komponente im Vorwärtspfad des Regelkreises. Sie muss die Regelabweichung sowie den P- und den D-Anteil von dieser bilden. Bei der Betrachtung des approximierten Gleitregimes wurde gezeigt, dass ein Korrekturfaktor für die Gleitfunktion notwendig ist, um die

5.7 Implementierung und Optimierung der Baugruppen 135

Regelabweichung zu verringern. Dies wird dadurch implementiert, dass der P- und der D-Anteil für den Sollwert und für den Istwert getrennt voneinander eingestellt werden können. Die experimentellen Ergebnisse belegten, dass dies notwendig ist. Der noch notwendige Offset wird in der Sollwertgenerierung implementiert.

Der Schaltungsblock zur Berechnung der Gleitfunktion ist in Abbildung 5.15 dargestellt. Der P- und der D-Anteil werden beide über degenerierte Differenzpaare erzeugt. Für den P-Anteil wird dafür ein Widerstand, für den D-Anteil ein Kondensator für die Degeneration verwendet. Der wirksame Wert des P- und des D-Anteils können über kreuzgekoppelte Basis-Schaltungen wie bei einer Gilbertzelle eingestellt werden. Die Kapazität des Kondensators für den D-Anteil kann zusätzlich über einen NMOS-Schalter noch verändert werden. Die Bildung der Regelabweichung erfolgt anschließend an den Knoten $\Sigma+$ und $\Sigma-$. Dazu wird der D-Anteil zuvor noch einmal verstärkt, wodurch sich günstigere Werte für die Bauelemente ergeben und die Stromaufnahme der Stufe reduziert werden kann. Die Regelabweichung wird abschließend mit Hilfe von Emitter-Folgern als Spannungssignal zur Verfügung gestellt.

Die Leistungsaufnahme dieser Stufe beträgt inklusive der kompletten Biaserzeugung 2.2 mW. Diese werden aus einer Versorgungsspannung von 2.5 V entnommen.

5.7.3 Komparator

Der Komparator ist der Gleitfunktionsberechnung nachgeschaltet. Die Anforderungen an den Komparator sind eine hohe Verstärkung sowie eine geringe Verzögerungszeit. Dies sind gegensätzliche Anforderungen, sodass ein Kompromiss gefunden werden muss.

Als Topologie für dem Komparator werden Verstärkerstufen kaskadiert. Jede einzelne Verstärkerstufe besteht aus einem Bipolar-Differenzpaar mit Widerstandslasten und Emitter-Folgern als Ausgangstreiber. Diese Art der Verstär-

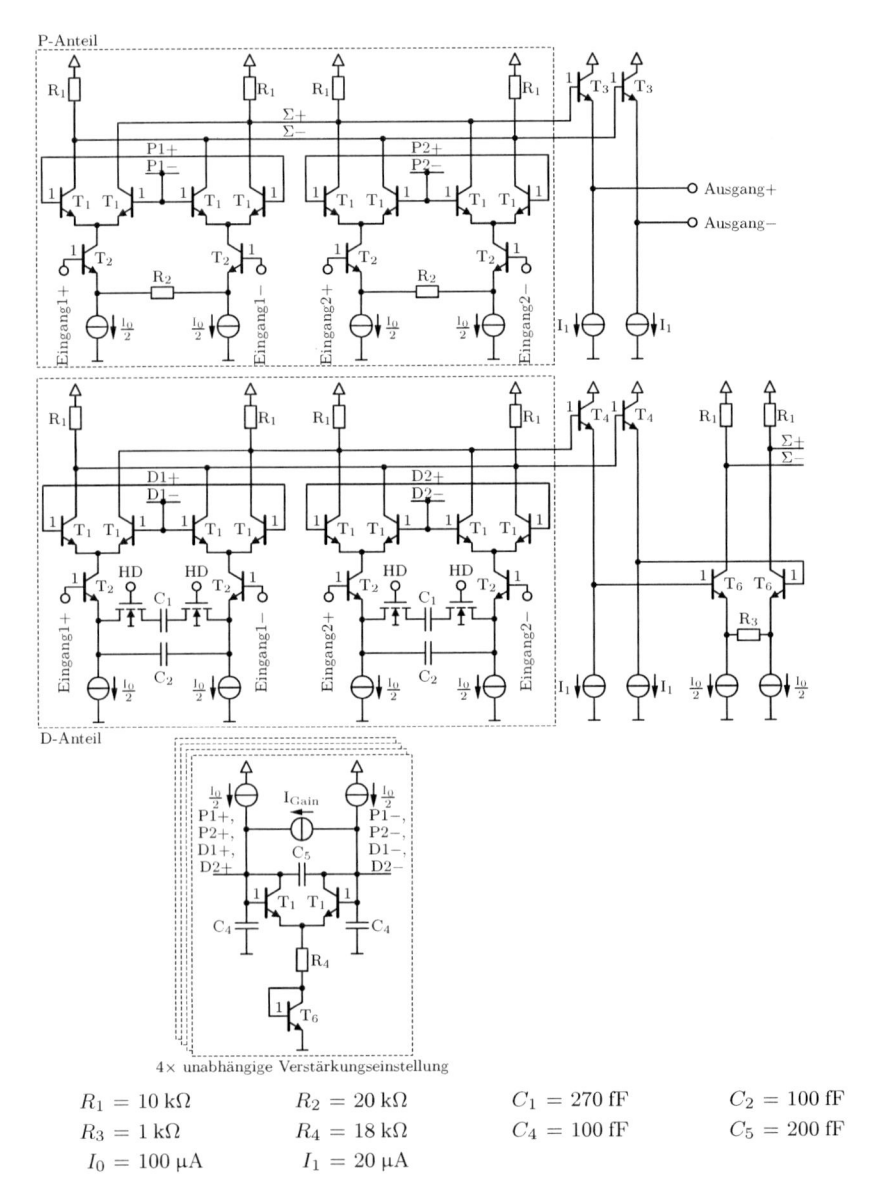

$R_1 = 10\,\text{k}\Omega$	$R_2 = 20\,\text{k}\Omega$	$C_1 = 270\,\text{fF}$	$C_2 = 100\,\text{fF}$
$R_3 = 1\,\text{k}\Omega$	$R_4 = 18\,\text{k}\Omega$	$C_4 = 100\,\text{fF}$	$C_5 = 200\,\text{fF}$
$I_0 = 100\,\text{µA}$	$I_1 = 20\,\text{µA}$		

Abbildung 5.15: Schaltplan der Implementierung der Gleitfunktionsberechnung

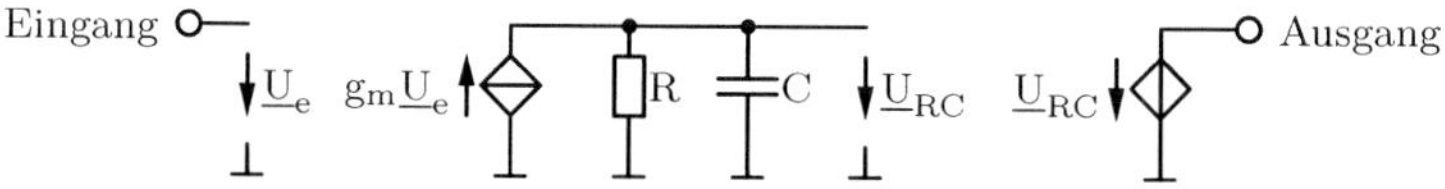

5.7 Implementierung und Optimierung der Baugruppen

Abbildung 5.16: Kleinsignalersatzschaltbild des Modells einer Verstärkerstufe des Komparators

kerstufen ermöglicht ein sehr hohes Verstärkungsbandbreiteprodukt und wird aus diesem Grund eingesetzt.

Für eine gewählte Gesamtverstärkung der Kette v_{ges} stellt sich die Frage, wie groß die Verstärkung pro Stufe und damit wie viele Stufen zu verwenden sind, um die Verzögerungszeit zu minimieren.

Im Folgenden wird angenommen, dass die Verstärkerstufen im linearen Bereich arbeiten, sodass eine Kleinsignalanalyse möglich ist. Diese Annahme ist für den entworfenen Komparator in gewissen Grenzen gültig, da sich der Komparator in einer Regelschleife befindet, wodurch die Aussteuerung gering ist. Es wird des Weiteren angenommen, dass die Verstärkerstufen einen dominanten Pol besitzen, der sich durch die Widerstandslast und einen Parallelkondensator bildet. Das Kleinsignalersatzschaltbild des Verstärkermodells ist in Abbildung 5.16 dargestellt. Die Übertragungsfunktion lautet

$$\underline{V} = \frac{g_\mathrm{m} R}{1 + j\omega RC}, \quad \text{mit} \tag{5.85}$$

$$g_\mathrm{m} = \frac{I_{C,AP}}{U_\mathrm{T}}. \tag{5.86}$$

Aus dieser Übertragungsfunktion ergibt sich für die Gruppenlaufzeit τ_G

$$\tau_\mathrm{G} = \frac{RC}{(\omega RC)^2 + 1}. \tag{5.87}$$

Für kleine Werte für RC kann die Gruppenlaufzeit durch

$$\tau_\mathrm{G} = RC \tag{5.88}$$

approximiert werden.

Für n Verstärkerstufen beträgt die Gleichspannungsverstärkung

$$v_{\text{ges}} = (g_{\text{m}} R)^n \tag{5.89}$$

und die Gesamtverzögerung

$$\tau_{\text{ges}} = n\tau_{\text{G}} = nRC. \tag{5.90}$$

Werden die beiden Gleichungen kombiniert, erhält man

$$\tau_{\text{ges}} = n\frac{C}{g_{\text{m}}} \sqrt[n]{v_{\text{ges}}}. \tag{5.91}$$

Nun kann davon ausgegangen werden, dass entweder der Arbeitspunktstrom des Einzelverstärkers oder die Gesamtstromaufnahme als Randbedingung gewählt wird. Da die Leistungsaufnahme des gesamten Komparators gering sein soll, wird die Gesamtstromaufnahme vorgegeben, sodass gilt

$$I_{\text{C}} = \frac{I_{\text{C,ges}}}{n}. \tag{5.92}$$

Wird dies in die Gleichung für die Gesamtverzögerung eingesetzt und dass Minimum bestimmt, so ergibt sich

$$n_{\min(\tau_{\text{G}})} = \frac{1}{2} \ln(v_{\text{ges}}). \tag{5.93}$$

Die Gleichspannungsverstärkung des Einzelverstärkers beträgt für diesen Fall

$$v_{\min(\tau_{\text{G}})} = \exp(2), \tag{5.94}$$

was einer Verstärkung von 17.4 dB entspricht. Es ist bemerkenswert, dass diese Ergebnisse unabhängig von den Werten der Elemente des Kleinsignalmodells sind.

Für eine Gesamtverstärkung von 1000 erhält man für die Stufenanzahl einen theoretischen Wert von 3.4. Für die Implementierung wurde eine Verstärkerstufenanzahl von 3 gewählt.

In Abbildung 5.17 ist der Schaltplan des Komparators dargestellt. Über eine

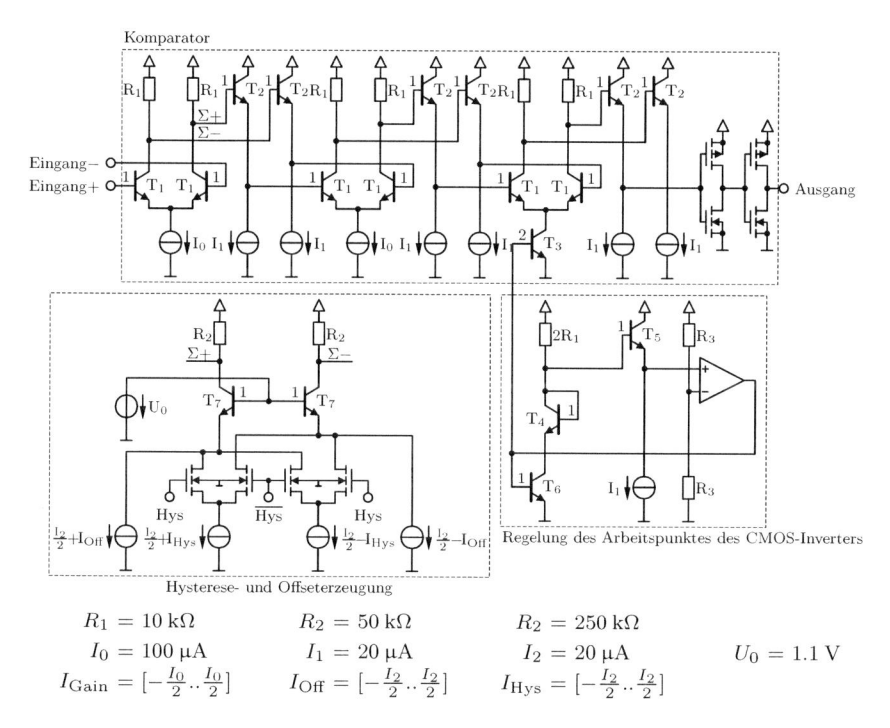

5.7 Implementierung und Optimierung der Baugruppen

Abbildung 5.17: Schaltplan des Komparator mit einstellbarer Hysterese und Offset

$R_1 = 10 \text{ k}\Omega$ $\quad R_2 = 50 \text{ k}\Omega$ $\quad R_2 = 250 \text{ k}\Omega$

$I_0 = 100 \text{ μA}$ $\quad I_1 = 20 \text{ μA}$ $\quad I_2 = 20 \text{ μA}$ $\quad U_0 = 1.1 \text{ V}$

$I_{\text{Gain}} = [-\frac{I_0}{2} .. \frac{I_0}{2}]$ $\quad I_{\text{Off}} = [-\frac{I_2}{2} .. \frac{I_2}{2}]$ $\quad I_{\text{Hys}} = [-\frac{I_2}{2} .. \frac{I_2}{2}]$

zusätzliche Stromeinspeisung nach der ersten Verstärkerstufe, kann der Komparator mit einem Offset und sowohl mit einer positiven als auch mit einer negativen Hysterese versehen werden. Für den Übergang auf CMOS-Inverter hat es sich als die schnellste Implementierung erwiesen, diesen direkt an den Emitter-Folger anzuschließen. Für eine maximale Sensitivität und Robustheit wird der Arbeitspunkt der letzten Verstärkerstufe derart geregelt, dass dieser mit der Schaltschwelle des CMOS-Inverters übereinstimmt.

Da der Leistungsschalter des Tiefsetzstellers zusammen mit dem Komparator auf einem Schaltkreis integriert sind, müssen Störungen durch diesen mit berücksichtigt werden. Der Störeinfluss ist besonders hoch kurz nachdem der Ausgang des Komparator umgeschaltet hat, da sich die Gleitfunktion in diesem Zeitraum immer noch in der Nähe der Schaltschwelle liegt und da die Gate-

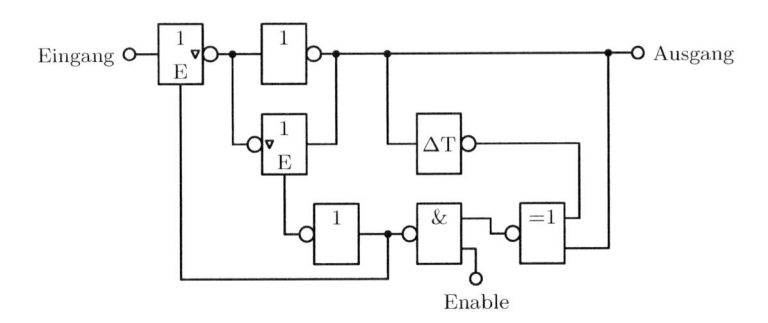

Abbildung 5.18: Schaltung zur Unterdrückung von Störeinflüssen durch die Umschaltung des Leistungsschalters

treiber und die Leistungsschalter in diesem Zeitraum umschalten. Aus diesem Grund ist es sinnvoll, dass der Komparatorausgang für eine gewissen Zeitdauer ΔT nach der Umschaltung sich nicht mehr verändern kann. Dazu wird nach dem Komparator ein zusätzlicher Schaltungsblock eingefügt. Der Schaltplan dieses Schaltungsblocks ist in Abbildung 5.18 dargestellt. Kurz nach der Umschaltung des Eingangs dieses Blocks, wird der eingangsseitige Tri-State-Inverter deaktiviert und der rückwärtige aktiviert. Ab diesem Moment bildet der rückwärtige Tri-State-Inverter mit dem darüber liegenden Inverter ein Speicherelement. Nach der Zeit ΔT wird das Speicherelement wieder deaktiviert und eine Umschaltung am Eingang kann wieder zu einer Umschaltung am Ausgang führen. Dieses Verhalten kann über ein Enable-Signal aktiviert und deaktiviert werden. Damit konnte experimentell nachgewiesen werden, dass die Verluste im Tiefsetzsteller deutlich reduziert werden können, indem unnötige Umschaltungen des Leistungsschalters vermieden werden.

Die Zeit ΔT ist konfigurierbar. Dies wird durch die Kaskadierung von binär gewichteten, umschaltbaren Verzögerungselementen erreicht.

Die Verzögerungszeit des Komparators, die sich mit einem realistischen Testsignal ergibt, beträgt nur 800 ps bei einer Verstärkung von etwa 60 dB ohne und etwa 100 dB mit den CMOS-Invertern. Die Leistungsaufnahme des Komparators und der Hysterese- und Offseterzeugung inklusive der kompletten Biaser-

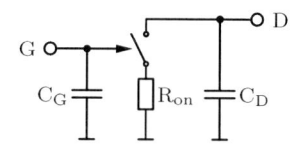

5.7 Implementierung und Optimierung der Baugruppen

Abbildung 5.19: Modell für die Schalttransistoren

zeugung beträgt 1.7 mW aus einer Versorgungsspannung von 2.5 V.

5.7.4 Leistungsschalter

Die Leistungsschalter und die dafür notwendigen Gatetreiber tragen zum weitaus größten Teil zur Verlustleistung des Systems bei. Aus diesem Grund müssen diese optimal für das System ausgelegt werden.

In den Leistungsschaltern treten Leitverluste und Umschaltverluste auf. Die Leitverluste werden durch den Strom durch den Schalter in Verbindung mit seinem Einschaltwiderstand R_{on} verursacht. Die Umschaltverluste setzen sich aus den Treiberverlusten, die durch das Umladen der Gatekapazität C_G verursacht werden, Verlusten durch das Umladen der Drainkapazität C_D und Querstromverlusten zusammen. Querstromverluste können durch eine geeignete Totzeit vermieden werden. Die verbleiben Verluste werden durch das Modell in Abbildung 5.19 abgebildet.

Die Kapazitäten skalieren proportional und der Einschaltwiderstand antiproportional mit der Schalterweite w, sodass gilt

$$C_G = w C'_G \tag{5.95}$$

$$C_D = w C'_D \tag{5.96}$$

$$R_{on} = \frac{R'_{on}}{w} \tag{5.97}$$

Tabelle 5.1: Werte der MOS-Transistoren

	$R'_{on}/$ (kΩ μm)	$E'_G/$ (fJ/ μm)	$E'_D/$ (fJ/ μm)
NMOS	1	9.85	11.1
PMOS	3	10.2	11.4

Da die Kapazitäten C_G und C_D nichtlinear sind, ist es sinnvoll das Problem mit der für eine Umladung notwendigen Energie E_G und E_D zu beschreiben

$$E_G = w E'_G \tag{5.98}$$

$$E_D = w E'_D. \tag{5.99}$$

Die Parameter der MOS-Transistoren für die verfügbare Technologie für eine Versorgungsspannung von 2.5 V sind in Tabelle 5.1 dargestellt.

Unter Berücksichtigung einer CMOS-Treiberkette mit einem Fan-Out-Faktor n_{fan} erhält man mit Hilfe der geometrischen Reihe für die mittlere Schaltverlustleistung P_{sw} für einen Schaltzyklus T_q

$$\begin{aligned} P_{\text{sw}} &= \frac{1}{T_q} \frac{n_{\text{fan}}}{n_{\text{fan}} - 1} \left(E'_G + E'_D \right) w \\ &= \underbrace{\frac{\overline{q}(1-\overline{q})}{T_t} \frac{n_{\text{fan}}}{n_{\text{fan}} - 1} \left(E'_G + E'_D \right)}_{P'_{\text{sw}}} w \end{aligned} \tag{5.100}$$

Die Leitverluste berechnen sich durch

$$P_{\text{cond}} = \underbrace{R'_{on} I^2_{\text{eff}}}_{P'_{\text{sw}}} \frac{1}{w}. \tag{5.101}$$

Unter der Annahme eines dreiecksförmigen Stromverlaufs und unter Verwendung des Lastmodells ergibt sich für das Quadrat des Effektivwerts des Stroms

$$\begin{aligned} I^2_{\text{eff}} &= I^2_0 + \frac{1}{3} \hat{z}^2_{\text{L,Ripple}} \\ &= (I_{\text{PA0}} + G_{\text{PA}} y_S)^2 + \frac{1}{3} \left(\frac{U_0}{2L} T_t \right)^2. \end{aligned} \tag{5.102}$$

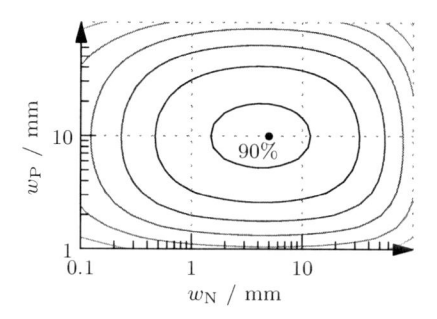

5.7 Implementierung und Optimierung der Baugruppen

Abbildung 5.20: Konturdiagramm des Wirkungsgrades als Funktion der Weite der Transistoren des Leistungsschalters in 5%-Stufen

Die Gesamtverlustleistung berechnet sich schließlich durch

$$P_\text{V} = P_\text{sw} + P_\text{cond}. \tag{5.103}$$

Wird diese minimiert, so erhält man die optimale Weite des Schalttransistors

$$w_{\min(P_\text{V})} = \sqrt{\frac{P'_\text{cond}}{P'_\text{sw}}}. \tag{5.104}$$

Dies gilt für genau einen Punkt der Trajektorie und unter der Annahme, dass die Schalterwiderstände nicht das Tastverhältnis maßgeblich beeinflussen, denn dadurch kann die Optimierung separat für den PMOS- und für den NMOS-Leistungsschalter erfolgen.

Soll die Optimierung für eine repräsentative Trajektorie und unter Berücksichtigung dieser Verkopplung erfolgen, so kann für gewählte Weiten w_N und w_P die Verlustleistung berechnet und anschließend die Weiten optimiert werden. Das Ergebnis dieser Analyse ist in Abbildung 5.20 dargestellt. Dazu wurden die Parameter der Trajektorie verwendet, die bereits für die Optimierung der Streckenparameter eingesetzt wurden. Die implementierten Transistorweiten sind markiert.

Der sich so ergebende Wirkungsgrad berücksichtigt ausschließlich die Verluste der Leistungsschalter. Wird der Widerstand der Spule mit berücksichtigt, so sinkt dieser auf 83%. Das Optimum verbleibt allerdings an der selben Stelle.

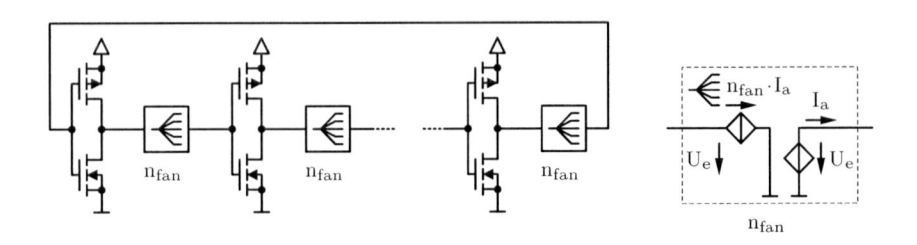

Abbildung 5.21: Schaltplan eines Ringoszillators mit fortwährendem Fan-Out-Faktor

Die Gatetreiber tragen signifikant zur Verlustleistung und zur Verzögerungszeit der Regelschleife bei. Als Gatetreiber werden fortwährend größer werdende CMOS-Inverter eingesetzt. Um die Stufenanzahl und den Fan-Out-Faktor zu optimieren, ist es günstig die Eigenschaften der Kette mit einem Ringoszillator zu untersuchen, der die kontinuierliche Aufweitung nachbildet. Der Schaltplan dieses Ringoszillators ist in Abbildung 5.21 dargestellt. Die mit n_{fan} bezeichneten Zellen puffern die Eingangsspannung und multiplizieren den Ausgangsstrom mit einem Skalar. Dadurch wird die Last der Vorstufe erhöht und ein Ringoszillator mit fortwährender Aufweitung kann simuliert werden.

Mit Hilfe von transienten Simulationen kann die Abhängigkeit der weitenbezogenen Energieaufnahme eines Inverters für eine Umschaltung $E'_{\text{sw,Inv}}$ und die Verzögerungszeit eines Inverters $T_{\text{t,Inv}}$ aus der Schwingfrequenz in Abhängigkeit des Fan-Out-Faktors $n_{\text{fan,Inv}}$ ermittelt werden. Für eine gegebene Gateweite der letzten Stufe w_{Inv,n_S} und der Gateweite der ersten Stufe $w_{\text{Inv},1}$ berechnet sich die notwendige Stufenanzahl n_S mit Hilfe des Fan-Out-Faktors der Inverter $n_{\text{fan,Inv}}$ durch

$$n_S = \frac{\ln \frac{w_{\text{Inv},n}}{w_{\text{Inv},1}}}{\ln n_{\text{fan,Inv}}} = \frac{\ln n_{\text{fan,Treiber}}}{\ln n_{\text{fan,Inv}}}. \tag{5.105}$$

Die Verzögerungszeit der Inverterkette beträgt somit

$$T_{\text{t,Treiber}} = n_S \, T_{\text{t,Inv}} \tag{5.106}$$

5.7 Implementierung und Optimierung der Baugruppen

(a) Verzögerungszeit eines Inverters

(b) Verzögerungszeit der Treiberkette

(c) Energieaufnahme der Treiberkette für eine Umschaltung

(d) Produkt von Verzögerungszeit und Energieaufnahme der Treiberkette

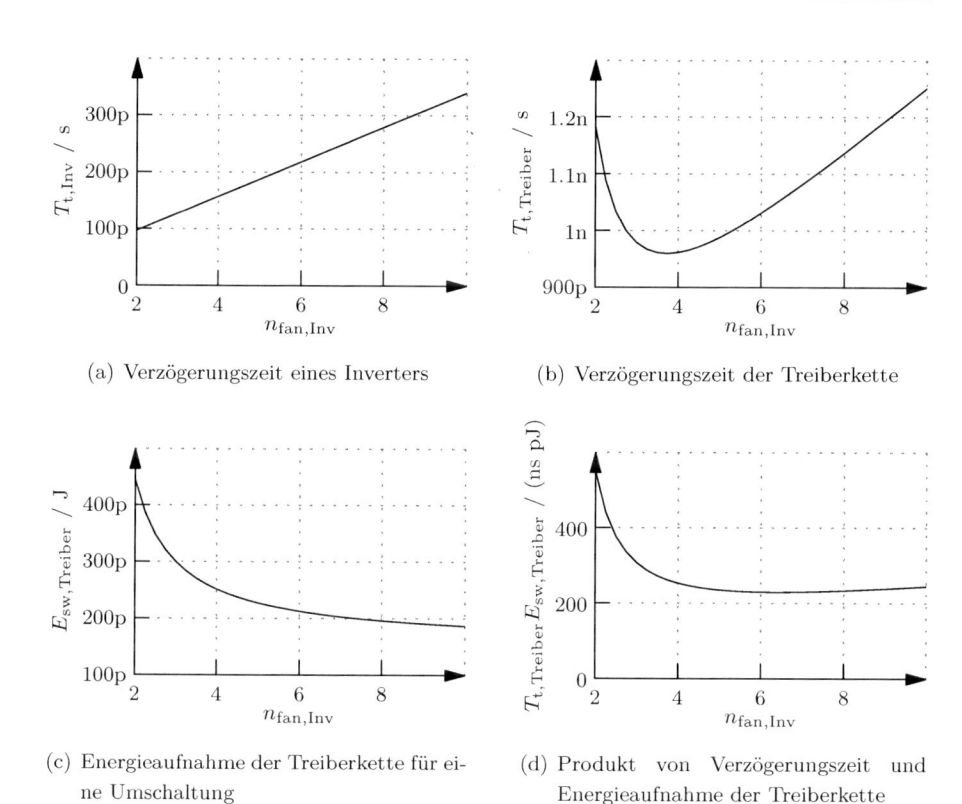

Abbildung 5.22: Aus der Simulation des Ringoszillators abgeleitete Größen

und die Energieaufnahme für eine Umschaltung

$$E_{\text{sw,Treiber}} = E'_{\text{sw,Inv}} \, n_{\text{Inv,n}} \left(\frac{1 - \left(\frac{1}{n_{\text{fan,Inv}}} \right)^{(n_\text{S}+1)}}{1 - \frac{1}{n_{\text{fan,Inv}}}} - 1 \right). \quad (5.107)$$

Die auf den Simulationsdaten beruhenden, berechneten Ergebnisse sind in Abbildung 5.22 dargestellt. Man erkennt, dass die Verzögerungszeit des Inverters in guter Näherung linear vom Fan-Out-Faktor abhängt. Da die Gate- und die Drain-Kapazität, die bereits bei der Auslegung der Leistungsschalter verwendet wurden, annähernd gleich sind, ergibt sich ungefähr das auch in der Literatur

(a) NAND-Flankenschieber (b) NOR-Flankenschieber

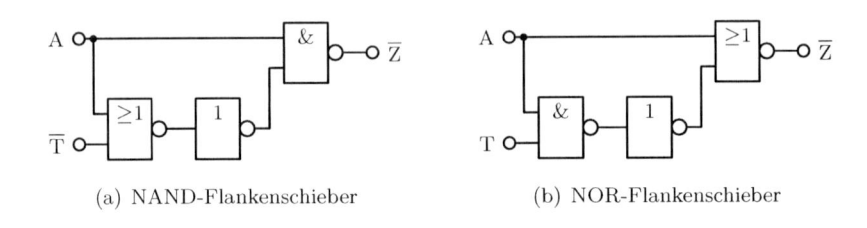

Abbildung 5.23: Grundtopologien von einstellbaren Flankenschiebern

zu findende Minimum für die gesamte Treiberkette bei einem Fan-Out-Faktor von

$$n_{\text{fan,Inv,min}(T_t)} = \exp(1) + 1. \tag{5.108}$$

Die Energieaufnahme der Treiberkette fällt für größer werdende Fan-Out-Faktoren fortwährend und strebt asymptotisch der Energie zu, die zum Umschalten der letzten Stufe notwendig ist. Bei dem Fan-Out-Faktor für die minimale Verzögerungszeit ist die Energieaufnahme mehr als 40% höher als der minimale Wert. Da sowohl die Energieaufnahme als auch die Verzögerungszeit der Treiberkette für das System relevante Größen darstellen, muss ein Kompromiss zwischen diesen Größen gefunden werden. Die implementierte Treiberkette weist einen Fan-Out-Faktor von 5.5 auf und benötigt damit nur 15% mehr Energie im Vergleich zum Minimalwert. Die Verzögerungszeit ist 5% höher als die minimale Verzögerungszeit.

Zur Implementierung der Totzeiten zur Vermeidung der Querstromverluste wurden Schaltungsblöcke aus Standardzellen eingesetzt, die je nach Aufbau die positive oder die negative Flanke verzögern können. Die Grundtopologie dieser Schaltungsblöcke ist in Abbildung 5.23 dargestellt. Ob die entsprechende Flanke verzögert wird, kann mit Hilfe des Eingangs T konfiguriert werden. Um den Stellbereich zu erweitern, sollten mehrere dieser Blöcke eingesetzt werden. Ein einfache Kaskadierung würde allerdings zur deutlichen Erhöhung der minimal einstellbaren Verzögerungszeit führen. Eine Auffächerung des Eingangs und die anschließende Zusammenfassung am Ausgang mit einem Gatter ist

5.8 Experimentelle Ergebnisse

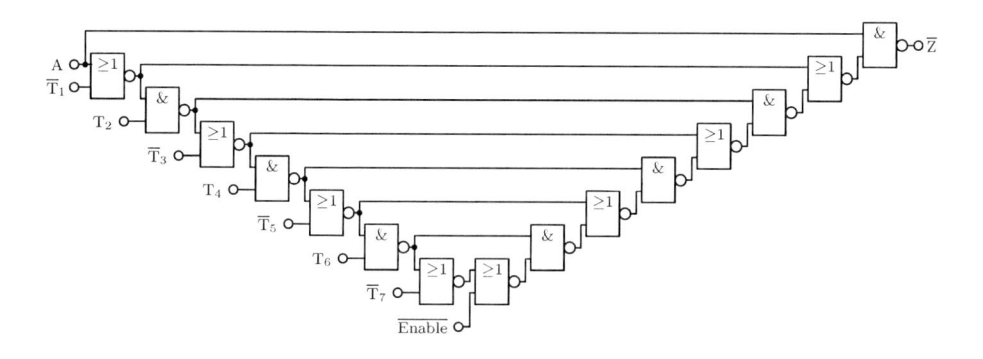

Abbildung 5.24: 8-fach einstellbarer Flankenschieber mit 7 Bit Thermometercode und Enable-Signal

aufgrund des ungünstigen Fan-Out-Faktors und aufgrund der Notwendigkeit eines Logikgatters mit vielen Eingängen nachteilig. Aus diesem Grund wurden die Grundtopologien so erweitert, wie es in Abbildung 5.24 zu sehen ist. Durch die Kombination beider Grundtopologien ist es möglich die genannten Nachteile zu beseitigen. Zusätzlich wurden die so entstandenen Elemente mit einem Enable-Signal versehen, um jeden der Leistungsschalter neben dem normalen Betrieb auch statisch ein und ausschalten zu können.

In dem Schaltkreis wurde für jeden Leistungsschalter einer dieser Blöcke eingesetzt. Da je nach Typ des Leistungsschalters eine andere Flanke verzögert werden muss, wurde zur Synchronisierung der Signalpfade noch Gatter zur Nachbildung der minimalen Verzögerungszeit eingesetzt.

5.8 Experimentelle Ergebnisse

Die Anordnung der Hauptfunktionsblöcke des entworfenen Schaltkreises *BuckV3* aus Abbildung 5.12 ist in Abbildung 5.25 illustriert. Ein Chipfoto dieses Schaltkreises ist in Abbildung 5.26(a) dargestellt. Basierend auf diesem Chip wurden verschiedene Prototypen aufgebaut. In Abbildung 5.26(b) ist der Aufbau in Kombination mit dem Leistungsverstärker *PAwT* zu sehen.

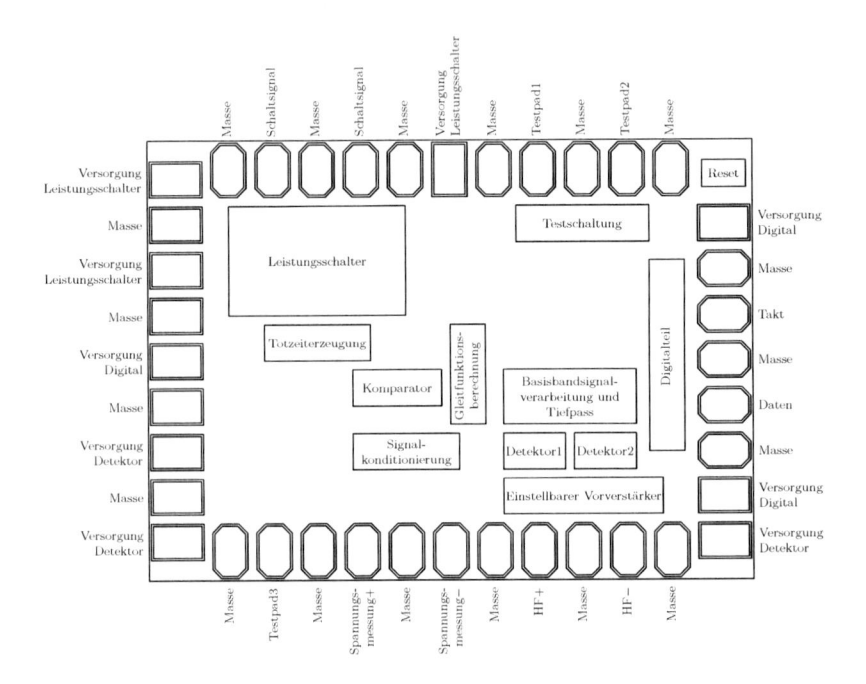

Abbildung 5.25: Überblick über die Anordnung der wichtigsten Funktionsblöcke aus Abbildung 5.12 des Schaltkreises *BuckV3*

Der vereinfachte Schaltplan dieses PCBs ist in Abbildung 5.27 abgebildet. Zur Aufteilung des Hochfrequenzsignals wird dabei kein Leistungsteiler verwendet, sondern es wird ausgenutzt, dass die resistive Anpassung des VGAs der Sollwerterzeugung abschaltbar ist, wodurch der Tiefsetzstellerschaltkreis mit einer kurzen Stichleitung an das Hochfrequenzsignal angekoppelt werden kann. Um den Wirkungsgrad und den Dynamikbereich weiter zu steigern, wurde der komplette Tiefsetzstellerschaltkreis um 0.6 V im Potential angehoben. Damit muss dieser nicht mehr die Sättigungsspannung des Leistungsverstärkers zur Verfügung stellen und sein Aussteuerbereich steigt. Bei allen Messungen sind die Erzeugung dieser Versorgungsspannung und die damit verbundenen Verluste mit berücksichtigt.

Die Grundlage für die Auswahl der passiven Komponenten bildete die Analyse

5.8 Experimentelle Ergebnisse

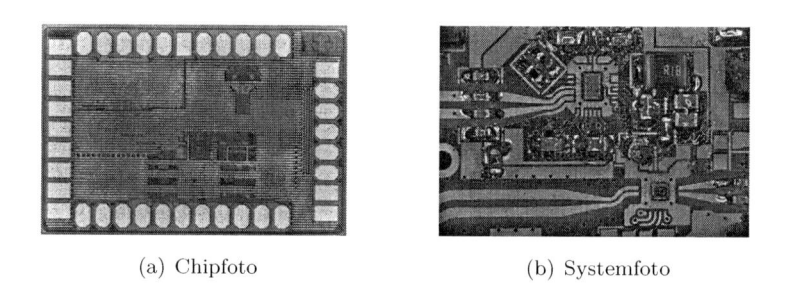

(a) Chipfoto

(b) Systemfoto

Abbildung 5.26: Chipfoto des Tiefsetzstellerschaltkreises und Foto des Systems

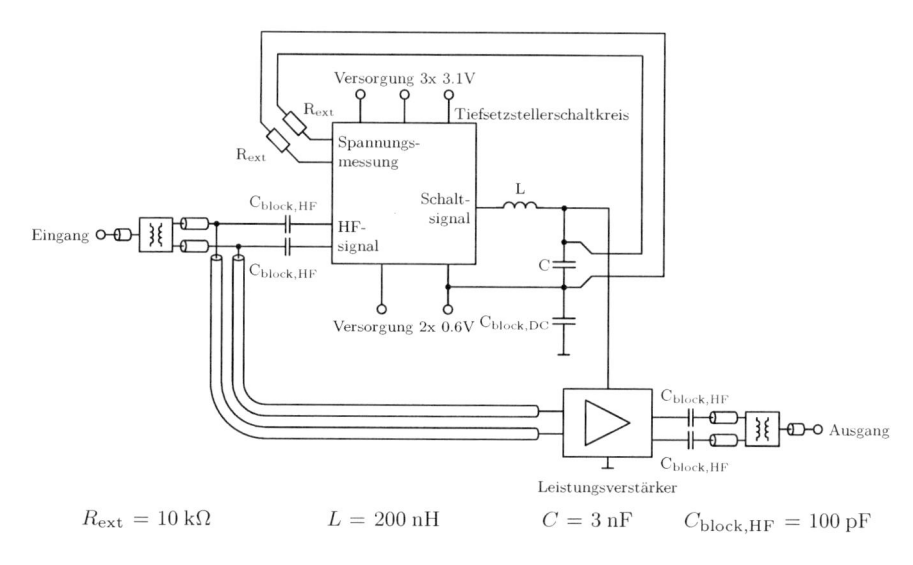

$R_{ext} = 10\,\mathrm{k\Omega}$ $\quad$ $L = 200\,\mathrm{nH}$ $\quad$ $C = 3\,\mathrm{nF}$ $\quad$ $C_{block,HF} = 100\,\mathrm{pF}$

Abbildung 5.27: Schaltplan des PCBs

im Abschnitt 5.3. Die Knickfrequenz des LC-Tiefpasses des Tiefsetzstellers beträgt somit 6.5 MHz. Die Implementierung der charakteristischen Impedanz ist durch die begrenzte Selbstresonanzfrequenz sowohl der Spule als auch des Kondensators limitiert. Aus diesem Grund wurde eine charakteristische Impedanz von 8 Ω gewählt. Diese ist größer als das Optimum, aber, wie aus Abbildung 5.5 im Abschnitt 5.3 entnommen werden kann, ist der Einfluss auf die Ausfallwahrscheinlichkeit bei dieser Abweichung noch gering.

Für die Spule des Tiefsetzsteller-basierten Systems können keine Spulen verwendet werden, die Ferrite als Kernmaterial einsetzen, da Ferrite für die hohe Schaltfrequenz hohe Verlust aufweisen. Damit können nur Spulen mit keramischem Wickelkörper eingesetzt werden. Der Nachteil von diesen Spulen ist der vergleichsweise hohe Serienwiderstand, der in Kauf genommen werden muss. Für den Kondensator wurde ein X2Y-Kondensator eingesetzt, der durch seine spezielle Geometrie eine sehr niedrige Serieninduktivität aufweist.

Für die Charakterisierung wurden ausschließlich OFDM-modulierte Signale nach dem DVB-T-Standard verwendet. Für einen aussagekräftigen Vergleich wurden mit den gleichen Verstärkern Verstärkermodule aufgebaut, die das Anpasssystem nicht beinhalten und die dementsprechend weniger Verluste in der Versorgungsspannungszuführung aufweisen als Verstärkermodule mit dem Tiefsetzsteller-basierten System.

In Abbildung 5.28 sind die Messergebnisse vergleichend gegenüber gestellt. Man erkennt in Abbildung 5.28(a), dass der Wirkungsgrad des Systems im Back-Off deutlich gesteigert werden kann. Allerdings wird die EVM, die in Abbildung 5.28(b) dargestellt ist, leicht verschlechtert.

Damit entschieden werden kann, ob das System nutzbar ist, wurde der Wirkungsgrad in Abbildung 5.28(f) über der EVM aufgetragen. Daran erkennt man, dass es einen großen Bereich gibt, indem der Wirkungsgrad für einen gegebenen Grenzwert der EVM erhöht werden kann. Häufig verwendete Grenzwerte für die EVM betragen für QPSK 17.5%, für QAM16 12.5% und für QAM64 8%. Daraus kann geschlussfolgert werden, dass der Wirkungsgrad für QAM-modulierte OFDM-Signale deutlich gesteigert werden kann. Nur bei der Verwendung von QPSK-modulierten Signalen fällt die Wirkungsgraderhöhung bei Betrieb an der Aussteuerungsgrenze weniger deutlich aus. Allerdings würde man in diesem Fall das System nicht zwingend an der Aussteuerungsgrenze betreiben, um einen besseren Kompromiss zwischen Ausgangsleistung und Verzerrung des Signals und damit eine höhere Reichweite des Systems zu erreichen.

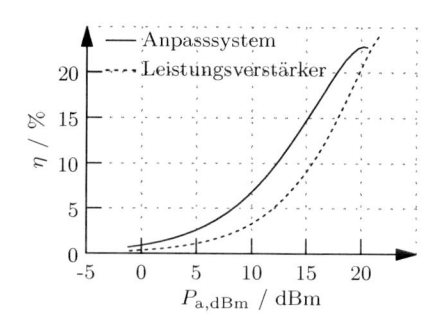

5.8 Experimentelle Ergebnisse

(a) Wirkungsgrad in Abhängigkeit von der Ausgangsleistung

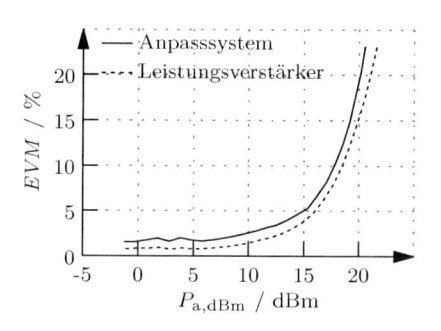

(b) EVM in Abhängigkeit von der Ausgangsleistung

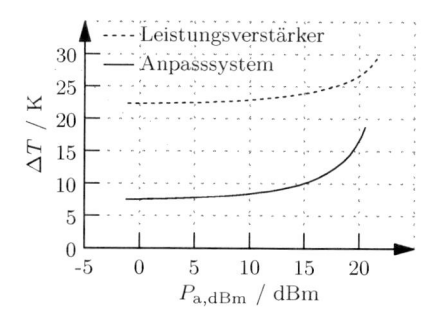

(c) Temperaturerhöhung des Leistungsverstärkers

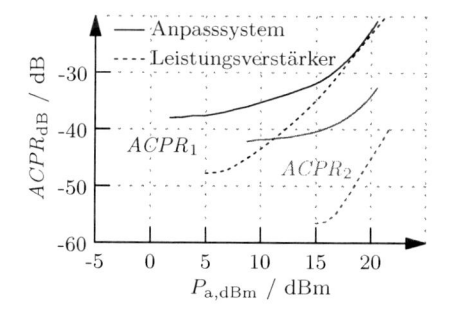

(d) $ACPR$ in Abhängigkeit von der Ausgangsleistung

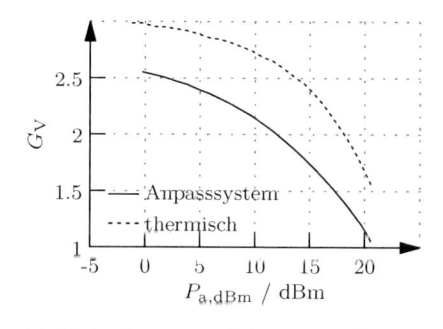

(e) Verlustleistungsreduktion in Abhängigkeit von der Ausgangsleistung

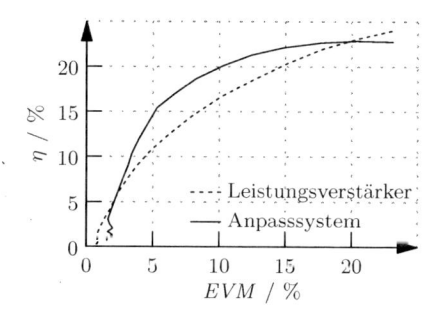

(f) Wirkungsgrad in Abhängigkeit von der EVM

Abbildung 5.28: Vergleich der Messergebnisse des Tiefsetzsteller-basierten Systems und des Leistungsverstärkers ohne Anpasssystem

Mit Hilfe des integrierten Temperatursensors des Leistungsverstärkers kann die Temperaturerhöhung und die Verlustleistung direkt gemessen werden. Die Bestimmung des thermischen Übergangswiderstandes des Leistungsverstärkers zur Umgebung ergab einen Wert von etwa $50\,\frac{K}{W}$. Die Temperaturerhöhung ist in Abbildung 5.28(c) dargestellt. Auch diese Grafik belegt, dass die Verlustleistung des Leistungsverstärkers deutlich reduziert wird.

Als Gütemaß für das System ist der Quotient der Wirkungsgrade ungeeignet. Aus diesem Grund wird als Gütemaß die Verlustleistungsreduktion G_V verwendet. Diese sei mit Hilfe der Leistungsaufnahme des Verstärkermoduls ohne Arbeitspunktanpassung $P_{DC,PA}$ und mit Hilfe der Leistungsaufnahme des Anpasssystems $P_{DC,System}$ definiert durch

$$G_V = \frac{P_{DC,PA} - P_a}{P_{DC,System} - P_a} = \frac{\frac{1}{\eta_{PA}} - 1}{\frac{1}{\eta_{System}} - 1}. \qquad (5.109)$$

Anhand der Abbildung 5.28(e) erkennt man, dass für ein QAM16-moduliertes OFDM-Signal ein Gewinn von mehr als 1.5 erreicht werden kann. Dies bedeutet eine Verringerung der Verluste um mehr als 33%. Mit Hilfe der Temperaturerhöhung kann ebenfalls die Verlustleistungsreduktion berechnet werden. Auch diese ist mit in der Abbildung dargestellt. Die Verringerung des Gewinns ist durch die Verluste des Tiefsetzstellers begründet.

Das $ACPR$ ist in Abbildung 5.28(d) sowohl für den Nachbarkanal als auch für den übernächsten Kanal dargestellt. Für sehr kleine Ausgangsleistungen konnte das $ACPR$ aufgrund des Rauschteppichs der Messgeräte nicht mehr ermittelt werden, und wurde aus diesem Grund nicht mehr in der Grafik dargestellt. Die Verschlechterung des $ACPR$ ist besonders für niedrige Ausgangsleistungen zu beobachten. Im für die Anwendung relevanten Bereich wird das $ACPR_1$ kaum und das $ACPR_2$ nur moderat verschlechtert.

Das Spektrum sowie eine Messung mit Hilfe eines Echtzeitoszilloskops für eine Ausgangsleistung von 16 dBm ist in Abbildung 5.29 und in Abbildung 5.30 dargestellt. Die Messung der Ausgangsspannung und des Schaltsignals erfolgte dabei mit Hilfe eines auf der Platine integrierten, diskreten 20:1-Tastkopfes. Anhand des Spektrums erkennt man, dass keine schmalbandigen Störer auftreten.

5.8 Experimentelle Ergebnisse

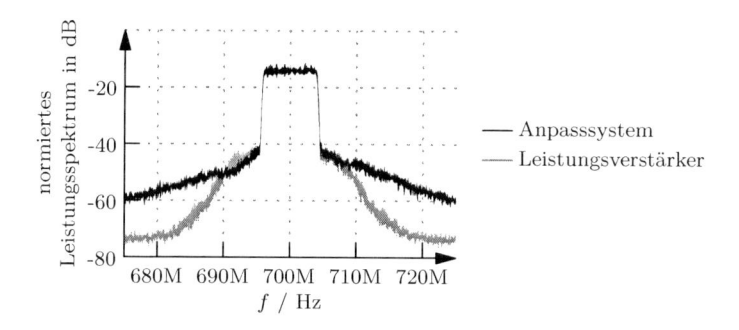

Abbildung 5.29: Gemessenes, auf die Ausgangsleistung normiertes Spektrum

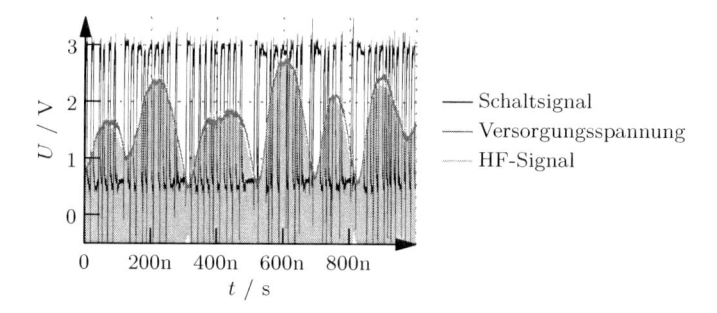

Abbildung 5.30: Gemessener transienter Verlauf

Dies kann dadurch begründet werden, dass die Schaltfrequenz des Gleitregimereglers nicht fest ist, und damit das Spektrum des Schaltsignals breitbandig und flach ist. Anhand des gemessenen transienten Verlaufs erkennt man, dass die Versorgungsspannung gut der Hüllkurve folgt. Bereiche mit Über- oder Unterversorgung sind kaum zu erkennen.

Die direkte Messung des Wirkungsgrades des Tiefsetzstellers während des nominellen Betriebs ist unter Berücksichtigung der variablen Last durch den Leistungsverstärker und unter Verwendung modulierter Signale nicht möglich. Für unmodulierte Signale ist eine gute Abschätzung mit Hilfe einer Vergleichsmessung zwischen aktiviertem und deaktiviertem Anpassschaltkreis möglich. Durch die Messung mit deaktiviertem Anpassschaltkreis und permanent aktivierten

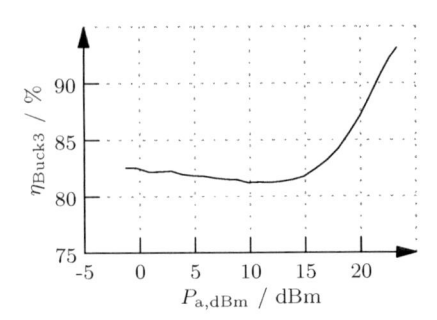

Abbildung 5.31: Gemessener Wirkungsgrad des Anpasssystems für unmodulierte Signale

Leistungsschaltern ist die Relation zwischen Generatorspannung und Laststrom im Sinne der Stromaufnahme des Leistungsverstärkers bekannt, da diese in diesem Betriebsfall nicht verändert wird. Bei aktiviertem Anpassschaltkreis wird anschließend die Stromaufnahme des Systems sowie die mittlere Ausgangsspannung mit Hilfe eines hochohmigen RC-Tiefpasses gemessen. Damit kann der Wirkungsgrad direkt für unmodulierte Signale abgeschätzt werden. Dieses Ergebnis ist in Abbildung 5.31 dargestellt.

Das Tiefsetzsteller-basierte System wurde mit einer Breitbandantenne kombiniert. Zur Ausnutzung der hohen Bandbreite des Verstärkers wurde die Antenne mit Hilfe eines Dual-Band-Anpassnetzwerkes an die Systemimpedanz angepasst. Zur Optimierung des Wirkungsgrades wurde ausgenutzt, dass sowohl die Antenne als auch der Verstärker differentiell ausgeführt sind, wodurch es nicht mehr notwendig ist, zwischen diesen Komponenten Baluns einzusetzen. Durch diese Maßnahme konnten die Verluste der Baluns umgangen und damit die Ausgangsleistung um 38% erhöht werden. Diese hat direkten Einfluss auf den Wirkungsgrad des Leistungsverstärkers mit Anpasssystem, sodass sich der Wirkungsgrad dementsprechend gegenüber den dargestellten Messergebnissen erhöht. In Abbildung 5.32 ist ein Foto der Antenne mit dem Tiefsetzsteller-basierten System zu sehen. Die Platine, die die Hochfrequenzkomponenten enthält, ist auf eine Mikrocontrollerplatine montiert, die das System über eine digitale Schnittstelle konfiguriert, die das System überwacht und die das

5.8 Experimentelle Ergebnisse

Abbildung 5.32: Foto des Gesamtsystems mit Antenne

Power-Sequencing übernimmt.

In Tabelle 5.2 sind die erreichten Ergebnisse vergleichend zu anderen veröffentlichten Ergebnissen dargestellt. Dabei wurden Veröffentlichungen gewählt, bei denen die Bandbreite des Übertragungsstandards vergleichbar mit der Zielapplikation ist, da dies direkten Einfluss auf den Wirkungsgrad des Anpasssystems hat. Für einen aussagekräftigen Vergleich sind noch weitere Aspekte zu beachten. So muss bedacht werden, dass diskrete Leistungsverstärker und integrierte Leistungsverstärker in einer III-V-Halbleitertechnologie einen deutlich höheren Wirkungsgrad erzielen, als Leistungsverstärker die auf Silizium basieren. Dadurch erhöht sich direkt der Wirkungsgrad des Gesamtsystems. Außerdem ist zu beachten, dass viele Systeme sowohl über eine digitale Vorverzerrung als auch über einen separaten Signalpfad für die Hüllkurve besitzen. Dabei wird die Hüllkurve nicht nur berechnet und über einen Wandler als weiteres analoges Eingangssignal zur Verfügung gestellt, sondern auch teilweise derart verändert, dass deren Bandbreite geringer ist. Durch diese Maßnahmen lassen sich die Anforderungen an das Anpasssystem verringern und der Wirkungsgrad des Gesamtsystems erhöhen, allerdings geht aus den Veröffentlichungen nicht hervor, dass der dafür notwendige Energieeinsatz bei der Darstellung der Messergebnisse mit berücksichtigt wurde. Beim Vergleich der Ergebnisse erkennt man, dass der Wirkungsgrad des entwickelten Anpasssystems vergleichbar ist mit dem Wirkungsgrad der anderen Systeme. Dabei fällt auf, dass hybride Systemarchitekturen deutlich häufiger verwendet werden als tiefsetzstellerbasierte. Der erreichte Wirkungsgrad des Gesamtsystems lässt sich aufgrund der erwähnten Gründe nur mit [21] direkt vergleichen, da in dieser Veröffentlichung ebenfalls ein vollintegrierter Leistungsverstärker in einer Siliziumtechnologie verwendet wird. Auch dabei erkennt man, dass das System mit dem Stand der Technik vergleichbar ist. Als Besonderheit ist zu erwähnen, dass das entwickelte System im Gegensatz zu den anderen dargestellten Systemen als einziges über eine integrierte Hüllkurvenerzeugung verfügt, wodurch keine weiteren Komponenten benötigt werden.

5.8 Experimentelle Ergebnisse

Tabelle 5.2 Vergleich mit dem Stand der Technik von Leistungsverstärkern mit Arbeitspunktanpassung

Ref.	Tech.	Mod.	P_a dBm	η_{DCDC} %	η_{ges} %	int. PA	DPD	Bemerkung
[14]	n.s.	EDGE 384 kHz	28	84	45	nein	ja	Hybrid versorgt über Hochsetzsteller, separate Hüllkurvenerzeugung
		WCDMA 3.84 MHz	29	84	46	nein	ja	
		m-WiMAX 5 MHz	24	75	34	nein	ja	
[15]	dist-ret	WCDMA 3.84 MHz	46	n.s.	61	nein	ja	Hybrid mit 2 Schaltwandlern, separate Hüllkurvenerzeugung
[16]	150 nm HVCMOS	LTE 20 MHz	30	n.s.	45	nein	ja	Hybrid, separate Hüllkurvenerzeugung
[17]	180 nm HVCMOS	LTE 20 MHz	28	83	48	nein	ja	Hybrid mit 2 Schaltwandlern und dualer Versorgung, separate Hüllkurvenerzeugung
[18]	180 nm HVCMOS, InGaP HBT	LTE 10 MHz	18	71	26	ja	nein	Hybrid versorgt über Hochsetzsteller, separate Hüllkurvenerzeugung
[19]	35 nm BiCMOS	LTE 10 MHz	28	83	41	nein	nein	Hybrid, separate Hüllkurvenerzeugung
[20]	180 nm CMOS	WCDMA 3.84 MHz	18	76	29	nein	n.s.	Tiefsetzsteller, separate Hüllkurvenerzeugung
[21]	350 nm BiCMOS	LTE 10 MHz	24	n.s.	24	ja	nein	Hybrid, separate Hüllkurvenerzeugung
BuckV3	250 nm SiGe BiCMOS	DVB-T 8 MHz	19	82	24	ja	nein	Tiefsetzsteller, integrierte Hüllkurvenerzeugung

Tech.: Technologie Mod.: Modulation P_a: Ausgangsleistung
η_{DCDC}: Wirkungsgrad des DC-DC-Wandlers η_{ges}: Wirkungsgrad des Gesamtsystems int. PA: integrierter Leistungsverstärker
DPD: digitale Vorverzerrung

6 Hybride Systemarchitektur

Die Tiefsetzsteller-basierte Systemarchitektur benötigt eine sehr hohe Schaltfrequenz, wodurch der erreichbare Wirkungsgrad limitiert ist. Dies zu umgehen ist die Motivation für die hybride Systemarchitektur, die die zweite der beiden entwickelten Architekturen darstellt.

Die Grundidee ist, dass die Stromaufnahme eines Klasse-A-Verstärkers theoretisch konstant ist. Dadurch kann dieser Strom mit einer Stromquelle zur Verfügung gestellt werden. Diese muss einen hohen Wirkungsgrad aufweisen, kann aber dafür langsam sein. Die Spannung kann separat durch eine Spannungsquelle eingestellt werden. Wenn die Stromquelle derart geregelt wird, dass diese den Laststrom liefert, den der Versorgungsstrom des Leistungsverstärkers für das System darstellt, so fließt durch die Spannungsquelle kein Strom. Damit muss die Spannungsquelle weder Leistung abgeben noch aufnehmen. Dadurch kann diese Spannungsquelle schnell und verlustbehaftet implementiert werden. Dieses Grundkonzept ist in Abbildung 6.1 dargestellt.

Für die Implementierung der Stromquelle ist es notwendig, eine schaltende Topologie zu verwenden, um einen hohen Wirkungsgrad zu erreichen. Für die Umsetzung der Spannungsquelle können sowohl schaltende als auch lineare Topologien Verwendung finden. Um eine robuste und schnelle Regelung des Systems zu ermöglichen, bietet sich in diesem System die Verwendung eines Linearreglers beziehungsweise eines Operationsverstärkers an. Ein solches System ist in Abbildung 6.2 zu sehen.

Da die Stromaufnahme der entworfenen Leistungsverstärker expandiert, wodurch deren Wirkungsgrad im Back-Off-Verhalten verbessert wird, ist die Annahme der konstanten Stromaufnahme nicht gültig. Daraus ergeben sich zwei Möglichkeiten der Dimensionierung des hybriden Systems, die sich in der Dynamik des Schaltwandlers und damit in der Geschwindigkeit der Stromregelung

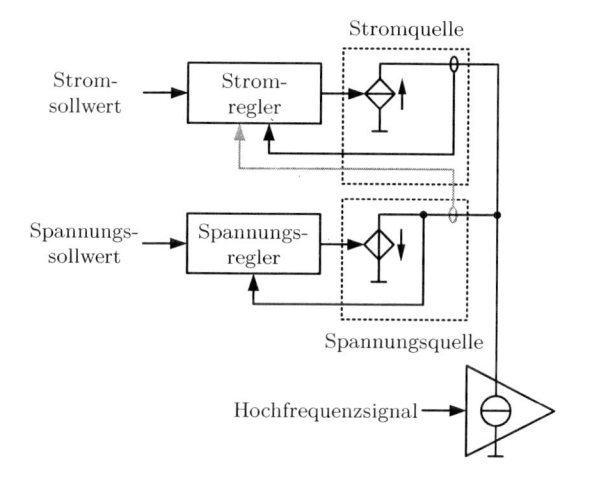

Abbildung 6.1: Prinzipschaltung des hybriden Systems

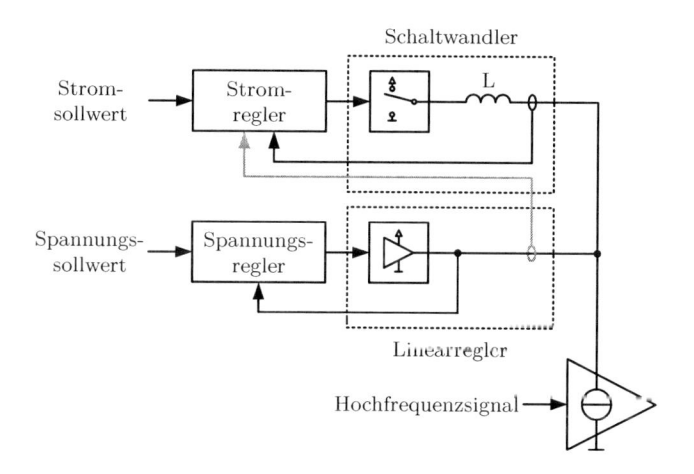

Abbildung 6.2: Übersicht über das hybride System

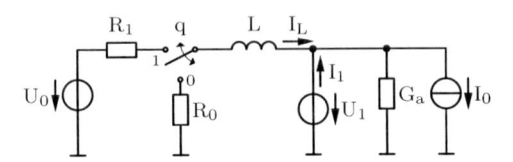

Abbildung 6.3: Schaltplan des Modells des hybriden Systems

unterscheiden. Einerseits kann der Schaltwandler so ausgelegt werden, dass er der veränderlichen Last folgen kann, oder andererseits, dass dieser nur einen Konstantstrom ausgibt. Diese beiden Fälle werden im Folgenden untersucht.

6.1 Hybrides System mit schneller Stromregelung

Bei dem hybriden System mit schneller Stromregelung ist der Stromregler jederzeit in der Lage den Strom durch die Spannungsquelle zu Null zu regeln. Dadurch ist eine hohe Dynamik und eine Schaltfrequenz ähnlich der des Tiefsetzsteller-basierten Systems notwendig, was einen Nachteil darstellt. Die Vorteile dieser Auslegungsvariante sind die bessere Spannungsqualität der Versorgungsspannung des Leistungsverstärkers und die geringen systematischen Verluste, die nur durch den Stromrippel in Verbindung mit dem Linearregler verursacht werden. Für eine optimale Auslegung können die Steckenparameter in ähnlicher Weise wie bei der Tiefsetzsteller-basierten Systemarchitektur optimiert werden .

In Abbildung 6.3 ist das Modell des hybriden Systems dargestellt. Durch

$$I_L = z_L \tag{6.1}$$

$$\dot{z}_L = \frac{1}{L}\left(qU_0 - U_1 - R_q z_L\right). \tag{6.2}$$

ist das geschaltete Modell beschrieben. Die Ordnung des Systems ist damit um einen Grad geringer, als die Ordnung des Tiefsetzsteller-basierten Systems. Das

6.1 Hybrides System mit schneller Stromregelung

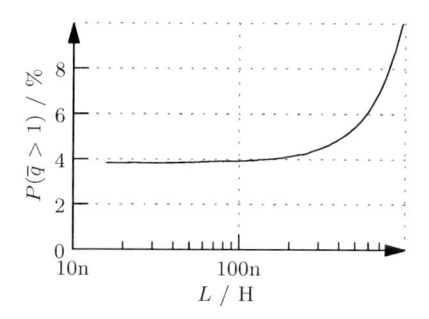

Abbildung 6.4: Wahrscheinlichkeit für ein Tastverhältnis größer als 1 für $R_0 = 0.5\,\Omega$, $R_1 = 0.8\,\Omega$, $G_{PA} = 60\,\text{mS}$, $I_{PA0} = 70\,\text{mA}$, $U_{\text{sat}} = 0.8\,\text{V}$, $U_0 = 2.5\,\text{V}$, $PAPR_{PA} = 6\,\text{dB}$, $BW_{RF} = 7.61\,\text{MHz}$

gemittelte System ist flach bezüglich des Ausgangs z_L, sodass gilt

$$\bar{q} = \frac{L\dot{z}_L + U_1 + R_0 z_L}{U_0 - (R_1 - R_0)z_L} \tag{6.3}$$

Damit der Strom durch die Spannungsquelle Null beträgt, muss gelten

$$z_L = I_0 + G_a U_1. \tag{6.4}$$

Folgt das System der Solltrajektorie, so gilt unter Berücksichtigung des Lastmodells aus Abschnitt 5.2

$$U_1 = y_S \tag{6.5}$$

$$z_L = I_{PA0} + G_{PA} y_S. \tag{6.6}$$

Damit kann das notwendige Tastverhältnis $\bar{q}$ für diese Bedingung berechnet werden

$$\bar{q} = \frac{L G_{PA} \dot{y}_S + y_S + R_0(I_{PA0} + G_{PA} y_S)}{U_0 - (R_1 - R_0)(I_{PA0} + G_{PA} y_S)}. \tag{6.7}$$

Daraus ergibt sich die Wahrscheinlichkeit, dass das System nicht in der Lage ist, die Vorgabe zu erfüllen. Basierend auf den gleichen Parametern, die auch in Abbildung 5.5 verwendet wurden, erhält man die Abbildung 6.4. Man erkennt,

(a) Hystereseimplementierung

(b) Totzeitimplementierung

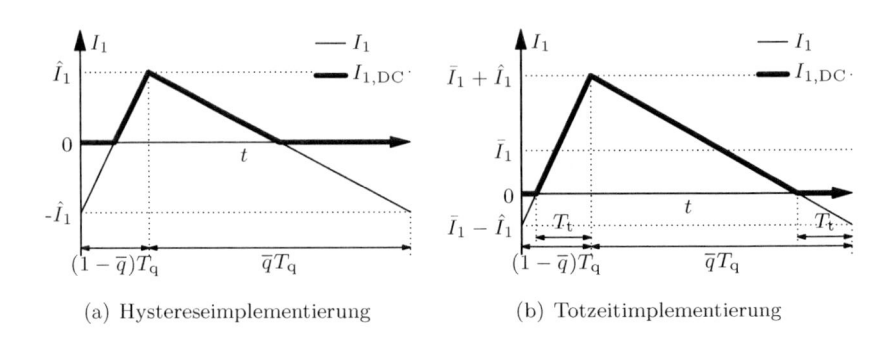

Abbildung 6.5: Ausgangsstrom und Versorgungsstromaufnahme des Linearreglers

dass für kleine Induktivitätswerte das System erneut der gleichen Ausfallwahrscheinlichkeit entgegenstrebt, während große Induktivitätswerte zu einer hohen Ausfallwahrscheinlichkeit führen. Das Minimum der Ausfallwahrscheinlichkeit bildet sich bei diesem System nicht aus.

Für den Fall, dass das berechnete Tastverhältnis außerhalb des gültigen Bereiches liegt und das System damit die Anforderung, dass der Strom durch die Spannungsquelle Null beträgt nicht mehr erfüllen kann, erhöhen sich bei der Verwendung eines Linearreglers die Verluste des Systems. Liefert die Spannungsquelle die notwendige Stromdifferenz, so kommt es nicht zu einer Unterversorgung des Leistungsverstärkers und die Linearität des Systems wird nicht verschlechtert.

Beim hybriden System treten im Gegensatz zum Tiefsetzsteller-basierten System systematische Verluste auf. Diese werden beim hybriden System mit schneller Stromregelung durch den Stromrippel verursacht. Der Verlauf des Ausgangsstroms des Linearreglers I_1 und dessen Stromaufnahme $I_{1,\text{DC}}$ sind in Abbildung 6.5 sowohl für eine Hystereseimplementierung als auch für eine Totzeitimplementierung dargestellt. Vergleichbar zum Tiefsetzsteller-basierten System berechnet sich der Anstieg des Ausgangsstroms des Linearreglers $\dot{I}_1$ durch

$$\dot{I}_1 = \dot{z}_L - \dot{\bar{z}}_L = \frac{1}{L}(q - \bar{q})U_0. \tag{6.8}$$

6.1 Hybrides System mit schneller Stromregelung

Für die Hystereseimplementierung mit der Schwankungsbreite $\hat{I}_1$ ergibt sich damit für die Schaltzyklusdauer T_q

$$T_\mathrm{q} = \frac{2\hat{I}_1 L}{U_0} \frac{1}{\overline{q}(1-\overline{q})}. \tag{6.9}$$

Der Mittelwert des Ausgangsstroms $\bar{I}_1$ ist Null.

Für die Totzeitimplementierung, die für die hohe Schaltfrequenz die günstigere ist, ergibt sich vergleichbar zum Tiefsetzsteller-basierten System für die Schaltzyklusdauer T_q

$$T_\mathrm{q} = \frac{T_\mathrm{t}}{\overline{q}(1-\overline{q})}, \tag{6.10}$$

für die Schwankungsbreite $\hat{I}_1$

$$\hat{I}_1 = \frac{U_0}{2L} T_\mathrm{t} \tag{6.11}$$

und für den Mittelwert $\bar{I}_1$

$$\bar{I}_1 = \frac{U_0 T_\mathrm{t}}{L}\left(\frac{1}{2} - \overline{q}\right). \tag{6.12}$$

Die systematischen Verluste des Systems können entweder an der Ausgangsklemme des Linearreglers oder an der Versorgungsklemme betrachtet werden. Werden die Verluste an der Versorgungsspannungsklemme betrachtet, so ist die Spannung konstant. Der Linearregler entnimmt allerdings der Versorgungsspannung nur für den Zeitraum Energie, in dem er Leistung an die Last abgibt. Dies ist ebenfalls in Abbildung 6.5 dargestellt. Der Mittelwert der Stromaufnahme $\bar{I}_{1,\mathrm{DC}}$ berechnet sich aus dem Mittelwert des Ausgangsstromes $\bar{I}_1$ und aus dessen Schwankungsbreite $\hat{I}_1$ durch

$$\bar{I}_{1,\mathrm{DC}} = \frac{\hat{I}_1}{4}\left(1 + \frac{\bar{I}_1}{\hat{I}_1}\right)^2. \tag{6.13}$$

Für die Hystereseimplementierung beträgt dieser Wert

$$\bar{I}_{1,\mathrm{DC}} = \frac{\hat{I}_1}{4} \tag{6.14}$$

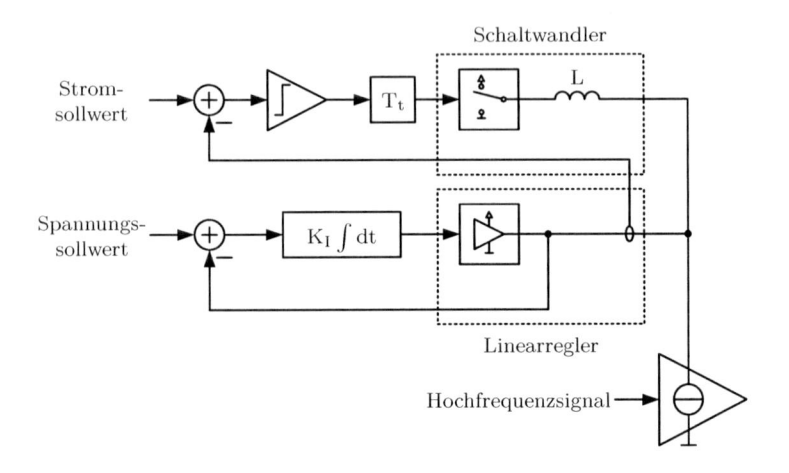

Abbildung 6.6: Regelkonzept des hybriden Systems mit schneller Stromregelschleife

und für die Totzeitimplementierung

$$\bar{I}_{1,\mathrm{DC}} = \hat{I}_1 \left(1 - \bar{q}\right)^2 = \frac{U_0 T_\mathrm{t}}{2L} \left(1 - \bar{q}\right)^2. \tag{6.15}$$

Wird dies auf gleiche Weise untersucht, wie im Abschnitt 5.7.4, ergibt sich eine 7% höhere Verlustleistung des Systems. Damit weist das System mit schnellem Stromregler über den Wirkungsgrad keinen direkten Vorteil auf. Allein der Vorteil der theoretisch besseren Qualität der Ausgangsspannung verbleibt.

Für die Regelung des Systems bietet es sich an, den Stromregler als Gleitregimeregler und den Spannungsregler als linearen Regler zu implementieren. Dies ist in Abbildung 6.6 dargestellt. Für den Spannungsregler ist ein I-Regler ausreichend. Der Parameter des Reglers muss passend zur Bandbreite des Regelschleife gewählt werden. Der Stromregler misst den Ausgangsstrom des Linearreglers und regelt diesen zu Null. Da die Stromregelschleife ein System erster Ordnung darstellt, ist für die Gleitfunktion keine Dynamik notwendig und die Regelabweichung kann direkt als Gleitfunktion verwendet werden. Das approximierte Gleitregime bildet sich durch die Verzögerungszeit T_t aus.

6.2 Hybrides System mit Konstantstromregelung

Beim hybriden System mit langsamer Stromregelung ist der Stromregler nicht in der Lage die Schwankung des Laststromes auszuregeln. Im Extremfall gibt die Stromregelschleife nur noch einen Konstantstrom aus. Der Vorteil einer langsamen Stromregelschleife ist die Möglichkeit der Verwendung einer niedrigen Schaltfrequenz in Verbindung mit einer Spule mit einer großen Induktivität. Somit werden sowohl die Schaltverluste als auch die Verluste durch den Stromripple verringert. Schwankungen des Laststromes müssen in diesem Fall allerdings durch den Linearregler ausgeglichen werden, wodurch wieder systematische Verluste in dem System auftreten.

Die systematischen Verluste lassen sich mit Hilfe des Lastmodells und unter Verwendung der Signalstatistik berechnen. Da im Abschnitt 2.2.1 gezeigt wurde, dass die Hüllkurve des OFDM-modulierten Hochfrequenzsignals Rayleigh-verteilt ist, ist auch die Spannung, die der Linearregler ausgibt, der Strom, den der Leistungsverstärker aufnimmt, und damit auch der Strom, den der Linearregler liefern muss, näherungsweise Rayleigh-verteilt. Allerdings sind diese gegenüber der klassischen Rayleigh-Verteilung verschoben. Für die Betrachtung der Verluste ist die Verteilung des Ausgangsstroms des Linearreglers von Interesse. Da die Stromregelschleife den Mittelwert des Ausgangsstroms des Linearreglers zu Null regelt, ist der Erwartungswert dementsprechend Null. Für den Parameter σ_{I_1} der Verteilung kann hergeleitet werden, dass

$$\begin{aligned}\sigma_{I_1} &= \frac{(U_{\text{CC}} - U_{\text{sat}})G_{\text{PA}}}{\sqrt{2}} 10^{\left(-\frac{PAPR_{\text{PA,dB}}}{20\,\text{dB}}\right)} \\ &= \frac{I_{\text{CC,-1\,dB}} - I_{\text{CC,AP}}}{\sqrt{2}} 10^{\left(-\frac{PAPR_{\text{PA,dB}}}{20\,\text{dB}}\right)}.\end{aligned} \tag{6.16}$$

Da der Linearregler nur für den Zeitraum Energie aus der Versorgung aufnimmt, in dem er Energie an den Leistungsverstärker abgibt, kann der Erwartungswert der Stromaufnahme $\bar{I}_{1,\mathrm{DC}}$ berechnet werden durch

$$\bar{I}_{1,\mathrm{DC}} = \int_0^\infty I_1 \mathrm{Ray}\left(I_1 + \sqrt{\frac{\pi}{2}}\sigma_{I_1}, \sigma_{I_1}\right) \mathrm{d}I_1$$

$$= \sqrt{\frac{\pi}{2}}\sigma_{I_1} \mathrm{erfc}\left(\frac{\sqrt{\pi}}{2}\right). \tag{6.17}$$

Für die betrachtete Parameterkombination resultiert dies in einer mittleren Stromaufnahme $\bar{I}_{1,\mathrm{DC}}$ von 9.3 mA, einer maximalen Stromaufnahme im 1 dB-Kompressionspunkt von 57.1 mA und einem Wirkungsgrad von 91%, wobei keine weiteren Verlustquellen betrachtet wurden. Die Stromaufnahme sowie der sich so ergebende Wirkungsgrad sind vergleichbar mit den Größen, die sich durch die Schalt- und Leitverluste beim Tiefsetzsteller-basierten System ergeben. Dadurch wird deutlich, dass effiziente, expandierende Leistungsverstärker in Kombination mit dem hybriden Systemansatz aufgrund der systematischen Verluste nur eine begrenzte Wirkungsgradsteigerung ermöglichen. Der Wirkungsgrad des hybriden Systems ist dabei umso geringer, je stärker der Expansionseffekt ist. Denn dadurch wird das Verhältnis zwischen variabler Stromaufnahme und konstanter Stromaufnahme des Leistungsverstärkers ungünstiger. Dies bedeutet weiter, je besser das Back-Off-Verhalten des Leistungsverstärkers ist, umso geringer ist der Wirkungsgrad des hybriden Systems.

Der Regelungsansatz des hybriden Systems mit langsamer Stromregelung unterscheidet sich von dem Ansatz für das System mit schneller Stromregelung. Soll für die Stromregelschleife ein Gleitregimeregler eingesetzt werden, so sind zwei Strommessungen notwendig. Mit Hilfe der direkten Spulenstrommessung wird der Gleitregimeregler implementiert. Der Sollwert für die Stromregelschleife wird über einen Tiefpass aus dem Ausgangsstrom des Linearreglers abgeleitet. Dies ist in Abbildung 6.7(a) dargestellt. Es ist bei der Verwendung eines Gleitregimereglers nicht möglich mit einer Strommessung auszukommen und das gewünschte Systemverhalten zu erreichen. Speziell die Verwendung der Topologie des hybriden Systems mit schneller Stromregelung, welches in Abbildung 6.6 dargestellt ist, ist regelungstechnisch nicht haltbar und führt zu unkontrolliertem Schalten und fortwährendem Ausfall des Gleitregimes.

Soll auf die zweite Strommessung verzichtet werden, so ist dies nur möglich, wenn ein Modulator eingesetzt wird, so wie es in Abbildung 6.7(b) zu sehen ist. Die Mittelwertbildung ist dann Teil der Stromregelschleife und mit Hilfe geeignet gewählter Parameter des Reglers umgesetzt. Fehler der Stromregelung klingen in diesem Fall sehr langsam und exponentiell ab. Dies ist bei der Verwendung des Gleitregimeregleransatzes nicht der Fall.

6.3 Implementierung und Optimierung der Baugruppen

Die hybride Systemarchitektur mit schneller Stromregelschleife nach Abbildung 6.6 wurde als Schaltkreis umgesetzt. Der Toplevelschaltplan des Schaltkreises und die notwendige externe Beschaltung sind in den Abbildungen 6.8 und 6.9 dargestellt. Beim Entwurf wurde davon ausgegangen, dass der Regelungsansatz für das hybride System mit schneller Stromregelschleife durch Veränderung der Systemparameter auch als hybrides System mit langsamer Stromregelung verwendet werden kann. Eingehendere Systemuntersuchungen zu einem späteren Zeitpunkt ergaben allerdings, dass dies nicht möglich ist. Dies ist der Grund, weshalb weder der nach Abbildung 6.7(a) notwendige Tiefpass und die zweite Strommessung noch der nach Abbildung 6.7(b) notwendige lineare Regler und der Modulator mit in dem Schaltkreis *HybridV2* integriert sind. Dadurch ist der Schaltkreis ausschließlich für das Regelkonzept mit schneller Stromregelschleife geeignet. Der Betrieb mit langsamer Stromregelschleife ist nur unter der Einschränkung möglich, dass der Laststrom konstant ist, was nur für Eintonsignale gegeben ist.

Viele Schaltungsblöcke sind ähnlich denen des Tiefsetzsteller-basierten Schaltkreises, sodass die Signalkonditionierung, der Komparator mit Störunterdrückung, die Totzeiterzeugung sowie die Leistungsschalter mit ihren Gatetreibern ebenso dimensioniert und implementiert wurden. Spezielle Komponenten dieses Ansatzes sind der Linearregler und die Strommessung mit Hysterese- und Offseteinstellung. Diese werden im Folgenden beschrieben.

6 Hybride Systemarchitektur

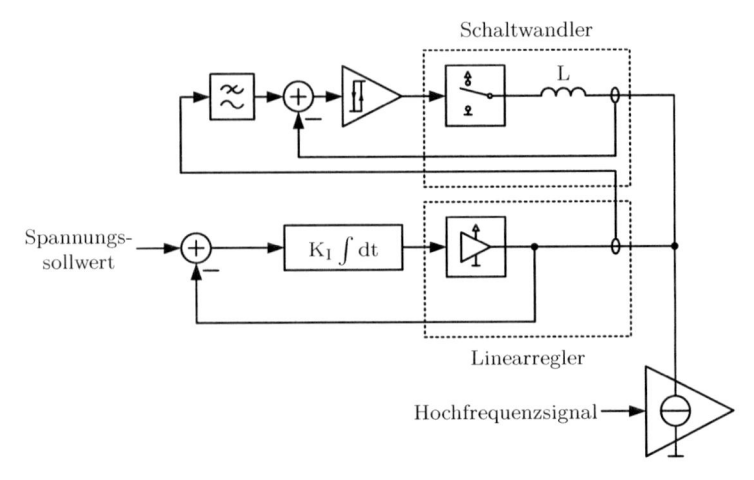

(a) mit Gleitregimeregelung

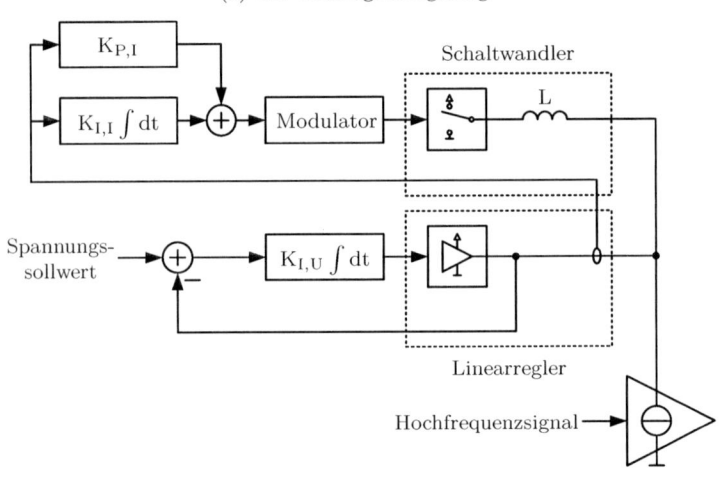

(b) mit linearem Regler

Abbildung 6.7: Regelungskonzepte für das hybride System mit langsamer Stromregelung

6.3 Implementierung und Optimierung der Baugruppen

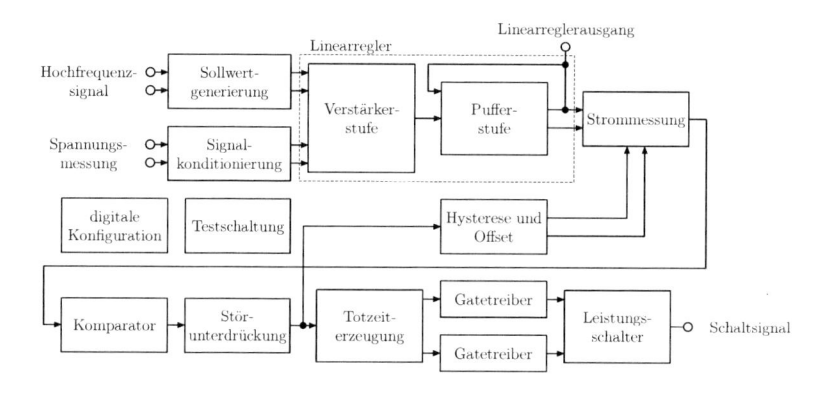

Abbildung 6.8: Toplevelschaltplan des hybriden Systemschaltkreises

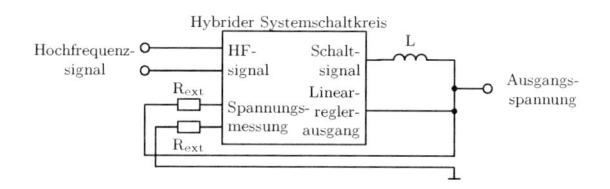

Abbildung 6.9: Beschaltung des hybriden Systemschaltkreises

Die Aufgabe des Linearreglers ist die niederimpedante Erzeugung der Ausgangsspannung des hybriden Systems. Dabei muss der Linearregler für die Ausregelung des Einflusses des Laststroms eine sehr hohe Bandbreite aufweisen, damit der schnellveränderliche Stromrippel der Spule nur einen geringen Einfluss auf die Ausgangsspannung hat. Dies ist gleichbedeutend mit einem niedrigen Ausgangswiderstand über eine große Bandbreite. Des Weiteren muss der Linearregler in der Lage sein, vergleichsweise hohe Ausgangsströme mit beiden Polaritäten über einen möglichst großen Aussteuerungsbereich erzeugen zu können.

Es hat sich herausgestellt, dass die Implementierung des Linearreglers mit Hilfe von zwei kaskadierten, jeweils zweistufigen Verstärkern zweckmäßig ist. Der zweite Verstärker mit größerer Bandbreite ist direkt innerhalb des Schaltkreises gegengekoppelt und arbeitet damit als Pufferverstärker. Die Schleife des ersten

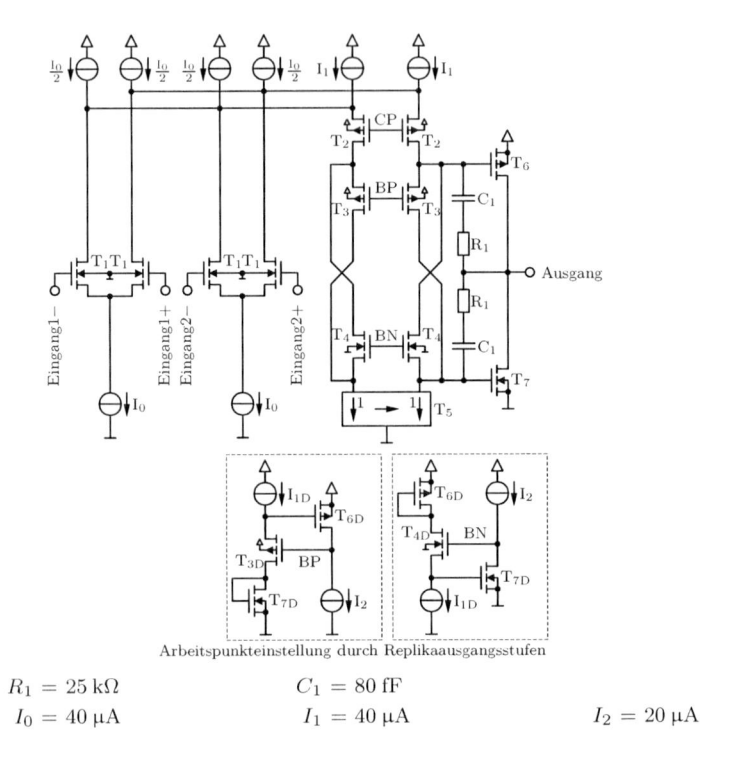

$R_1 = 25\,\text{k}\Omega$
$I_0 = 40\,\mu\text{A}$
$C_1 = 80\,\text{fF}$
$I_1 = 40\,\mu\text{A}$
$I_2 = 20\,\mu\text{A}$

Abbildung 6.10: Schaltplan der Verstärkungsstufe des Linearreglers

Verstärkers mit geringerer Bandbreite schließt sich über die externen Bauelemente und wirkt damit als Fehlerverstärker für die Spannungsregelschleife

Die Implementierung des ersten Verstärkers ist in Abbildung 6.10 dargestellt. Dabei handelt es sich um einen zweistufigen Verstärker mit Rail-to-Rail-Push-Pull-Ausgangsstufe, die über eine gefaltete Kaskode mit zwei Differenzpaaren angesteuert wird. Der Arbeitspunkt der Ausgangsstufe wird über zwei Schaltungen eingestellt, die vergleichbar mit einem Stromspiegel sind. Die Kompensation des Verstärkers ist derart ausgelegt, dass der Verstärker in Kombination mit der Signalkonditionierung und dem dort implementierten Spannungsteiler stabil ist. Da die notwendige Treiberleistung und Bandbreite im Vergleich zum Pufferverstärker gering sind, beträgt die Leistungsaufnahme dieser Stufe nur

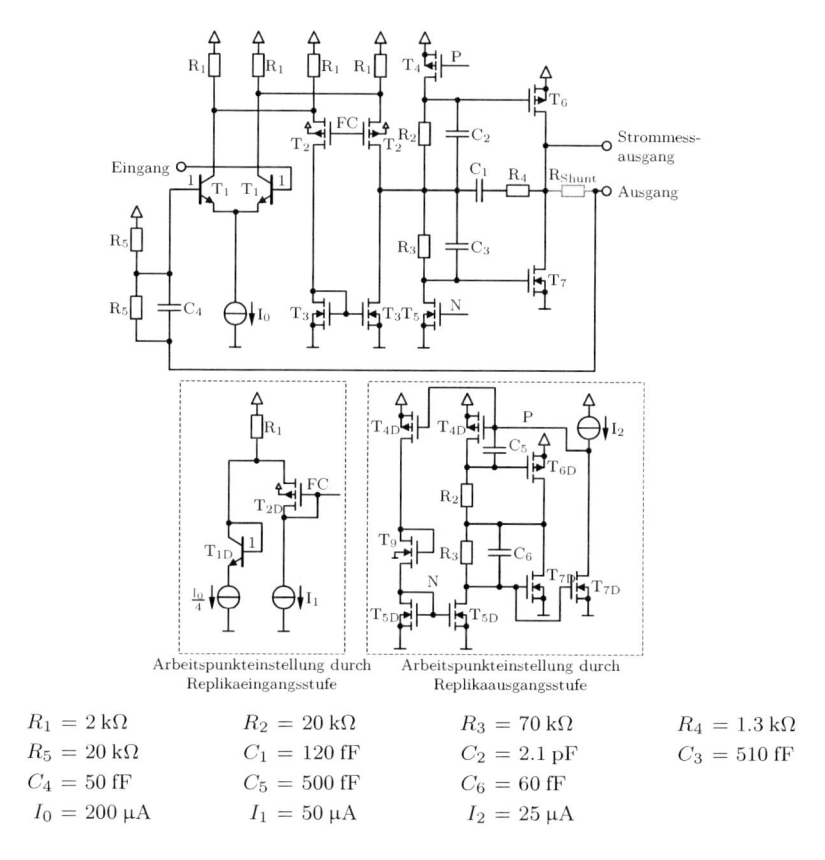

6.3 Implementierung und Optimierung der Baugruppen

$R_1 = 2\,\text{k}\Omega$	$R_2 = 20\,\text{k}\Omega$	$R_3 = 70\,\text{k}\Omega$	$R_4 = 1.3\,\text{k}\Omega$
$R_5 = 20\,\text{k}\Omega$	$C_1 = 120\,\text{fF}$	$C_2 = 2.1\,\text{pF}$	$C_3 = 510\,\text{fF}$
$C_4 = 50\,\text{fF}$	$C_5 = 500\,\text{fF}$	$C_6 = 60\,\text{fF}$	
$I_0 = 200\,\mu\text{A}$	$I_1 = 50\,\mu\text{A}$	$I_2 = 25\,\mu\text{A}$	

Abbildung 6.11: Schaltplan des Pufferverstärkers des Linearreglers

500 µW, die einer Versorgungsspannung von 2.5 V entnommen werden.

Die Anforderungen an den Pufferverstärker sind aufgrund des sich durch den Stromripple der Spule schnell veränderlichen Ausgangsstromes sehr hoch. Der Schaltplan dieser Stufe ist in Abbildung 6.11 zu sehen. Dabei handelt es sich um eine Rail-to-Rail-Push-Pull-Ausgangsstufe, deren Arbeitspunkt mit Hilfe einer gesteuerten Spannungsquelle zwischen den Gates eingestellt wird. Die Steuergrößen werden aus einer Replikastufe abgeleitet. Die Ausgangsstufe wurde derart ausgelegt, dass sie in der Lage ist einen Ausgangsstrom von 53 mA liefern und aufnehmen zu können. Die Treiberfähigkeit ist allerdings stark von der momentanen Ausgangsspannung abhängig.

Für einen möglichst niedrigen Ausgangswiderstand bei der Schaltfrequenz wurde die Bandbreite der Stufe maximiert. Aus diesem Grund wurde ein Bipolardifferenzpaar in Verbindung mit einer gefalteten Kaskode eingesetzt, deren Stromquellen durch Widerstände ersetzt wurden. Damit die Eingangsstufe nicht als Rail-to-Rail-Eingangsstufe implementiert werden muss, wodurch eine höhere Bandbreite ermöglicht wird, ist der Pufferverstärker als nichtinvertierender Verstärker mit einer Verstärkung von 2 umgesetzt. Der für die Strommessung genutzte Messshunt befindet sich innerhalb der Regelschleife, wodurch dessen Einfluss ausgeregelt wird. Der Ruhestrom der Ausgangsstufe beträgt 500 µA. Dies resultiert in einer Leistungsaufnahme im Arbeitspunkt von 2.5 mW.

Die Strommessung ist mit Hilfe eines Strommessshunts implementiert. Es hat sich gezeigt, dass es günstig ist, die Messung des Spannungsabfalls über Spannungsteiler mit einer nachgelagerten Transkonduktanzstufe zu implementieren, da so keine Rail-to-Rail-Transkonduktanzstufe notwendig ist und damit eine deutlich bessere Gleichtaktunterdrückung erzielt werden kann. Der Schaltplan der Strommessung ist in Abbildung 6.12 dargestellt. Die Hysterese- und Offseterzeugung erfolgt über eine Stromeinspeisung in der Transkonduktanzstufe. Es hat sich herausgestellt, dass die Umschaltung der Hysterese in Kombination mit der Basis-Kollektor-Kapazität und dem Eingangsspannungsteiler zu ungünstiger Beeinflussung der Strommessung führt. Um diesen Einfluss zu unterdrücken und um die Gleichtaktunterdrückung weiter zu erhöhen, ist der Transkonduktanzstufe ein Transimpedanzverstärker nachgeschaltet.

6.4 Experimentelle Ergebnisse

Die Anordnung der Hauptfunktionsblöcke des entworfenen Schaltkreises *HybridV2* aus Abbildung 6.8 ist in Abbildung 6.13 illustriert. Ein Chipfoto dieses Schaltkreises ist in Abbildung 6.14(a) dargestellt. Basierend auf diesem Chip wurden verschiedene Prototypen aufgebaut. In Abbildung 6.14(b) ist der

6.4 Experimentelle Ergebnisse

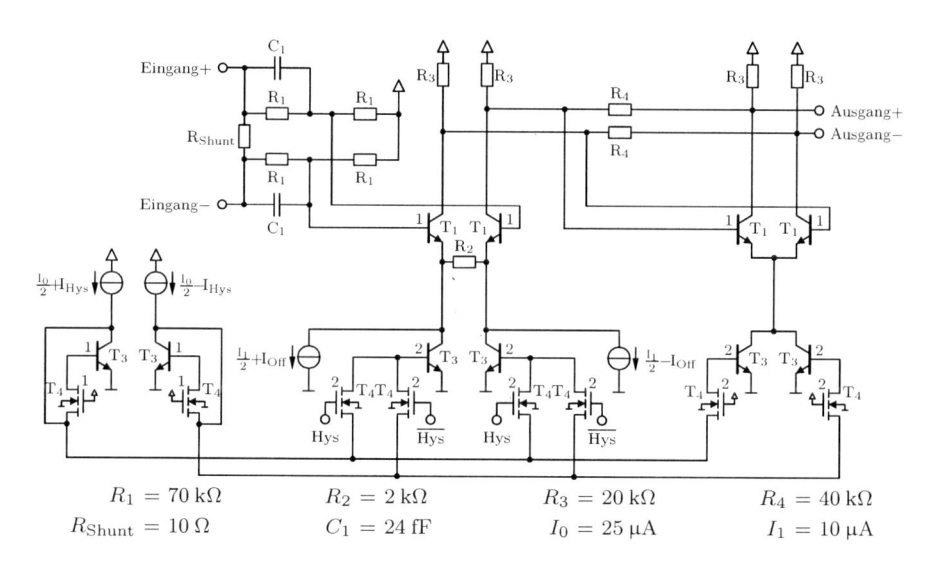

$R_1 = 70\,\text{k}\Omega$ $R_2 = 2\,\text{k}\Omega$ $R_3 = 20\,\text{k}\Omega$ $R_4 = 40\,\text{k}\Omega$
$R_{\text{Shunt}} = 10\,\Omega$ $C_1 = 24\,\text{fF}$ $I_0 = 25\,\mu\text{A}$ $I_1 = 10\,\mu\text{A}$

Abbildung 6.12: Schaltplan der Strommessung

Aufbau in Kombination mit dem Leistungsverstärker *PAv1* zu sehen. Der vereinfachte Schaltplan dieses PCBs ist in Abbildung 6.15 abgebildet.

Experimentell zeigte sich, dass dieses System neben dem systematischen Nachteil noch ein weiteres Problem aufweist. Eine kapazitive Belastung des Linearreglerausganges führt, wie für Operationsverstärker typisch, ab einer gewissen Größe zu Stabilitätsproblemen. Zusätzlich muss jede Kapazität an diesem Knoten durch den Linearregler umgeladen werden, sodass dadurch zusätzliche Verluste auftreten. Eine Mindestkapazität ist aber an diesem Knoten notwendig, um die für den Betrieb des Leistungsverstärkers notwendige Hochfrequenzmasse zu realisieren. Aufgrund der hohen notwendigen Bandbreite ist bereits die auf dem Leistungsverstärker integrierte Abblockkapazität der Versorgungsspannung von etwa 100 pF in einer Größenordnung, dass diese problematisch ist. Zusätzlich trägt der Blockkondensator des Hochfrequenzausganges des Leistungsverstärkers direkt zu dieser problematischen Kapazität bei. Für den Leistungsverstärker *PAv1* ist diese integriert und beträgt 10 pF pro Ausgang. Beim Leistungsverstärker *PAwT* ist diese nicht integriert und konnte somit nach-

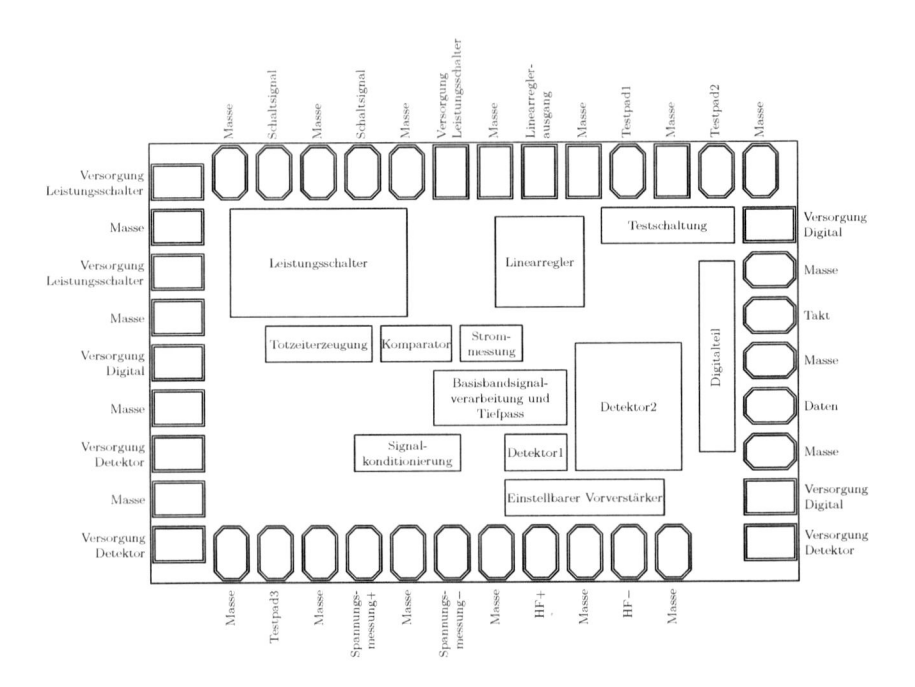

Abbildung 6.13: Überblick über die Anordnung der wichtigsten Funktionsblöcke aus Abbildung 6.8 des Schaltkreises *HybridV2*

träglich verringert werden, was allerdings einen nachteiligen Einfluss auf die erreichbare Ausgangsleistung des Leistungsverstärkers hat. Optimal wäre für dieses System die Verwendung eines Baluns, der eine galvanische Trennung des differentiellen Ausgangs ermöglicht. Ein solcher Balun war für den Frequenzbereich allerdings nicht verfügbar.

Die folgenden Messergebnisse wurden in Kombination mit dem Verstärker *PAwT* gewonnen. Dabei wurde sowohl ein Aufbau mit schneller als auch ein Aufbau mit langsamer Stromregelung getestet. Es zeigte sich, dass bei dem Aufbau mit langsamer Stromregelung die starke Variation der Stromaufnahme des Verstärkers *PAwT* dazu führte, dass das System nicht in der Lage ist, die Versorgungsspannung einzuregeln. Dadurch wird das Hochfrequenzausgangssignal stark verzerrt. Daraufhin wurde das System mit einen Eintonsignal getestet,

6.4 Experimentelle Ergebnisse

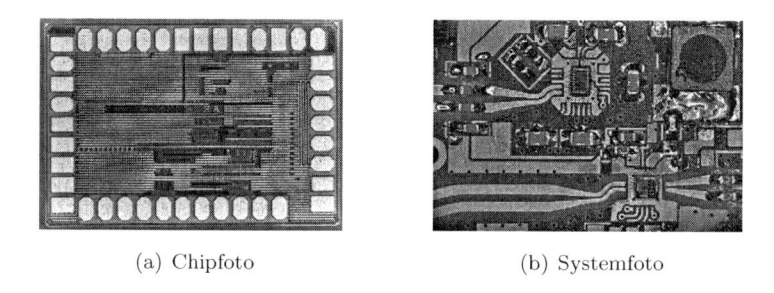

(a) Chipfoto (b) Systemfoto

Abbildung 6.14: Chipfoto des hybriden Systemschaltkreises und Foto des aufgebauten Systems

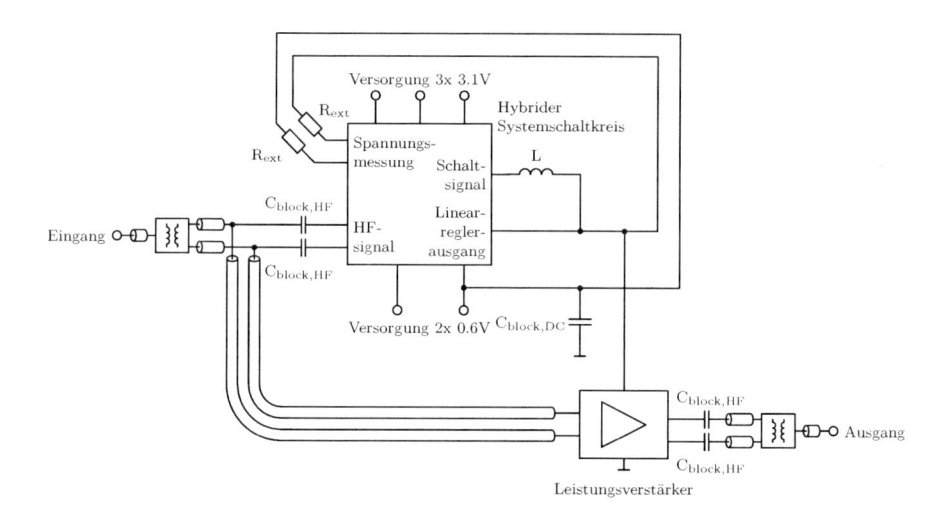

Abbildung 6.15: Schaltplan des PCBs

um die grundsätzliche Funktionalität zu zeigen. Für eine Eintonmessung ist der Wirkungsgrad für den Verstärker ohne Anpasssystem und für das Anpasssystem mit Leistungsverstärker in Abbildung 6.16 dargestellt. Man erkennt, dass der Wirkungsgrad durch das Anpasssystem gesteigert werden kann. Die Verlustleistungsreduktion ist besser als die des Tiefsetzsteller-basierten System, allerdings fällt die zusätzliche Verlustleistungsreduktion nur gering aus.

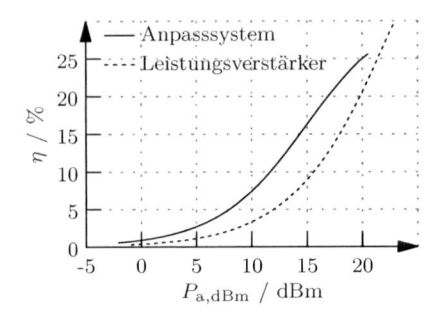

Abbildung 6.16: Vergleich der Messergebnisse der Eintonmessung zwischen dem hybriden System mit langsamer Stromregelung und dem Leistungsverstärker ohne Anpasssystem

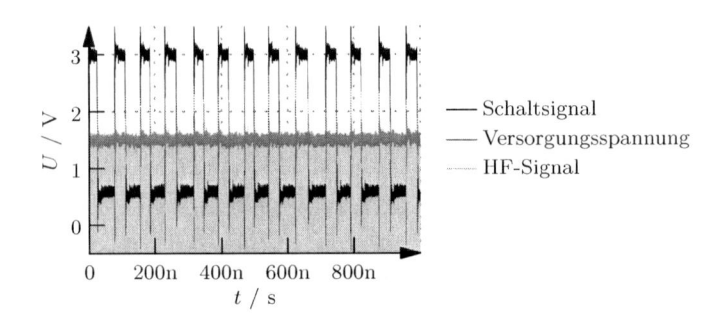

Abbildung 6.17: Gemessene transiente Verläufe des hybriden Systems mit langsamer Stromregelung für ein Eintonsignal

Die gemessenen Zeitverläufe für das hybride System mit langsamer Stromregelung sind in Abbildung 6.17 für ein Eintonsignal für eine Ausgangsleistung von 18 dBm dargestellt. Das dazugehörige normierte Spektrum ist in Abbildung 6.18 zu sehen. Im Spektrum erkennt man deutlich die schmalbandigen Störer, die sich durch die Mischung des Eintonsignals mit der festen Schaltfrequenz ergeben.

Bei dem Aufbau mit schneller Stromregelung hingegen musste der Arbeitspunktstrom des Linearreglers deutlich angehoben werden, um den durch die hohe Schaltfrequenz und durch die geringe Induktivität der Spule schnell ver-

6.4 Experimentelle Ergebnisse

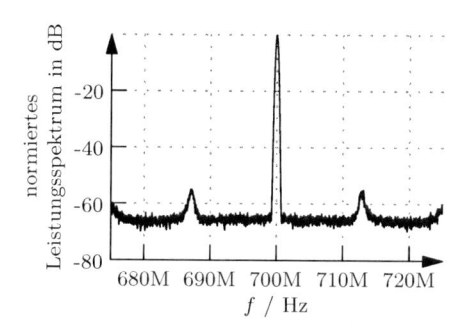

Abbildung 6.18: Gemessenes, auf die Ausgangsleistung normiertes Spektrum des hybriden Systems mit langsamer Stromregelung für ein Eintonsignal

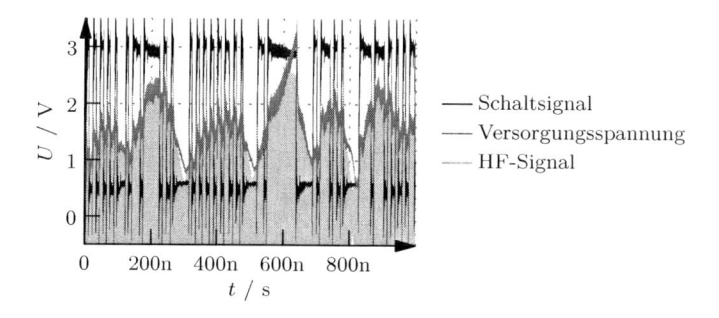

Abbildung 6.19: Gemessene transiente Verläufe des hybriden Systems mit langsamer Stromregelung für ein Eintonsignal

änderlichen Spulenstrom ausgleichen zu können. Dadurch reduziert sich der Wirkungsgrad deutlich. Des Weiteren ist der Linearregler nicht in der Lage bei hohen Ausgangsspannungen den notwendigen Strom zu liefern, wodurch die Aussteuerbarkeit des System verschlechtert wird. Dies ist in der Messung der transienten Verläufe für eine Ausgangsleistung von 16dBm in Abbildung 6.19 zu erkennen. Das dazugehörige Spektrum ist in Abbildung 6.20 dargestellt. Man erkennt, dass das Spektrum für größere Frequenzabstände wieder beginnt anzusteigen, bevor es anschließend erneut abfällt. Für kleine Ausgangsleistungen und damit für eine wenig veränderliche Versorgungsspannung des Leistungs-

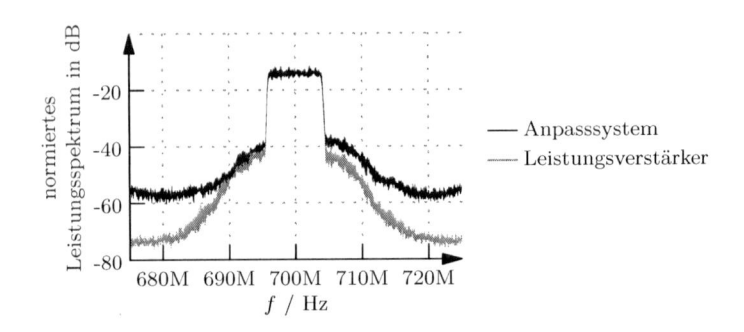

Abbildung 6.20: Gemessenes, auf die Ausgangsleistung normiertes Spektrum des hybriden System mit langsamer Stromregelung für ein Eintonsignal

verstärkers bilden sich erneut schmalbandige Störungen aus, die sich in der $ACPR$-Messung dadurch äußern, dass das $ACPR$ für größere Kanalabstände erneut größer ist als für kleinere.

Die Messergebnisse des hybriden Systems mit schneller Stromregelung für OFDM-modulierte Signale ist in Abbildung 6.21 dargestellt. Man erkennt, dass durch die zusätzlichen Verlustquellen und durch die reduzierte Aussteuerbarkeit der Gewinn des Systems aufgehoben wird. Aus diesem Grund ist dieses Systems für diese Anwendung nicht geeignet.

6.5 Verbesserungsmöglichkeit des hybriden Systems

Es zeigte sich, dass der Einsatz eines Linearreglers in dem hybriden System nicht sinnvoll ist. Dennoch ist die Grundidee, den konstanten Anteil des Last, der effizient bereit gestellt werden kann, von dem hoch dynamischen Anteil zu trennen, vielversprechend. Da sich des Weiteren zeigte, dass ein Tiefsetzsteller bei optimaler Dimensionierung gut in der Lage ist der dynamischen Trajektorie zu folgen, sollte ein Tiefsetzsteller anstelle des Linearreglers eingesetzt werden. Der Aufbau eines solchen Systems ist in Abbildung 6.22 skizziert.

6.5 Verbesserungsmöglichkeit des hybriden Systems

(a) Wirkungsgrad in Abhängigkeit von der Ausgangsleistung

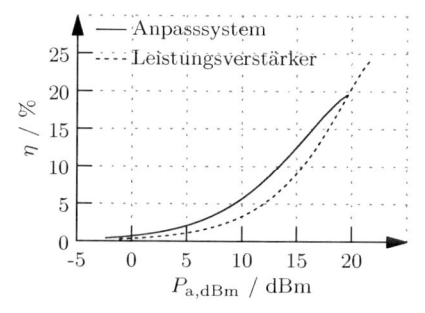

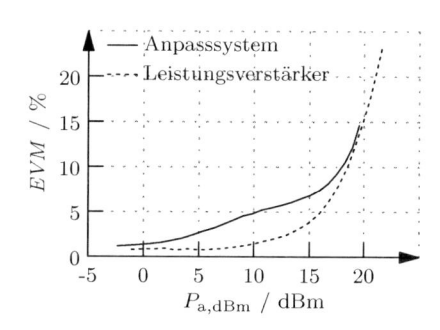

(b) EVM in Abhängigkeit von der Ausgangsleistung

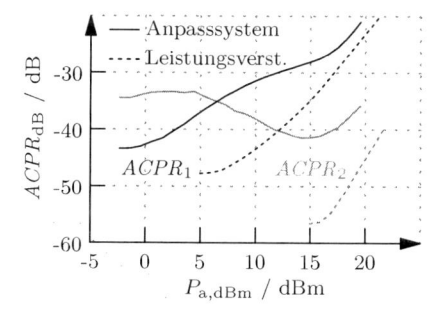

(c) $ACPR$ in Abhängigkeit von der Ausgangsleistung

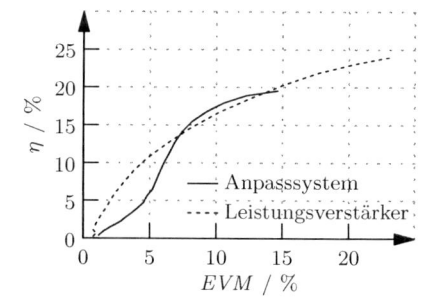

(d) Wirkungsgrad in Abhängigkeit von der EVM

Abbildung 6.21: Vergleich der Messergebnisse des hybriden System mit schneller Stromregelung und des Leistungsverstärkers ohne Anpasssystem

Die Spannungsregelung kann dabei identisch zu der des Tiefsetzsteller-basierten Systems aufgebaut sein. Die Leistungsschalter des Tiefsetzstellers können allerdings deutlich kleiner ausgelegt werden, da durch den Schaltwandler die Last des Tiefsetzstellers deutlich reduziert wird, wodurch die Schaltverluste signifikant reduziert werden können.

Die Stromregelung kann sowohl durch einen Gleitregimeregler als auch durch einen linearen Regler mit Modulator umgesetzt werden. Die Strommessung sollte dabei an der Leistungsschalterseite der Spule erfolgen, um einerseits die

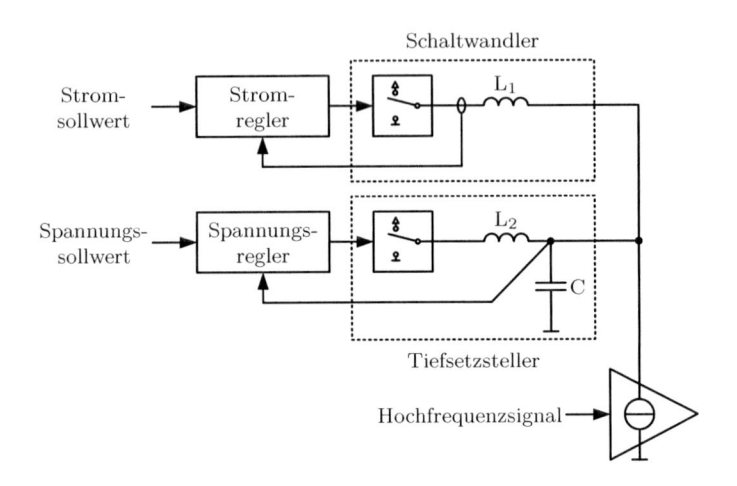

Abbildung 6.22: Übersicht über ein hybrides System mit Tiefsetzsteller

Störeinflüsse durch den Tiefsetzsteller zu reduzieren und andererseits damit die Strommessung direkt mit Hilfe eines Replika der Leistungsschalter erfolgen kann. Dadurch ist kein Strommessshunt nötig, allerdings muss der Einfluss der Umschaltung zwischen den Leistungsschaltern auf die Strommessung berücksichtigt werden. Da die Umschaltung allerdings auf dieser Strommessung basiert und da die Schaltfrequenz relativ niedrig ist, sollte die Berücksichtigung der Beeinflussung gut möglich sein.

7 Zusammenfassung und Ausblick

Das Ziel dieser Arbeit war die Entwicklung eines Systems, das den Arbeitspunkt eines linearen Leistungsverstärkers für den DVB-T-Rundfunkstandard hochdynamisch an das zu sendende Hochfrequenzsignal anpasst, um den Wirkungsgrad des Leistungsverstärkers zu erhöhen.

Um dieses Ziel zu erreichen, wurde zuerst mit Hilfe der statistischen Eigenschaften von OFDM-Signalen theoretisch evaluiert, um welchen Faktor die Verlustleistung des Systems maximal reduziert werden kann. Als Ergebnis wurde festgestellt, dass durch ideale Arbeitspunktspannungsanpassung die Verlustleistung bei einem Back-Off-Betrieb von 6 dB um den Faktor 1.9 reduziert werden kann. Anschließend wurden verschiedene Systemkonzepte diskutiert, und es wurde sich für das Systemkonzept mit der Gewinnung der Hüllkurveninformation aus dem Eingangssignal des Leistungsverstärkers entschieden.

Für die Umsetzung dieses Systemkonzeptes wurde ein Leistungsverstärker benötigt, welcher für die Arbeitspunktspannungsanpassung geeignet ist. Dazu wurden ein strukturiertes Entwurfsverfahren für Leistungsverstärker vorgestellt und die Möglichkeit aufgezeigt, das ausgangsseitige Impedanztransformationsnetzwerk bezüglich Großsignalbandbreite und bezüglich Wirkungsgrad des Netzwerkes zu optimieren. Die Optimierung bezüglich des Wirkungsgrades zeigte, dass eine Steigerung des Wirkungsgrades mit der konventionellen Impedanztransformationsnetzwerkstruktur nicht erreichbar ist. Aus diesem Grund wurde ein integrierter Spartransformator entwickelt, dessen Verluste um etwa den Faktor 2 kleiner sind als die des konventionellen Netzwerkes.

Mit der Umsetzung der entwickelten Konzepte konnte gezeigt werden, dass sowohl der Leistungsverstärker, der auf einem integrierten Spartransformator beruht, als auch der Verstärker, der ein Dual-Band-Impedanztransformationsnetzwerk nutzt, im Vergleich mit dem Stand der Technik eine deutlich höhere Großsignalbandbreite bei vergleichbaren Großsignaleigenschaften erzielten. Die erreichte relative Großsignalbandbreite beträgt 120% und damit etwa einen Faktor 2.5 über dem Stand der Technik von vergleichbaren Leistungsverstärkern. Für die Weiterentwicklung des Systems wurde der auf dem Spartransformator beruhende Leitungsverstärker aufgrund der vergleichsweise besseren Eigenschaften genutzt. Dieser Vorteil resultierte unter anderem aus dem verbesserten Schaltungskonzept für den Vorverstärker.

Damit die Arbeitspunktspannung angepasst werden kann, sah das Systemkonzept einen Schaltungsblock vor, der die Hüllkurveninformation aus dem Hochfrequenzsignal gewinnt und konditioniert. Dafür wurden verschiedene Ansätze analysiert, weiterentwickelt und erprobt. Als robuste und energieeffiziente Lösung stellte sich dabei der entwickelte echtdifferentielle Diodendetektor heraus.

Des Weiteren war für die Einstellung der Arbeitspunktspannung ein Aktuator und ein passender Regler notwendig. Dazu wurden zwei Ansätze verfolgt: das Tiefsetzsteller-basierte System und das hybride System. Beide Systeme wurde theoretisch analysiert, mit Hilfe der Signaleigenschaften optimiert und experimentell erprobt. Dabei zeigte das Tiefsetzsteller-basierte System bessere Eigenschaften und es konnte die Verlustleistung bei 6 dB Back-Off-Betrieb unter Einhaltung der Linearitätsanforderungen um den Faktor 1.5 reduziert werden. Dies bedeutet eine Reduktion der Verluste auf etwa 66%. Die Messungen belegten außerdem, dass der Unterschied zum theoretischen Wert aus den Verlusten des Tiefsetzstellers resultieren. Das Tiefsetzsteller-basierte System wurde daraufhin zusammen mit einer Breitbandantenne in ein Rundfunk-Transmitter-System integriert und erfolgreich getestet.

Die entworfenen und erprobten Komponenten und Systeme belegen die Funktionalität der entwickelten Methodiken und Ansätze. Doch durch eine weiterführende Entwicklung ist eine weitere Steigerung der Leistungsfähigkeit möglich. Dies ist sowohl durch die Optimierung der Schaltungsblöcke als auch durch die Weiterentwicklung des Systemkonzeptes denkbar. Bei der Weiterentwicklung der Schaltungsblöcke sollte erhöhten Wert auf die weitere Optimierung der Leistungsschalter und der passiven Komponenten gelegt werden, da diese den größten Beitrag zur Verlustleistung des Systems leisten. Um diese Optimierung noch besser zu ermöglichen, wurde ein Konzept vorgestellt, welches die Vorzüge des Tiefsetzsteller-basierten Systems mit denen des hybriden Systems kombiniert. Die Entwicklung und Erprobung dieses Konzeptes stellt eine potentielle Weiterführung der Ergebnisse dieser Arbeit dar.

Abbildungsverzeichnis

1.1 Aufbau der Arbeit 4

2.1 Blockschaltbild eines Transmitters 5
2.2 Blockschaltbild des OFDM-Modulators des Basisbandes 8
2.3 Möglichkeiten der Arbeitspunktanpassung für eine Aussteuerung $\hat{U}$ und $\hat{I}$ kleiner als der maximalen Aussteuerung $\hat{U}_{max}$ und $\hat{I}_{max}$ 12
2.4 Wirkungsgrad der Arbeitspunktanpassverfahren für unmodulierte Signale 14
2.5 Wahrscheinlichkeitsdichtefunktion der Amplitude mit Hard-Clipping am Beispiel der Spannungsamplitude 16
2.6 Wirkungsgrad der Anpassverfahren für OFDM-modulierte Signale 20
2.7 Systemgewinn der Anpassverfahren 20
2.8 Blockschaltbild eines Anpasssystems mit separatem Eingang für das Hüllkurvensignal 21
2.9 Blockschaltbild eines Anpasssystems mit Erzeugung des Hüllkurvensignals aus dem Hochfrequenzeingangssignal des Leistungsverstärkers 22
2.10 Blockschaltbild eines Anpasssystems mit Erzeugung des Hüllkurvensignals aus dem Hochfrequenzausgangssignal des Leistungsverstärkers 23
2.11 Blockschaltbild eines Anpasssystems mit Erzeugung des Sollwertsignals aus der Spannung am Ausgangsknoten des Transistorfeldes des Leistungsverstärkers 23

3.1 VBIC-Transistormodell 27
3.2 Schaltung zur Bestimmung der Y-Parameter 27
3.3 Schaltung mit Parallel-Spannungsgegenkopplung mit Hilfe einer Admittanz $\underline{Y}_{FB}$ 29

3.4 Konturdiagramme des k-Faktors und des Leistungsverhältnises $\eta_{P_2, P_{\text{TF}}}$ nach (3.14) in Abhängigkeit von dem Reflexionsfaktor der Parallel-Spannungsgegenkopplung wie in Abbildung 3.3 für einen Einzeltransistorverstärker und einen Kaskode-Verstärker; Höhenlinien in Schritten von 0.1 von hell 0 bis dunkel 1; 96 × 16 npnVs-Transistoren mit $U_{\text{CE}} = 2.5$ V, $I_{\text{C}} = 130$ mA und $f = 700$ MHz 31
3.5 Ausgangskennlinienfeld des Transistors npnVs mit 16 Emittern 34
3.6 Ausgangskennlinienfeld des Transistors npnVp mit 16 Emittern 36
3.7 Treiberschaltungen mit zwei zum Ausgangsstrom beitragenden, gestapelten Transistoren 37
3.8 Konventionelle Topologien für ausgangsseitige Impedanztransformationsnetzwerke für Leistungsverstärker 40
3.9 Symboldefinition zur Berechnung des Frequenzganges 41
3.10 Symboldefinition zur Berechnung des Frequenzganges der unkomprimierten Ausgangsleistung mit dem vereinfachtem Leistungsverstärkermodell 42
3.11 Berechneter Frequenzgang der maximalen, unkomprimierten Ausgangsleistung für das LCL- und das LLC-Netzwerk für eine Impedanztransformation von 50 Ω auf 13 Ω, jeweils verlustlos und verlustbehaftet mit einer Güte der Spulen von 10 44
3.12 Symboldefinition zur Berechnung des Frequenzganges der unkomprimierten Ausgangsleistung ohne Vereinfachung des Leistungsverstärkers 45
3.13 Vergleich des gemessenen Transducer-Gains und der gemessenen Ausgangsleistung im 1 dB-Kompressionspunkt zwischen der Theorie und der Messung des Verstärkers $PAv1$ 47
3.14 Konturdiagramm des maximalen Wirkungsgrades $\eta_{\max}$ für die Transformation von der Bezugsimpedanz auf die Impedanz $\underline{Z}_i^*$ für eine Güte der Spulen von 10; Höhenlinien in Schritten von 10% von hell 0% bis dunkel 100% 48
3.15 Wickelschema des integrierten, planaren Spartransformators . . 50

3.16 Schaltplan für die Betrachtung des Gegentaktverhaltens des Spartransformators als Zweitor 51
3.17 Maximaler Gewinn und Transducer-Gain des Spartransformators 53
3.18 Ersatzschaltbild des Spartransformators und dessen bei 700 MHz bestimmten Ersatzschaltbildparameter 55
3.19 Zeigerdiagramm zur exemplarischen Veranschaulichung des Einflusses des Leistungsverstärkers auf Amplitude und Phase für zwei verschiedene Aussteuerungen zu verschiedenen Zeitpunkten 56
3.20 Normierte komplexe Spannungsverstärkung des Verstärkers $PAwT$ in Abhängigkeit von der auf den 1 dB-Kompressionspunkt bezogenen Generatorspannung 57
3.21 Vergleich der EVM und des Wirkungsgrades zwischen dem nichtlinearen, komplexen Basisbandmodell und der On-Wafer-Messung am Beispiel des Verstärkers $PAwT$ 58
3.22 Schaltplan des Verstärkers $PAv1$ 59
3.23 Schaltplan des Verstärkers $PAwT$ 61
3.24 Chipfotos der Verstärker $PAv1$ und $PAwT$ 61
3.25 gemessene Ausgangsleistung, Stromaufnahme und PAE in Abhängigkeit von der verfügbaren Generatorleistung bei 700 MHz und in Abhängigkeit von der Frequenz im 1 dB-Kompressionspunkt für den Verstärker $PAv1$ 63
3.26 S-Parametermessung des Verstärkers $PAv1$ 64
3.27 Ausgangsleistung, Stromaufnahme und PAE in Abhängigkeit von der verfügbaren Generatorleistung bei 650 MHz und in Abhängigkeit von der Frequenz im 1 dB-Kompressionspunkt für den Verstärker $PAwT$ 65
3.28 S-Parametermessung des Verstärkers $PAwT$ 66
3.29 gemessenes Konstellationsdiagramm und EVM des Verstärkers $PAwT$ für ein QAM16-moduliertes OFDM-Signal mit 8 MHz Bandbreite und mit 2048 Unterträgern 66

4.1 Toplevelschaltplan der Sollwertgenerierung 69
4.2 Hüllkurvendetektion mit IQ-Abwärtsmischung 72

Abbildungsverzeichnis

4.3 Hüllkurvendetektion basierend auf einem durch Allpässe erzeugten analytischem Signal 72
4.4 Hüllkurvendetektion durch Quadrierung des Hochfrequenzsignals 73
4.5 Hüllkurvendetektion durch einen Einpulsgleichrichter 74
4.6 Blockschaltbild des Einpulsgleichrichters 74
4.7 Hüllkurvendetektion durch Mischung mit dem übersteuertem Eingangssignal 75
4.8 Indirekte Hüllkurven Detektion 77
4.9 Schaltplan eines VGAs mit linear einstellbarer Dämpfung ... 77
4.10 Einpulsdiodendetektor 79
4.11 Transfercharakteristik des Diodendetektors 81
4.12 Zweipulsdiodendetektor mit Bipolartransistoren 81
4.13 Diodendetektor mit nachgelagerter Spannungsverstärkung ... 82
4.14 Diodendetektor mit kombinierter Spannungsverstärkung und Referenzerzeugung 83
4.15 Schaltplan für die Berechnung der Transfercharakteristik des differentiellen Diodendetektors 84
4.16 Transfercharakteristik und deren Anstieg für den differentiellen Diodendetektor im Vergleich zum konventionellen 86
4.17 Schaltplan des implementierten Diodendetektors mit Spannungsverstärkung 87
4.18 Gemessene Transfercharakteristik des Diodendetektors mit Spannungsverstärkung 88
4.19 Modifizierter Schaltplan des differentiellen Diodendetektorkerns mit Spannungsverstärkung 89
4.20 Schaltplan des echt differentiellen Diodendetektors mit Spannungsverstärkung 90
4.21 Gemessene Transfercharakteristik des differentiellen Diodendetektors mit Spannungsverstärkung 92
4.22 Modifizierter Schaltplan des differentiellen Diodendetektorkerns ohne Spannungsverstärkung 93
4.23 Schaltplan des differentiellen Diodendetektors ohne Spannungsverstärkung inklusive Vorverstärker 94

4.24 Gemessene Transfercharakteristik des differentiellen Diodendetektors ohne Spannungsverstärkung 95
4.25 Schaltplan des Detektors, der auf der Mischung mit dem übersteuerten Hochfrequenzsignal basiert 96
4.26 Gemessene Transfercharakteristik des Übersteuerungsdetektors 97
4.27 Toplevelschaltplan des Detektors mit direkter Quadrierung und mit analytischem Signal; für den Betriebsmodus der direkten Quadrierung sind die grau hinterlegten Schaltungsblöcke aktiv, bei der Verwendung des analytischen Signals werden die weißen Schaltungsblöcke genutzt 98
4.28 Schaltplan des Detektors mit direkter Quadrierung 99
4.29 Schaltplan des Treibers und der Allpassfilter 102
4.30 Schaltplan des einstellbaren Vorverstärkers 103
4.31 Schaltplan des Basisband-VGAs mit Offsetgenerierung 105
4.32 Prinzipschaltung eines Sallen-Key-Tiefpasses 106
4.33 Schaltplan einer Stufe des zweistufigen Sallen-Key-Tiefpasses vierter Ordnung mit einer Grenzfrequenz von 200 MHz 107

5.1 Übersicht über das Tiefsetzsteller-basierte System 108
5.2 Modell des Tiefsetzstellers 109
5.3 Antwort des Tiefsetzstellers im Zustandsraum für den Anfangswert $\frac{z_{C0}}{U_0} = 1$, $\frac{z_{L0}}{I_0} = 0$ und die Parameter $\omega_{LC} = 1\frac{1}{s}$, $Z_{LC} = 1\,\Omega$, $\frac{R_0}{\omega_{LC}L} = 0.1$, $\frac{R_1}{\omega_{LC}L} = 0.2$, $\frac{G_a}{\omega_{LC}C} = 0.1$ 113
5.4 Stromaufnahme des Verstärkers $PAwT$ in Abhängigkeit von der Aussteuerung 115
5.5 Wahrscheinlichkeit für ein Tastverhältnis größer als 1 für $R_0 = 0.5\,\Omega$, $R_1 = 0.8\,\Omega$, $G_{PA} = 60\,\text{mS}$, $I_{PA0} = 70\,\text{mA}$, $U_{sat} = 0.8\,\text{V}$, $U_0 = 2.5\,\text{V}$, $PAPR_{PA} = 6\,\text{dB}$, $BW_{RF} = 7.61\,\text{MHz}$ 117
5.6 Tiefsetzsteller mit linearem Regler, Vorsteuerung und Modulator 119
5.7 Tiefsetzsteller mit Gleitregimeregler 121

5.8 Zustandsraumdarstellung des Verlaufs der Gerade $s = 0$ und der Geradenstücke $\dot{s} = 0$, sowie Darstellung des Übergangs in das Gleitregime am Beispiel eines Startwertes für die Parameter $\frac{K_\mathrm{D}}{K_\mathrm{P}} = 0.5$, $\omega_\mathrm{LC} = 1\frac{1}{s}$, $Z_\mathrm{LC} = 1\,\Omega$, $\frac{R_0}{\omega_\mathrm{LC}L} = 0.1$, $\frac{R_1}{\omega_\mathrm{LC}L} = 0.2$, $\frac{G_\mathrm{PA}}{\omega_\mathrm{LC}C} = 0.1$ 123

5.9 Blockschaltbild der Gleitregimeregelung mit Totzeit 125

5.10 Approximierter Zeitverlauf der Gleitfunktion 127

5.11 Zustandsraumdarstellung des Verlaufs der Gerade $s = 0$ und der Geradenstücke $\dot{s} = 0$, sowie Darstellung des Übergangs in das Gleitregime am Beispiel eines Startwertes für die Parameter $\frac{K_\mathrm{D}}{K_\mathrm{P}} = 0.5$, $\omega_\mathrm{LC} = 1s$, $Z_\mathrm{LC} = 1\,\Omega$, $\frac{R_0}{\omega_\mathrm{LC}L} = 0.1$, $\frac{R_1}{\omega_\mathrm{LC}L} = 0.2$, $\frac{G_\mathrm{PA}}{\omega_\mathrm{LC}C} = 0.1$ für eine Totzeit $T_t\omega_\mathrm{LC} = 0.15$ 130

5.12 Toplevelschaltplan des Tiefsetzstellerschaltkreises 132

5.13 Beschaltung des Tiefsetzstellerschaltkreises 132

5.14 Schaltplan der Signalkonditionierung 134

5.15 Schaltplan der Implementierung der Gleitfunktionsberechnung . 136

5.16 Kleinsignalersatzschaltbild des Modells einer Verstärkerstufe des Komparators 137

5.17 Schaltplan des Komparator mit einstellbarer Hysterese und Offset 139

5.18 Schaltung zur Unterdrückung von Störeinflüssen durch die Umschaltung des Leistungsschalters 140

5.19 Modell für die Schalttransistoren 141

5.20 Konturdiagramm des Wirkungsgrades als Funktion der Weite der Transistoren des Leistungsschalters in 5%-Stufen 143

5.21 Schaltplan eines Ringoszillators mit fortwährendem Fan-Out-Faktor 144

5.22 Aus der Simulation des Ringoszillators abgeleitete Größen ... 145

5.23 Grundtopologien von einstellbaren Flankenschiebern 146

5.24 8-fach einstellbarer Flankenschieber mit 7 Bit Thermometercode und Enable-Signal 147

5.25 Überblick über die Anordnung der wichtigsten Funktionsblöcke aus Abbildung 5.12 des Schaltkreises *BuckV3* 148

5.26 Chipfoto des Tiefsetzstellerschaltkreises und Foto des Systems . 149

5.27 Schaltplan des PCBs 149
5.28 Vergleich der Messergebnisse des Tiefsetzsteller-basierten Systems und des Leistungsverstärkers ohne Anpasssystem 151
5.29 Gemessenes, auf die Ausgangsleistung normiertes Spektrum . . 153
5.30 Gemessener transienter Verlauf 153
5.31 Gemessener Wirkungsgrad des Anpasssystems für unmodulierte Signale 154
5.32 Foto des Gesamtsystems mit Antenne 155

6.1 Prinzipschaltung des hybriden Systems 159
6.2 Übersicht über das hybride System 159
6.3 Schaltplan des Modells des hybriden Systems 160
6.4 Wahrscheinlichkeit für ein Tastverhältnis größer als 1 für $R_0 = 0.5\,\Omega$, $R_1 = 0.8\,\Omega$, $G_{\mathrm{PA}} = 60\,\mathrm{mS}$, $I_{\mathrm{PA0}} = 70\,\mathrm{mA}$, $U_{\mathrm{sat}} = 0.8\,\mathrm{V}$, $U_0 = 2.5\,\mathrm{V}$, $PAPR_{\mathrm{PA}} = 6\,\mathrm{dB}$, $BW_{\mathrm{RF}} = 7.61\,\mathrm{MHz}$ 161
6.5 Ausgangsstrom und Versorgungsstromaufnahme des Linearreglers 162
6.6 Regelkonzept des hybriden Systems mit schneller Stromregelschleife 164
6.7 Regelungskonzepte für das hybride System mit langsamer Stromregelung 168
6.8 Toplevelschaltplan des hybriden Systemschaltkreises 169
6.9 Beschaltung des hybriden Systemschaltkreises 169
6.10 Schaltplan der Verstärkungsstufe des Linearreglers 170
6.11 Schaltplan des Pufferverstärkers des Linearreglers 171
6.12 Schaltplan der Strommessung 173
6.13 Überblick über die Anordnung der wichtigsten Funktionsblöcke aus Abbildung 6.8 des Schaltkreises *HybridV2* 174
6.14 Chipfoto des hybriden Systemschaltkreises und Foto des aufgebauten Systems 175
6.15 Schaltplan des PCBs 175
6.16 Vergleich der Messergebnisse der Eintonmessung zwischen dem hybriden System mit langsamer Stromregelung und dem Leistungsverstärker ohne Anpasssystem 176

6.17 Gemessene transiente Verläufe des hybriden Systems mit langsamer Stromregelung für ein Eintonsignal 176
6.18 Gemessenes, auf die Ausgangsleistung normiertes Spektrum des hybriden Systems mit langsamer Stromregelung für ein Eintonsignal 177
6.19 Gemessene transiente Verläufe des hybriden Systems mit langsamer Stromregelung für ein Eintonsignal 177
6.20 Gemessenes, auf die Ausgangsleistung normiertes Spektrum des hybriden System mit langsamer Stromregelung für ein Eintonsignal 178
6.21 Vergleich der Messergebnisse des hybriden System mit schneller Stromregelung und des Leistungsverstärkers ohne Anpasssystem 179
6.22 Übersicht über ein hybrides System mit Tiefsetzsteller 180

Tabellenverzeichnis

2.1	Crest-Faktoren der Modulation	8
3.1	Kennwerte der verfügbaren Bipolar-Transistoren	33
3.2	Eigenschaften der Treiber mit gestapelten Transistoren	39
3.3	Ergebnisse der Analyseschritte des Spartransformators, beginnend mit dem maximal erreichbaren Wirkungsgrad und anschließender schrittweiser Festlegung der Randbedingungen	53
3.4	Vergleich mit dem Stand der Technik von linearen Leistungsverstärkern; teilweise mit Transformatoren oder anderen Maßnahmen zur Erhöhung der Bandbreite	68
5.1	Werte der MOS-Transistoren	142
5.2	Vergleich mit dem Stand der Technik von Leistungsverstärkern mit Arbeitspunktanpassung	157

Literaturverzeichnis

[1] UTKIN, Vadim ; GULDNER, Juergen ; SHI, Jingxin: *Sliding Mode Control in Electro-Mechanical Systems*. Taylor & Francis, 1999

[2] HALDI, P. ; CHOWDHURY, D. ; REYNAERT, P. ; LIU, Gang ; NIKNEJAD, A.M.: A 5.8 GHz 1 V Linear Power Amplifier Using a Novel On-Chip Transformer Power Combiner in Standard 90 nm CMOS. In: *IEEE Journal of Solid-State Circuits* 43 (2008), Nr. 5, S. 1054–1063

[3] HOSEOK SEOL ; CHANGKUN PARK ; DONG-HO LEE ; MIN PARK ; SONG-CHEOL HONG: A 2.4-GHz HBT power amplifier using an on-chip transformer as an output matching network. In: *2008 IEEE MTT-S International Microwave Symposium Digest*, 2008, S. 875–878

[4] SOLOMKO, V.A. ; WEGER, P.: A Fully Integrated 3.3–3.8-GHz Power Amplifier With Autotransformer Balun. In: *IEEE Transactions on Microwave Theory and Techniques* 57 (2009), Nr. 9, S. 2160–2172

[5] FRANCOIS, B. ; REYNAERT, P.: A Fully Integrated Watt-Level Linear 900-MHz CMOS RF Power Amplifier for LTE-Applications. In: *IEEE Transactions on Microwave Theory and Techniques* 60 (2012), Nr. 6, S. 1878–1885

[6] SOBOTTA, Elena: *Entwurf und Analyse eines Leistungsverstärkers mit Transistorstapelung*, Technische Universität Dresden, Masterarbeit, 2012

[7] SCHULZE, Johannes: *Entwurf und Analyse eines Leistungsverstärkers mit Arbeitspunktstromanpassung*, Technische Universität Dresden, Diplomarbeit, 2013

[8] SCHMIDT, Martin: *Entwurf und Analyse eines Leistungsverstärkers mit Arbeitspunktstromanpassung*, Technische Universität Dresden, Studienarbeit, 2012

[9] FEHR, Hendrik: *Flachheitsbasierte Bestimmung der Schaltverluste in Leistungshalbleiterbauelementen bei Gleitregimes am Beispiel eines Hochsetzstellers*, Technische Universität Dresden, Diplomarbeit, 2008

[10] KNOCHENHAUER, C.: *Analog Frontends for Optical Communications up to 80 GBit/s*, Technische Universität Dresden, Diss., 2011

[11] KNOCHENHAUER, C. ; SEDIGHI, B. ; ELLINGER, F.: A Comparative Analysis of Peaking Methods for Output Stages of Broadband Amplifiers. In: *IEEE Transactions on Circuits and Systems I: Regular Papers* 58 (2011), Nr. 11, S. 2581–2589

[12] MAYER, Uwe ; WICKERT, Michael ; ELLINGER, Frank: Design of received signal strength indicators for RF-MIMO systems. In: *Conference on Ph.D. Research in Microelectronics and Electronics (PRIME)*, 2010

[13] WEAVER, D.K.: Design of RC Wide-Band 90-Degree Phase-Difference Network. In: *Proceedings of the IRE* 42 (1954), Nr. 4, S. 671–676

[14] KIM, Bumman ; KIM, Jungjoon ; KIM, Dongsu ; SON, Junghwan ; CHO, Yunsung ; KIM, Jooseung ; PARK, Byungjoon: Push the Envelope: Design Concepts for Envelope-Tracking Power Amplifiers. In: *IEEE Microwave Magazine* 14 (2013), May, Nr. 3, S. 68–81. – ISSN 1527–3342

[15] HSIA, Chin ; KIMBALL, D.F. ; LANFRANCO, S. ; ASBECK, P.M.: Wideband high efficiency digitally-assisted envelope amplifier with dual switching stages for radio base-station envelope tracking power amplifiers. In: *IEEE MTT-S International Microwave Symposium Digest (MTT) 2010*, 2010. – ISSN 0149–645X, S. 672–675

[16] HASSAN, M. ; KWAK, Myoungbo ; LEUNG, V.W. ; HSIA, Chin ; YAN, J.J. ; KIMBALL, D.F. ; LARSON, L.E. ; ASBECK, P.M.: High efficiency envelope tracking power amplifier with very low quiescent power for 20 MHz LTE.

In: *IEEE Radio Frequency Integrated Circuits Symposium (RFIC) 2011*, 2011. – ISSN 1529–2517, S. 1–4

[17] HASSAN, M. ; ASBECK, P.M. ; LARSON, L.E.: A CMOS dual-switching power-supply modulator with 8% efficiency improvement for 20MHz LTE Envelope Tracking RF power amplifiers. In: *IEEE International Solid-State Circuits Conference Digest of Technical Papers (ISSCC) 2013*, 2013. – ISSN 0193–6530, S. 366–367

[18] KIM, Jooseung ; KIM, Dongsu ; CHO, Yunsung ; KANG, Daehyun ; PARK, Byungjoon ; KIM, Bumman: Envelope-Tracking Two-Stage Power Amplifier With Dual-Mode Supply Modulator for LTE Applications. In: *IEEE Transactions on Microwave Theory and Techniques* 61 (2013), Jan, Nr. 1, S. 543–552. – ISSN 0018–9480

[19] WU, Ruili ; LIU, Yen-Ting ; LOPEZ, J. ; SCHECHT, C. ; LI, Yan ; LIE, D.Y.C.: High-Efficiency Silicon-Based Envelope-Tracking Power Amplifier Design With Envelope Shaping for Broadband Wireless Applications. In: *IEEE Journal of Solid-State Circuits* 48 (2013), Sept, Nr. 9, S. 2030–2040. – ISSN 0018–9200

[20] TAKAHASHI, K. ; YAMANOUCHI, S. ; HIRAYAMA, T. ; KUNIHIRO, K.: An envelope tracking power amplifier using an adaptive biased envelope amplifier for WCDMA handsets. In: *IEEE Radio Frequency Integrated Circuits Symposium (RFIC) 2008*, 2008. – ISSN 1529–2517, S. 405–408

[21] LI, Yan ; LOPEZ, J. ; WU, Ruili ; LIE, D.Y.-C.: A Fully Monolithic BiCMOS Envelope-Tracking Power Amplifier With On-Chip Transformer for Broadband Wireless Applications. In: *Microwave and Wireless Components Letters, IEEE* 22 (2012), June, Nr. 6, S. 288–290. http://dx.doi.org/10.1109/LMWC.2012.2197820. – DOI 10.1109/LMWC.2012.2197820. – ISSN 1531–1309

[22] CRIPPS, S. C.: *RF Power Amplifiers for Wireless Communications*. Artech House, 2006

Eigene Veröffentlichungen

Zeitschriftenbeiträge

[23] WOLF, Robert ; JORAM, Niko ; SCHUMANN, Stefan ; ELLINGER, Frank: Dual-band impedance transformation networks for integrated power amplifiers. In: *International Journal of Microwave and Wireless Technologies* FirstView (2014), S. 1–7

[24] JORAM, Niko ; WOLF, Robert ; ELLINGER, Frank: High swing PLL charge pump with current mismatch reduction. In: *IEEE Electronics Letters* 50 (2014), Nr. 9, S. 661–663

[25] STROBEL, Axel ; CARLOWITZ, Christian ; WOLF, Robert ; ELLINGER, Frank ; VOSSIEK, Martin: A Millimeter-Wave Low-Power Active Backscatter Tag for FMCW Radar Systems. In: *IEEE Transactions on Microwave Theory and Techniques* 61 (2013), Nr. 5, S. 1964–1972

[26] FRITSCHE, David ; WOLF, Robert ; ELLINGER, Frank: Analysis and Design of a Stacked Power Amplifier With Very High Bandwidth. In: *IEEE Transactions on Microwave Theory and Techniques* 60 (2012), Nr. 10, S. 3223–3231

[27] HASSLER, Falk ; ELLINGER, Frank ; JÖRGES, Udo ; WOLF, Robert ; LINDNER, Bastian: A high-speed buck converter for efficiency enhancement of W-CDMA power amplifiers. In: *International Journal of Microwave and Wireless Technologies* 4 (2012), Nr. 5, S. 505–514

[28] WICKERT, Michael ; WOLF, Robert ; ELLINGER, Frank: Analysis of totempole drivers in SiGe for RF and wideband applications. In: *International Journal of Microwave and Wireless Technologies* (2011)

[29] ELLINGER, F. ; MIKOLAJICK, T. ; FETTWEIS, G. ; HENTSCHEL, D. ; KOLODINSKI, S. ; WARNECKE, H. ; REPPE, T. ; TZSCHOPPE, C. ; DOHL, J. ; CARTA, C. ; FRITSCHE, D. ; TRETTER, G. ; WIATR, M. ; KRONHOLZ,

S.D. ; MIKALO, R.P. ; HEINRICH, H. ; PAULO, R. ; WOLF, R. ; HÜBNER, J. ; WALTSGOTT, J. ; MEISSNER, K. ; RICHTER, R. ; MICHLER, O. ; BAUSINGER, M. ; MEHLICH, H. ; HAHMANN, M. ; MÖLLER, H. ; WIEMER, M. ; HOLLAND, H.-J. ; GÄRTNER, R. ; SCHUBERT, S. ; RICHTER, A. ; STROBEL, A. ; FEHSKE, A. ; CECH, S. ; ASSMANN, U. ; PAWLAK, A. ; SCHRÖTER, M. ; FINGER, W. ; SCHUMANN, S. ; HÖPPNER, S. ; WALTER, D. ; EISENREICH, H. ; SCHÜFFNY, R.: Energy efficiency enhancements for semiconductors, communications, sensors and software achieved in Cool Silicon cluster project. In: *European Journal on Applied Physics*, 2013

Konferenzbeiträge

[30] TZSCHOPPE, Christoph ; WOLF, Robert ; FRITSCHE, David ; RICHTER, Alexander ; ELLINGER, Frank: A Fully Integrated Doherty-Amplifier For 5.6 GHz WLAN Applications. In: *21st IEEE International Conference on Electronics Circuits and Systems*, 2014

[31] WAGNER, Jens ; WOLF, Robert ; JORAM, Niko ; ELLINGER, Frank: 0.5-9 GHz CMOS Variable Gain Amplifier with Control Linearization, Low Phase Variations and Self- Matching. In: *44th European Microwave Conference (EuMC)*, 2014

[32] SOBOTTA, Elena ; WOLF, Robert ; FRITSCHE, David ; ELLINGER, Frank: Structured Design to Optimize the Output Power of Stacked Power Amplifiers. In: *10th Conference on Ph. D. Research in Microelectronics and Electronics (PRIME)*, 2014

[33] WAGNER, Jens ; MAYER, Uwe ; WOLF, Robert ; JORAM, Niko ; STROBEL, Axel ; ELLINGER, Frank: X-type attenuator in CMOS with novel control linearization, very low phase variations and automatic matching. In: *European Microwave Integrated Circuits Conference (EuMIC)*, 2014, S. 200–203

[34] PAULO, Robert ; WOLF, Robert ; FRITSCHE, David ; IHLE, David ; KREISSIG, Martin ; SCHULZE, Johannes ; TZSCHOPPE, Christoph ; ELLINGER,

Frank: Hocheffiziente Leistungsverstärker für drahtlose Kommunikationssysteme. In: *Mikrosystemtechnik-Konferenz, Aachen*, 2013

[35] JORAM, Niko ; WOLF, Robert ; ELLINGER, Frank: Performance Evaluation of Broadband Drivers for Radio Frequency Applications. In: *IEEE International Conference on Microwaves, Communications, Antennas and Electronic Systems (COMCAS)*, 2013

[36] WOLF, Robert ; WAGNER, Jens ; ELLINGER, Frank: Fully Differential Diode Detector with Linearization and Voltage Gain. In: *IEEE International Semiconductor Conference Dresden – Grenoble (ISCDG)*, 2013

[37] JORAM, Niko ; WOLF, Robert ; ELLINGER, Frank: A SiGe Wideband VCO and Divider MMIC with Low Gain Variation for Multi-band Systems at 2.4 and 5.8GHz. In: *9th IEEE Conference on Ph.D. Research in Microelectronics and Electronics (PRIME)*, 2013, S. 257–260

[38] WOLF, Robert ; NUSZKOWSKI, Heinrich ; ELLINGER, Frank ; FETTWEIS, Gerhard: Transient Analysis applying S-Parameters as Operators. In: *9th IEEE Conference on Ph.D. Research in Microelectronics and Electronics (PRIME)*, 2013, S. 93–96

[39] WOLF, Robert ; ELLINGER, Frank: Diode Detector with Voltage Gain. In: *9th IEEE Conference on Ph.D. Research in Microelectronics and Electronics (PRIME)*, 2013, S. 189–192

[40] ZHAO, Jinshu ; WOLF, Robert ; ELLINGER, Frank: A SiGe LTE Power Amplifier with Capacitive Tuning for Size-Reduction of Biasing Inductor. In: *9th IEEE Conference on Ph.D. Research in Microelectronics and Electronics (PRIME)*, 2013, S. 313–316

[41] PAULO, Robert ; DRECHSEL, Tom ; WOLF, Robert ; CARTA, Corrado ; ELLINGER, Frank: High Efficient Doherty Power Amplifier for Wireless Communication. In: *IEEE International Multi-Conference on Systems, Signals & Devices*, 2012

[42] KNOCHENHAUER, Christian ; WOLF, Robert ; SEDIGHI, B. ; ELLINGER, Frank: Fully integrated auto-zero feedback with lower cutoff frequency below 50 kHz in a 40 GBit/s transimpedance amplifier. In: *IEEE Semiconductor Conference Dresden (SCD)*, 2011

[43] WOLF, Robert ; ELLINGER, Frank ; CAI, Weiran: Ultra low-power CMOS pulse generator for ultra wideband impulse radio. In: *Semiconductor Conference Dresden (SCD)*, 2011

[44] WOLF, Robert ; ELLINGER, Frank ; EICKHOFF, Ralf: On the Maximum Efficiency of Power Amplifiers in OFDM Broadcast Systems with Envelope Following. In: *The 2nd International ICST Conference on Mobile Lightweight Wireless Systems (MobiLight)*, 2010

[45] ELLINGER, F. ; MIKOLAJICK, T. ; FETTWEIS, G. ; HENTSCHEL, D. ; KOLODINSKI, S. ; WARNECKE, H. ; REPPE, T. ; TZSCHOPPE, C. ; DOHL, J. ; CARTA, C. ; FRITSCHE, D. ; TRETTER, G. ; WIATR, M. ; KRONHOLZ, S.D. ; MIKALO, R.P. ; HEINRICH, H. ; PAULO, R. ; WOLF, R. ; HÜBNER, J. ; WALTSGOTT, J. ; MEISSNER, K. ; RICHTER, R. ; MICHLER, O. ; BAUSINGER, M. ; MEHLICH, H. ; HAHMANN, M. ; MÖLLER, H. ; WIEMER, M. ; HOLLAND, H.-J. ; GÄRTNER, R. ; SCHUBERT, S. ; RICHTER, A. ; STROBEL, A. ; FEHSKE, A. ; CECH, S. ; ASSMANN, U. ; PAWLAK, A. ; SCHRÖTER, M. ; FINGER, W. ; SCHUMANN, S. ; HÖPPNER, S. ; WALTER, D. ; EISENREICH, H. ; SCHÜFFNY, R.: Power-Efficient High-Frequency Integrated Circuits and Communication Systems Developed within Cool Silicon Cluster Project. In: *IEEE International Microwave and Optoelectronic Conference*, 2013

[46] ELLINGER, Frank ; MIKOLAJIK, Thomas ; FETTWEIS, Gerhard ; HENTSCHEL, Dieter ; KOLODINSKI, Sabine ; WARNECKE, Helmut ; REPPE, Thomas ; TZSCHOPPE, Christoph ; DOHL, Jan ; CARTA, Corrado ; FRITSCHE, David ; WIATR, Maciej ; KRONHOLZ, Stephan D. ; MIKALO, Ricardo P. ; HEINRICH, Harald ; PAULO, Robert ; WOLF, Robert ; HÜBNER, Johannes ; WALTSGOTT, Johannes ; MEISSNER, Klaus ; RICHTER, Robert ; BAUSINGER, Markus ; MEHLICH, Heiko ; HAHMANN, Martin ; MÖLLER, Henning

; WIEMER, Maik ; HOLLAND, Hans-Jürgen ; GÄRTNER, Roberto ; SCHUBERT, Stefan ; RICHTER, Alexander ; STROBEL, Axel ; FEHSKE, Albrecht ; CECH, Sebastian ; ASSMANN, Uwe ; HÖPPNER, Sebastian ; WALTER, Dennis ; EISENREICH, Holger ; SCHÜFFNY, René: Cool Silicon ICT Energy Efficiency Enhancements. In: *IEEE International Semiconductor Conference Dresden Grenoble*, 2012

Vorträge

[47] WOLF, Robert ; ELLINGER, Frank: RF power amplifier -- from a single transistor to an adaptive system. In: *Dresden Microelectronics Academy*, 2011

[48] WOLF, Robert ; ELLINGER, Frank: Dynamic Operating Point Adjustment for linear Power Amplifiers. In: *Joint Earth & CoolSilicon Workshop*, 2011

Patente

[49] WOLF, R. ; LANG, C. ; XING, X. ; KAVUSI, S. ; EZEKWE, C.: *System and method for removing nonlinearities and cancelling offset errors in comparator based/zero crossing based switched capacitor circuits*. Mai 2011. – erteilt US 7936291 B2

[50] WOLF, R. ; LANG, C. ; XING, X. ; KAVUSI, S.: *Comparator with self-limiting positive feedback*. Juli 2014. – erteilt US 8786316 B2

[51] WAGNER, J. ; WOLF, R. ; ELLINGER, F.: *Verfahren zur gleichzeitigen Linearisierung und Anpassung eines steuerbaren Verstärkers*. August 2014. – offengelegt DE102013101388 A1

[52] SCHULZE, J. ; WOLF, R. ; ELLINGER, F.: *Anordnung und Verfahren zur Kompensation von Nichtlinearitäten einer Baugruppe*. – angemeldet

[53] WOLF, R. ; STROBEL, A. ; ELLINGER, F.: *Planare symmetrische Spule für integrierte HF-Schaltungen*. – angemeldet DE10201311433.4